飞行器定位与导航技术

(第2版)

吴 杰 安雪滢 郑 伟 编著

U0326728

国防工业出版社

·北京·

内 容 简 介

本书以卫星、导弹、飞机等飞行器为应用背景，介绍了天文、惯性、地基无线电、卫星四种导航技术的基本原理，考虑地球不规则运动的协议惯性、协议地球等常用坐标系，以及世界时、原子时等常用时间系统，重点讲述了卫星导航技术、机载捷联惯性/卫星组合导航技术，以及弹载平台惯性/星敏感器组合导航技术。卫星导航技术中包括伪距单点绝对定位、伪距差分相对定位、载波相位差分精密相对定位等方法，以及精度分析、载波相位整周模糊度求解、完好性监测等内容。

本书可作为高等院校飞行器设计等专业的研究生教材，也可作为相关科研人员的参考书。

图书在版编目(CIP)数据

飞行器定位与导航技术 / 吴杰，安雪滢，郑伟编著．—2版．—北京：国防工业出版社，2023.5. 重印
ISBN 978-7-118-12369-2

Ⅰ．①飞… Ⅱ．①吴… ②安… ③郑… Ⅲ．①飞行器-定位-教材 ②飞行器-导航系统-教材 Ⅳ．①V448

中国版本图书馆 CIP 数据核字(2021)第 184475 号

※

国防工业出版社出版发行
(北京市海淀区紫竹院南路 23 号　邮政编码 100048)
天津嘉恒印务有限公司印刷
新华书店经售

*

开本 710×1000　1/16　**印张** 12¾　**字数** 224 千字
2023 年 5 月第 2 版第 2 次印刷　**印数** 2001—4000 册　**定价** 88.00 元

国防书店：(010)88540777　　书店传真：(010)88540776
发行业务：(010)88540717　　发行传真：(010)88540762

总　序

经过五十余年的发展,航空航天技术在经济建设、武器装备、科学研究、日常生活中发挥的作用日益彰显。航天技术的研究具有系统复杂、技术尖端、应用性强、辐射面广等特点,是一个国家综合国力的重要标志,同时也能对国家的科学研究与工业技术发展产生巨大的牵引作用。

飞行动力学与控制是飞行器设计的核心技术之一。它以经典力学和自动控制理论为基础,研究飞行器在力和力矩作用下的运动与控制规律,以满足飞行任务的要求,与飞行器的工程设计和实际应用有着紧密的关系。飞行器的总体论证与设计、控制系统设计、结构设计、飞行试验与评定、任务规划、运行管理、效能评估等都与飞行动力学与控制密切相关。因此,航空航天领域不仅需要掌握飞行动力学与控制原理的专门人才,相关专业人员掌握一些飞行力学知识也是非常必要。

国防科学技术大学航天科学与工程学院是我国飞行动力学与控制方面科学研究和知识传承的一个重要基地,早在20世纪50年代“哈军工”时期就创办了相关专业。程国采、张金槐、任萱、赵汉元、贾沛然、黄圳圭等老一辈学者,积极参与了我国重大航天工程领域的研究,且学术造诣深厚。为提高学校办学水平,他们注重从科研实践中系统总结,精心提炼,著书立说,惠及后人。20世纪80年代开始,先后出版了《远程火箭弹道学》《弹道导弹制导方法与最优控制》《飞行器再入动力学与制导》《远程火箭精度分析与评估》《人造地球卫星轨道力学》《大型航天器动力学与控制》等一系列高水平教材。这些书注重理论联系实际,突出用飞行动力学与控制理论解决工程实际问题,不仅在我国航天教育领域得到广泛应用,而且成为航天部门科研人员的案头参考书。

进入21世纪以来,运载火箭、弹道导弹、近地航天器等传统飞行器的设计与应用逐步成熟,而高超声速飞行器、智能化航天系统、先进深空探测航天器的研究初露端倪。国防科学技术大学的研究力量一直紧跟这一技术发展趋势，参与和推动着我国飞行动力学与控制技术的进步。通过对原有教材经典内容的继承和对新科研成果的提炼，推出了这套飞行动力学与控制系列教材。教材涵盖了弹道学、轨道力学、姿态动力学、导航技术、精度分析与评估等飞行动力学与控制的主要内容，在知识的经典性与先进性、理论性与实践性方面做到了较好的统一。

经过几代人的艰苦努力，我国的航天事业已逐渐缩小了与先进国家的差距。未来的发展离不开一大批掌握先进知识与理念的人才，我希望也相信这套教材能在我国航天人才培养和航天工程实践中发挥重要作用。作为我国航天队伍中的一员，我期待看到本系列教材的出版，并乐意为之作序。

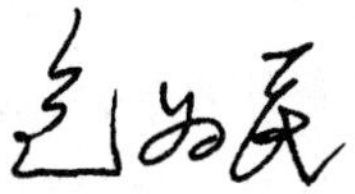

2013 年 8 月

前　言

飞行器导航即获取飞行器的位置、速度、姿态、时间等时空信息，也称导航信息。导航信息对于飞行器而言至关重要。宇宙飞船必须获取它相对于空间站的位置、速度和姿态信息，才能保证空间交会对接任务的顺利完成。导弹必须获取发射点处的位置、方位，敌方目标的位置，以及飞行过程中实时的位置、速度、姿态、时间等信息，才能准确命中目标。无人驾驶飞机，或者在大雾中飞行的有人驾驶飞机，必须精确获取它相对于机场跑道的位置和姿态，才能安全着陆。总而言之，飞行器如果没有办法获取准确的导航信息，则无法完成飞行任务。

导航技术的诞生可以追溯到距今6000年以前。古往今来导航技术在不断发展，近年来导航技术更是突飞猛进。以卫星导航技术为代表的现代导航技术，不但在精度上达到了前所未有的高水平，动态位置精度达厘米级，而且显著降低了导航系统的体积、重量、功耗、成本等指标，因而得到了广泛的应用。

按照工作原理的不同，现有主要飞行器导航技术分为天文导航、惯性导航、地基无线电导航和卫星导航。飞行器导航技术内容繁多，很难在一本书中深入介绍所有的导航技术。另一方面，作为飞行器设计专业的研究生和科研工作者，又需要在较短时间内学习和了解这些导航技术。为此，作者编写了本书。书中以卫星、导弹、飞机等飞行器为应用背景，介绍了天文、惯性、地基无线电、卫星四种导航技术的基本原理，考虑地球不规则运动的协议惯性、协议地球等常用坐标系，以及世界时、原子时等常用时间系统，重点讲述了卫星导航技术、机载捷联惯性/卫星组合导航技术，以及弹载平台惯性/星敏感器组合导航技术。卫星导航技术中包括伪距单点绝对定位、伪距差分相对定位、载波相位差分精密相对定位等方法，以及精度分析、载波相位整周模糊度求解、完好性监测等内容。

因为位置信息在导航信息中尤为重要，所以导航的主要任务之一就是定位。本书既介绍了导航技术的基本原理，也融入了作者近 10 年来的部分科研成果。本书的第 2 章“常用坐标系与时间系统”和第 3.2 节“几何法定位”由安雪滢编写,第 3.5 节“X 射线脉冲星导航基本原理”由郑伟编写,其余部分由吴杰编写。全书最后由吴杰统一修改。在编写过程中得到了张洪波、叶兵、吕汉峰、张良、王奕迪、王鼎杰、蒙连胜、高春伟、霍梦晨等同志的大力支持,他们提供了大量的仿真与实测实验结果,绘制了很多图形和表格,在此一并表示感谢。

本书第 2 版增强了对北斗卫星导航系统的介绍,适当减少了 GPS 系统相关内容。在第 8 章中增加了考虑相对论效应及星上设备时延的卫星钟差计算、卫星位置和速度的地球自转改正等内容,修改了用户等效测距误差精度分析的内容。在第 10 章中增加了对地速度微分方程、对地速度误差微分方程、失准角微分方程的推导,并对各节的先后顺序进行了适当调整。在第 11.3 节中,考虑了星敏感器测量误差,使得组合导航及精度分析的结果更为合理。修订了第 1 版中的错误。

导航技术内容丰富、应用广泛,本书在系统性、完整性、理论深度、应用细节等方面难免存在不足。作者为此不胜惶恐,敬请读者批评指正。

作　者

2021 年 3 月于长沙

目　录

第1章　绪　论

导航是一种古老而崭新的技术。在有记录的人类发展历史早期,就诞生了天文导航技术与地磁导航技术。在人类探索太空的今天,更是出现了基于微机电技术、计算机技术及无线电技术的各种新型导航技术。本章将简要介绍导航的概念、分类,以及导航技术发展的历史、现状与趋势。

1.1　导航的概念及其分类

所谓导航即是引导载体按照预定轨迹运动并到达目标点[1]。导航的概念是从人类航海活动发展、演变而来的。因为在茫茫的海上与在陆地上不同,很难找到运动参照物。所以较早的导航技术主要应用于在海上航行的舰船。后来随着科学技术的发展,导航又被扩展应用到飞机、导弹、卫星、飞船、车辆和单兵等。

导航的前提条件是获取载体在某坐标系中的位置、速度、姿态以及当前时刻等信息,然后控制载体按照预定轨迹运动。因为位置、速度等信息的重要性,所以又将获取载体在某坐标系中的位置、速度、姿态以及当前时刻等信息称为狭义导航,或简称导航。在本书中所谓导航均指狭义导航。

导航中最重要的内容是定位,即测定载体的位置。

导航方式多种多样。按照工作原理的不同,导航主要包括天文导航、惯性导航、地基无线电导航、卫星导航,以及地磁导航、地形匹配导航等。根据自主与否,又可以将导航分为自主导航与非自主导航两大类。

自主导航的概念和需求是随着人类航天活动不断增加而提出来的。在人类航天活动的早期,航天器数量少,主要依靠地面站对航天器进行测量和控制。随着航天器数量的不断增加,单纯依靠地面站难以完成日益繁重的测控任务,因而需要自主导航和自主控制。

严格意义上说,所谓自主导航是载体完全依靠自身所携设备,不与外界发生任何声、光、电联系,独立完成的导航。除自主导航以外的其他导航则称为非自主导航。按照这种严格定义,只有惯性导航是自主导航,其他导航都是非自主的。然而从以下两点可以看出,自主导航的这种严格定义是不恰当的。

（1）惯性导航需要初始化，即依靠其他方法给定初始时刻的位置、速度等信息。

（2）惯性导航误差随着时间增加而急剧扩大，单纯惯性导航系统只能应用于较小的时空范围，对于大多数航天器而言并不适用。

Lemay 于 1973 年提出了航天器自主导航的四个特征，即自给或者独立、实时、不发射声光电信号和不依靠地面站。实际上，导航的自主性是相对的，并基于一定条件。可以认为部分或全部符合下述特征的导航是自主导航：①实时；②用户数量无限；③在较大的时空范围内有效；④不易被敌方干扰。

根据上述特征来看，天文导航、惯性导航、罗兰-C 导航（一种地基无线电导航）、卫星导航等均属于自主导航。

1.2 导航技术发展简史

在人类导航技术发展史上，根据导航原理的不同，先后出现了天文导航、地磁导航、地基无线电导航、惯性导航、卫星导航、地形匹配导航，以及气压测高、雷达测高等导航方法。下面简要介绍天文、地基无线电、惯性、卫星导航以及相应组合导航的发展过程。

1.2.1 天文导航

中国西汉古籍《淮南子》中最早提出依靠天上的日月星辰来判明方位的天文导航方法。在中国明代，郑和的船队（图 1.1）把天文定位与指南针结合起来，大大提高了测定船位和航向的精确程度。当时采用“牵星板”专门用于测量天体高度角，进而计算所在地的地理纬度。

图 1.1　郑和下西洋船只图

牵星板(图1.2)是测量星体方向仰角的仪器,其作用相当于后来的六分仪(图1.3)。牵星板共有大小12块正方形木板,以一条绳贯穿在木板的中心。观察者一手持板,手臂向前伸直,另一手持住绳端置于眼前。此时,眼看方板上下边缘,将下边缘与水平线取平,上边缘与被测的星体重合,然后根据所用之板属于几指,便得出星辰高度角的指数。明代过洋牵星术常用的星座包括北辰星、织女星、布司星、水平星(船底星座α星)、北斗星、华盖星、灯笼骨星等。

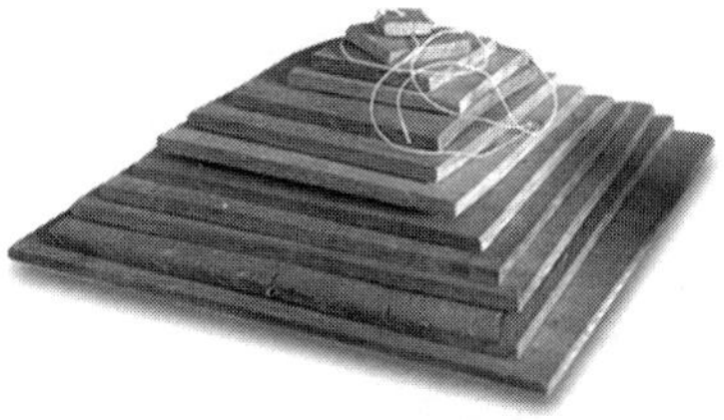

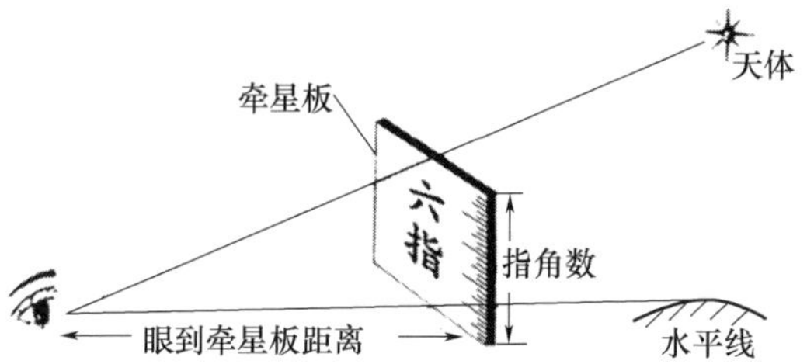

图1.2　牵星板及高度角测量示意图

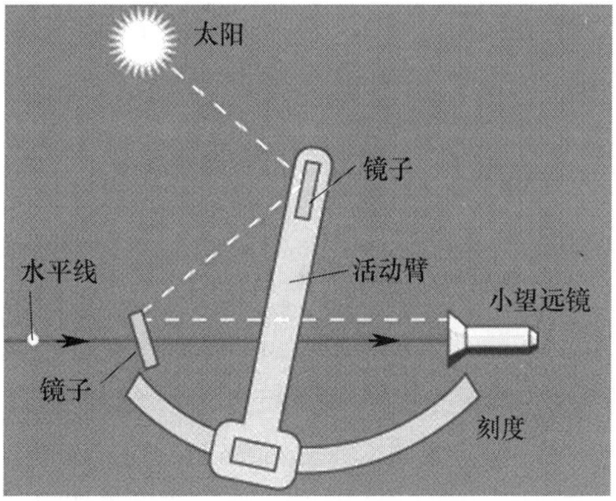

图1.3　六分仪及测量仰角示意图

随着15世纪以后的地理大发现,海上交通和贸易逐渐发展起来。与此同时,天文导航技术也得到了极大的发展。1731年,英国人哈德利发明了反射象限仪,用于测量星体方向的仰角,进而计算得到当地纬度,如图1.4所示。在图1.4中,星体处于上中天,β为仰角,δ为赤纬,B为纬度,$B=\delta+\beta-90°$。1757年,英国人坎贝尔将反射象限仪改进成了六分仪[2],测量精度达±0.2°~±1°。因其刻度弧为圆周的1/6,故名六分仪。1764年,英国人约翰·哈里森发明了精密的机械钟,其偏差为每天0.1s,用于测量星体过当地子午面的时刻,进而计算得到当地的经度,如图1.5所示。其中ω_e为地球自转角速度;Δt为天体分别过格林尼治子午面和当地子午面的时间差;L为当地经度,$L=\omega_e\cdot\Delta t$。1837年,美国船长沙姆纳发明了等高线;1875 年,法国人圣西勒尔发明了高度差法,可以同时测量经纬度,成为了现代天文航海的重要基础[2]。

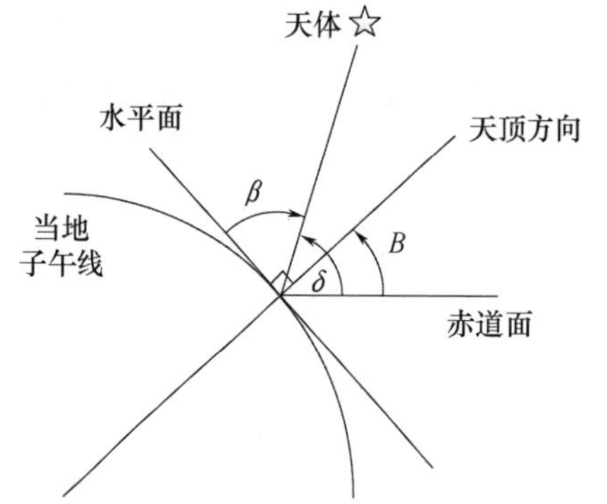

图 1.4 子午面内纬度测量示意图

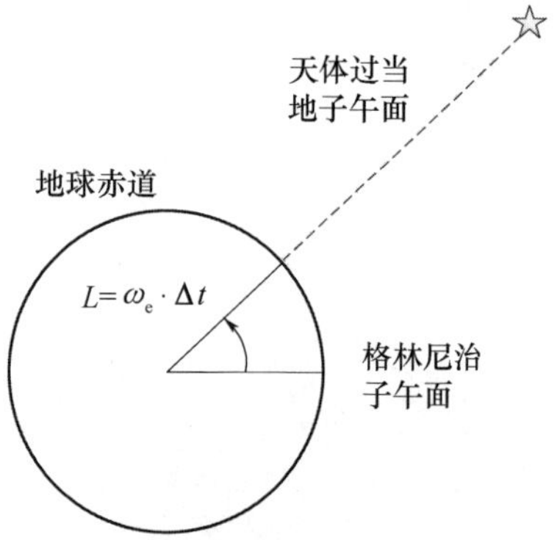

图 1.5 赤道面内经度测量示意图

20 世纪中叶,航天技术极大地促进了天文导航技术的发展。人们研制出了地球敏感器、太阳敏感器、恒星敏感器、自动空间六分仪等各种设备,用于空间天文导航。美国的"阿波罗"登月飞船、苏联的"和平号"空间站,以及所有的人造卫星都采用了天文导航技术。

1985 年,美国研制的自动空间六分仪导航与姿态测量系统(Space Sextant-Autonomous Navigation and Attitude Reference System)成功应用于航天飞机,精度达 1″(1σ)、300m(1σ)。1989 年,美国研制的多任务自主导航系统(Multitask Autonomous Navigation System),利用星光折射方法敏感地平,以提高天文导航的定位精度,空间试验结果表明定轨精度达 100m(1σ)。1994 年,美国研制的麦氏自主导航系统(Microcosm Autonomous Navigation System),通过对日、地、月的测量进行定位,空间试验结果表明精度达 100m(3σ)、0.1m/s(3σ)。

1.2.2 地基无线电导航

无线电技术的发明促进了无线电导航技术的诞生。早在第一次世界大战期间,无线电技术就已经应用于通信和导航领域。此时的海上无线电导航方法是在海岸上建立无线电信标台,信标台连续发射无线电信号,信号中调制有莫尔斯电码以区别不同信标台。船上安装接收机,其接收天线可水平旋转,天线在水平方向呈 8 字形。当船只离海岸在一定距离以内时,可以用转动天线的方法找到信号强度为 0 的方向,此方向便是信标台方向。借助船载地磁指北针可以测出信标台方向的方位角。当测出两个或两个以上信标台方向时,则可以根据这些方向的交点确定船位。此时空中无线电导航方法与海上的类似。

第二次世界大战期间,无线电导航技术得到了长足的进步。此时人们发明了罗兰-A(Loran-A)导航系统。此系统依靠布设于海岸上的一系列导航台,周期性地同步发射脉冲信号。船载接收机接收到来自两个台的信号后,测量脉冲信号到达的时间差值,然后计算得到船至两个台的距离差。于是可以确定一条以此两个台为焦点的双曲线。测量另外两个导航台的脉冲信号,可以确定另外一条双曲线。这两条双曲线的交点即是船只所在的位置。

20 世纪 50 年代末期,美国海岸警卫队研制成功了罗兰-C(Loran-C)导航系统。罗兰-C 的工作原理与罗兰-A 类似,但是罗兰-C 通过载波信号测量时间差,因而导航精度更高,约为 0.3km。时至今日,罗兰-C 仍然在全世界被广泛采用。1968 年研制成功的罗兰-D 导航系统提高了地面发射台的机动性,是一种军用战术导航系统。

罗兰-C 不但可以为舰船,而且可以为飞机提供导航。但是对于大雾天气飞机盲导着陆的需求而言,罗兰-C 的导航精度就远远不够了。飞机三类精密进近着陆的精度要求是在 15m 决断高度达到 4.02m(水平,2σ)、0.54m(垂直,2σ)。于是,各种飞机着陆导航系统被美、英、法、德等技术强国率先研制出来,并被国际民航组织采用,在全世界推广。这其中包括:(1)1941 年美国研制的仪表着陆系统(ILS),在机场跑道上空提供水平方位及仰角方向的无线电引导信号;(2)1942 年美国研制的精密进近雷达(PAR),测量飞机相对于机场的方位、仰角和距离,然后地面领航员依据这些信息通过语音电台引导飞机着陆;(3)1946 年美国研制的甚高频全向信标,简称伏尔(VOR),用于任意方位的飞机自主测量飞机相对于机场的方位;(4)20 世纪 40 年代末研制的距离测量设备(DME),通过测量飞机—地面站—飞机间无线电传播延迟,从而测量飞机至地面站的距离;(5)1955 年美国海军研制的塔康(TACAN)系统,即改进的小型化 VOR/DME 组合导航系统,可以同时提供飞机相对于地面导航台的方位和距离;(6)机载雷达高度表。

上述飞机着陆导航系统或设备在人类航空史上发挥了重要作用,但是它们普遍存在复杂多样、价格昂贵、作用范围狭小、自主性较差等缺陷,并且不能完全满足三类精密进近着陆的精度要求,因而正在逐渐被卫星/惯性组合导航系统所替代。国际民航组织规定的精密进行着陆导航精度要求如表 1.1 所列。

表 1.1 国际民航组织规定的精密进近着陆导航精度要求 (m)

着陆类别	决断高度	距离跑道入口距离	精度要求(2σ)	
			水平	垂直
一	60	1050±150	17.09	4.14
二	30	300	5.15	1.73
三	15	0	4.02	0.54

1.2.3 惯性导航

惯性导航系统(Inertial Navigation System,INS)通过测量载体相对于惯性坐标系的视加速度、角速度,可以计算得到载体的位置、速度和姿态。此外,惯性导航系统通过敏感地球自转角速度还可以确定当地北方向,或者通过敏感当地铅垂线测量载体姿态。

早在1852年,法国科学家傅科就利用陀螺(高速旋转的刚体)相对于惯性空间的定向稳定性,显示了地球的自转。安修茨和斯伯利分别于1906年和1911年研制出了世界上最早的陀螺罗盘,用于测量舰船的航向。随后人们又发明了陀螺垂直仪,用于测量舰船的俯仰角和滚动角。陀螺罗盘、陀螺垂直仪在飞机上同样得到了广泛的应用。在1930年以前,惯性导航方法主要用来测量载体的姿态。

1942年,德国研制出了由两自由度陀螺及加速度计组成的捷联惯性导航系统,并将其成功地应用于V-2火箭。这是世界范围内第一次正式在武器上使用惯导系统。惯导系统的精度主要取决于陀螺的精度。从1942年开始,美国的Draper实验室、Litton公司、Honeywell公司等,以及苏联、英、法、德等技术强国,分别研制出了滚珠轴承、挠性、液浮、气浮、磁悬浮、静电等不同种类的陀螺。陀螺的精度不断提高,陀螺漂移由12(°)/h降低到10^{-6}(°)/h。由这些陀螺组成的平台式惯性导航系统在舰船、飞机、导弹、飞船等载体上得到了广泛的应用,导航精度达0.037km/h。与此同时,出现了激光、光纤陀螺,以及相应的捷联式惯性导航系统。

捷联惯导系统较平台惯导系统精度稍低,但因其体积小、成本低、启动快,所以得到了广泛的应用。从20世纪70年代开始,计算机、微电子以及控制等新技术在惯性技术领域的应用,极大地促进了捷联式惯性导航系统的发展。在航空、航天领域的导航应用中,捷联惯导系统备受青睐,大有取代平台惯导系统的趋势。

1.2.4 卫星导航

自从1957年世界上第一颗人造地球卫星上天以来,人们就在不断地探索卫星可能为人类带来的服务。20世纪60年代初,人们在对卫星进行地面测控的过程中发现,地面测控站所接收的卫星无线电信号具有随地点不同而不同的规律性,由此设想通过测量卫星信号来测量地面点的位置。1964年美国建成了子午仪卫星导航系统Transit,用于战略核潜艇的全球导航,然后又于1994年建成了导航星全球定位系统(Navstar Global Positioning System,GPS)。GPS的建设耗资 120 亿美元,历时 16 年。它是美国继阿波罗登月计划之后的第二大航天工程。GPS 的现代化计划还将耗资约 200 亿美元。Transit 和 GPS 在全世界范围内得到了广泛的应用。高高地运行在太空中的导航卫星,构成了全球统一的导航系统。正因为卫星导航系统的军事价值、经济价值难以估量,所以苏联不惜投入巨资建立了独立的全球导航卫星系统(Global Navigation Satellite System,GLONASS),该系统现由俄罗斯接管。中国于 2012 年底建成区域北斗卫星导航系统 BDS 并投入运行服务,于 2020 年 7 月建成全球北斗卫星导航系统 BDS 并投入运行服务。目前,欧洲已建成 GALILEO 卫星导航系统,日本、印度、巴西等技术强国和地区大国也都在建设区域内增强卫星导航系统。

差分卫星导航技术利用基准站的测量信息,获取用户相对于基准站的位置、速度等导航参数,可以消除或减弱卫星星历误差、大气传播延迟误差等误差源的影响,显著提高导航精度,并同时检测卫星导航系统的完好性。美国和欧洲分别建立了基于静止地球轨道卫星的 GPS 广域差分增强系统 WAAS 和 EGNOS。中国、加拿大等国家也建立了类似的广域、局域差分卫星导航系统。高精度的差分卫星导航技术在飞机精密进近着陆、飞船空间交会对接等领域得到了很好的应用。

1.2.5 组合导航

惯性导航具有可靠性强、信息连续、短时导航精度高等优点,但是又有导航误差随时间增加而迅速累积的不足。卫星导航精度高,误差不随时间积累,用户接收机体积小、成本低、操作简便,但是卫星信号易受遮挡和干扰,可靠性稍低。对于航天器而言,天文导航自主性强、定姿精度高、误差不随时间累积,但是它又有着信息不连续、光机电结构复杂、体积偏大的缺陷。可以说,任何一种导航都有其优点和不足,有其一定的适用条件。于是组合导航应运而生,其中较为常见的有卫星/惯性组合导航、天文/惯性组合导航。

美国 Litton 公司生产的 LN-100G,Honeywell 公司生产的 H-764G,将激光陀螺、加速度计、GPS 接收机和导航计算机集成在一起,构成了 GPS/INS 紧密组合导航系统,在民航飞机上得到了广泛的应用。

美国的“三叉戟”系列、苏联的 SS-N 系列潜射战略弹道导弹均采用了惯性/星光组合导航系统。此种组合导航系统依靠高精度的星敏感器来校正由惯性平台倾斜造成的导弹落点误差,显著提高了导弹命中精度,并同时降低导弹发射时惯导系统的初始对准精度要求,从而提高了导弹武器系统的机动作战能力。依靠惯性/星光组合制导,美国的“三叉戟”Ⅲ 型导弹,最大射程为 11000km,命中圆概率偏差为 90~120m;苏联 SS-N-8 Ⅲ 型导弹,最大射程为

9100km,命中圆概率偏差为450m。

1.3 现代导航技术发展趋势

针对飞机、导弹、卫星、飞船等飞行器而言,它们履行任务所要求的精度和可靠性越来越高,如飞机精密进近着陆、导弹远程精确打击、卫星侦察、飞船交会对接等;飞行器体积越来越小,如微小卫星等;运行时空范围越来越大,例如长期在轨运行、深空探测等。因此,要求导航系统尽可能的高精度、高可靠、小型化,从而使得导航技术的发展永无止境。现代飞行器导航技术可望在如下几个方面取得进展。

1. 卫星导航系统可靠性更强、精度更高

依据其现代化计划,GPS将采取增强卫星信号强度、扩充用户频点(测距码)个数等措施,以提高导航的可靠性和精度。随着GLONASS、GALILEO、北斗等卫星导航系统的建成和完善,将有四大卫星导航系统并存。因此必将出现兼容2~4个系统的接收机,使得卫星导航系统的可靠性和精度进一步显著提高。多频点、多通道兼容接收机的研制将对微电子技术提出挑战。此外,自适应调零天线的应用,将屏蔽部分干扰信号,从而提高可靠性。

广域、局域差分卫星导航增强系统将覆盖所有的重点区域,从而提高导航精度,并监测系统完好性。卫星导航将普遍应用于飞机精密进近着陆、飞船空间交会对接等应用领域。

2. 惯性导航器件及系统精度更高、更加小型化

人们正在探索研究基于冷原子技术的陀螺仪和加速度计,精度可望优于10^{-7}(°)/h、10^{-8}g。惯性器件及系统的研制工作已经并将继续向小型化方向发展。推进这一发展的原因之一是,现代飞行器大多采用了精度高、成本低、体积小的卫星导航设备,惯导的任务主要是测量飞行器在前、后时刻之间的连续运动参数。对此,短时精度高的惯导正好可以胜任。

目前,小型化的光纤陀螺(Fiber Optic Gyro)、环形激光陀螺(Ring Laser Gyro)已经达到10^{-4}(°)/h的精度水平,以后还将进一步提高。微机电系统(Micro Electro-Mechanical System,MEMS)技术应用于惯性领域,使得惯导系统的小型化成为可能。目前,国外的微硅加速度计MSA、微硅陀螺MSG的芯片已经研制成功,并投入市场。美国研制的微型光学陀螺(Micro Optic Gyro)芯片小于20mm×20mm×5mm,精度可达1(°)/h。中国在微机电惯性器件、惯性测量单元、惯导系统的研发和生产方面也取得了长足的进步,已有成熟产品投入实际工程应用。今后,基于MEMS技术的惯性器件将不断提高其精度,以期达到

0.1(°)/h、50μg 的中等导航精度水平。

3. 脉冲星导航技术逐步成熟

人类已经登陆月球,将来还将登陆火星、探索太阳系的边际。在远离地球的浩瀚太空,我们需要新的更可靠的导航技术。脉冲星导航即是这样一种最有可能满足需要的导航技术。

脉冲星导航源于 X 射线脉冲星的发现。X 射线脉冲星可以发出波形不变、间隔稳定的脉冲信号。脉冲时间间隔的稳定性最高可达 10^{-14},与高精度原子钟的稳定性相当。目前,为了使脉冲星导航技术得到实际应用,还需要进一步研究导航机理,研制更为轻型化的 X 射线导航敏感器,并精确测定更多脉冲星的信号参数。预计在不久的将来,脉冲星导航将帮助我们遨游太空。

4. 组合导航技术进一步成熟并得到普及应用

随着微电子技术、计算机技术的进一步发展,卫星导航接收机芯片、微机电惯性陀螺和加表不断推陈出新,在体积、功耗不断减少,成本不断降低的条件下,精度不断提高,因而使得组合导航系统具有更小的体积、功耗,以及更低的成本,同时保持较高的精度和可靠性。卫星/惯性组合导航技术将可以达到厘米级实时定位精度,可以满足飞机三类精密进近着陆的要求。组合导航技术,特别是卫星/惯性组合导航技术将广泛应用于卫星、宇宙飞船、中短程导弹、运载火箭、无人飞机、精确制导弹药等各类飞行器。

思考题

1. 试述导航的定义。
2. 导航的种类有哪些?
3. 何谓导航方法的自主性?卫星导航是自主导航吗?为什么?
4. 不同应用领域对导航系统有不同的要求,试举例说明。
5. 同样是天文导航,现代天文导航技术与古代、近代天文导航技术相比,有了哪些进步?
6. 试比较惯性导航、卫星导航的优缺点。

第 2 章　常用坐标系与时间系统

导航信息的描述与坐标系、时间系统密切相关。因此,本章将在介绍地球不规则运动的基础上,给出协议天球坐标系、协议地球坐标系的定义及相互转换模型,介绍 CGCS2000、WGS84 坐标系及其他常用空间坐标系,介绍各种世界时系统、原子时系统,并推导给出常值频率误差与时钟误差的关系。

2.1　地球的运动

人类生活在地球上,人造飞行器也大多在地球附近空间内运动,因而人类的活动和飞行器的运动均以地球为参照。然而地球并不是静止的,相对于浩瀚宇宙中的所有恒星而言,地球存在自转运动和绕太阳的公转运动。除此之外,地球还存在幅度相对较小、具有长期和周期特性的不规则运动。

2.1.1　基本概念

1. 天球的相关概念

天球是以地球质心为中心、任意长度为半径的假想球体,又称地心天球(图 2.1)。天球上有天极和天赤道。天极即地球自转轴所在直线与天球表面

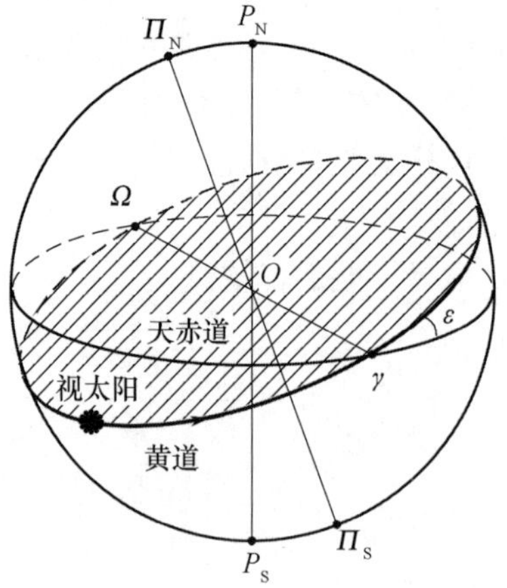

图 2.1　天球上的基本点和圈

的交点，与地球北极对应的称为北天极 P_N，与地球南极对应的称为南天极 P_S。天赤道即地球赤道面与天球球面相交而成的大圆。此外，天球上还有黄道、黄极和二分点。黄道是地球公转轨道面与天球相交而成的大圆，黄道面与天赤道面的夹角——黄赤交角约为 23.5°。黄极是通过天球中心且垂直于黄道面的直线与天球球面的交点，靠近北天极的称为北黄极 Π_N，靠近南天极的称为南黄极 Π_S。二分点是天球上黄道与赤道的两个交点，分别称为春分点和秋分点，其中春分点为视太阳在黄道上从南半球向北半球运动时对应的交点，秋分点为从北半球向南半球运动时对应的交点。

2. 地球椭球的相关概念

地球椭球也称参考椭球，是指形状和大小与真实地球非常接近，并与真实地球有着固定联结关系的旋转对称椭球体。在理想情况下，椭球中心与地球质心重合，椭球表面与地球大地水准面尽可能接近（图 2.2）。

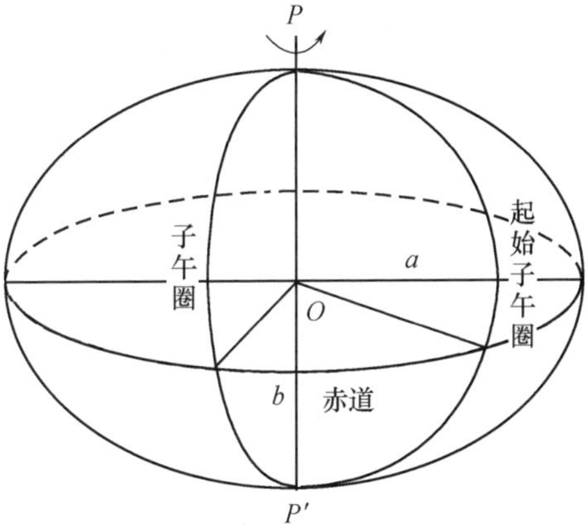

图 2.2 地球椭球

地球椭球的几何与物理参数包括椭球半长轴 a、地球引力常数 μ（万有引力常数和地球质量的乘积）、地球椭球扁率 f（或地球引力场二阶带谐系数 J_2）和地球自转角速度 ω_e。

2.1.2 地球的不规则运动

1. 岁差和章动

地球自转轴在空间的指向相对于地球公转轨道平面会发生改变，进而导致天极、天赤道和春分点在天球上的位置随时间发生缓慢的变化，这种现象称为岁差和章动。岁差分为日月岁差（图 2.3）和行星岁差。章动包括周期为 18.6 年的主要项（图 2.4）和其他次要项。

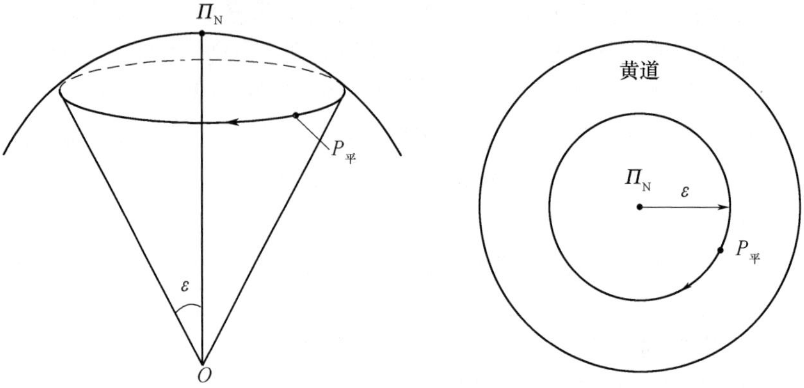

图 2.3　日月岁差

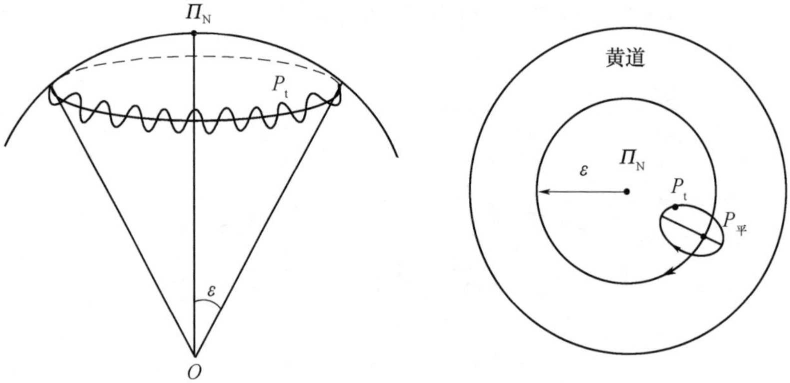

图 2.4　章动

日月岁差是指假设月球对地球引力及其运行轨道保持不变,同时忽略行星引力的微小影响,日月引力引起的天极和春分点等的向西进动现象。此时,地球自转轴将绕黄极与地心的连线(从北黄极看)沿顺时针方向缓慢旋转,从而形成一个圆锥面。转动周期约为 25800 年,圆锥面的顶角为 23.5°,等于黄赤交角 ε。在天球球面上,北天极 P_N 绕北黄极 Π_N 顺时针旋转,进而在天球上近似形成以北黄极为中心、黄赤交角 ε 为半径的小圆轨迹。因此,从北黄极看,日月岁差将导致春分点和北天极的西移,春分点每年西移约 50.371″。行星岁差是指在行星引力的作用下,黄极位置的微小变化。行星岁差将导致春分点沿黄道东移,但量级比日月岁差小得多。

实际上,地球自转轴在岁差圆周运动的基础上叠加了若干振幅很小的短周期运动,称为章动。因此,北天极在天球上绕北黄极旋转的轨迹不再是平滑的小圆,而是类似圆的波浪曲线。造成章动的主要原因是月球对地球的引力大小和方向不断变化。

将仅考虑岁差影响的天极称为瞬时平天极，对应的天赤道和春分点称为瞬时平赤道和瞬时平春分点；将综合岁差和章动影响的天极称为瞬时天极/真天极，对应的天赤道和春分点称为瞬时天赤道/真赤道和瞬时春分点/真春分点。章动包括许多周期项，其中主要项的周期为 18.6 年。在章动主要项的影响下，瞬时北天极绕瞬时平北天极旋转，成椭圆形轨迹，其长半径为 9.2″。

2. 极移

地球自转轴相对地球的位置是变化的，进而引起地极点在地球表面上的位置随时间发生改变，这种现象称为极移。观测瞬间地球自转轴相对于地球所处的位置称为瞬时地球自转轴，对应的地球赤道和地极称为瞬时赤道和瞬时地极。

极移主要包含两种周期性变化：一种是受迫极移，由日月引力、大气和海洋等外部因素引起，周期约为 1 年，振幅约为 0.1″；另一种是自由极移，由地球非球形等内部因素引起，周期约为 432 天，振幅约为 0.2″。

由于极移量较小，通常取一平面直角坐标系来表示地极的瞬时位置。坐标原点 P_0 为地极的某一平均位置，称为平极；以过平极且与地球表面相切的平面代替极移范围内的球面，建立基准平面；x_p 轴指向格林尼治子午线方向，y_p 轴指向格林尼治子午线以西 90°的子午线方向。因此，任一历元的瞬时地极 P_t 可以用坐标(x_p，y_p)表示，如图 2.5 所示。

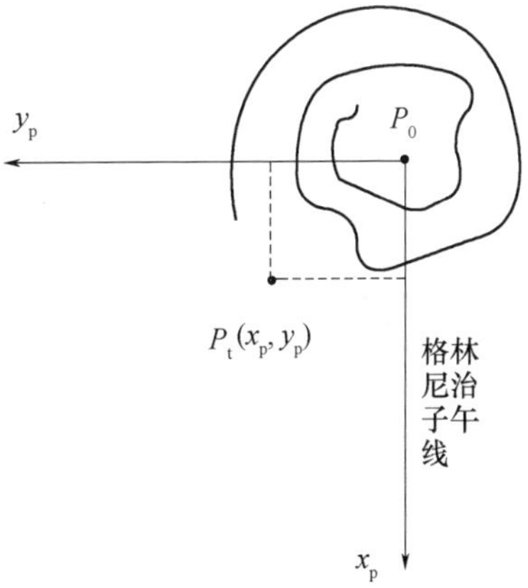

图 2.5　极移的表示

依靠精密测量技术发现，地球不但存在作为一个刚体的岁差、章动和极移运动，还存在作为一个非刚体的地球板块移动、地球固体潮等运动，非刚体运动最大达每年厘米量级。

2.2　协议天球坐标系与协议地球坐标系

2.2.1　天球坐标系及其转换关系

1. 天球坐标的形式

1) 天球空间直角坐标

忽略岁差、章动，定义天球空间直角坐标系为：原点位于地球质心，Z 轴指向北天极 P_N，X 轴指向春分点，Y 轴与 X、Z 轴组成右手直角坐标系，如图 2.6 所示。任一天体 S 的位置坐标用(X, Y, Z)表示。

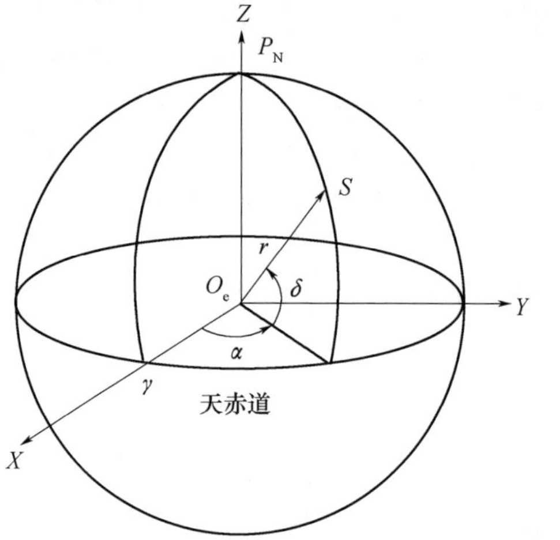

图 2.6 两种天球坐标系

2）天球球面坐标

在天球空间直角坐标系中选择基准面 1 为天球赤道面，基准面 2 为过春分点的天球子午面。任一天体 S 的位置坐标用 (α,δ,r) 表示，其中 α 为赤经，δ 为赤纬，r 为地心距，如图 2.6 所示。

3）两种天球坐标间的转换

$$\begin{cases} X = r\cos\delta\cos\alpha \\ Y = r\cos\delta\sin\alpha \\ Z = r\sin\delta \end{cases} \tag{2.1}$$

$$\begin{cases} \alpha = \arctan(Y/X) \\ \delta = \arctan\left(\dfrac{Z}{\sqrt{X^2+Y^2}}\right) \\ r = \sqrt{X^2+Y^2+Z^2} \end{cases} \tag{2.2}$$

2. 天球坐标系的定义

1）瞬时真天球坐标系

瞬时真天球坐标系记为 O_e-$X_tY_tZ_t$。坐标原点为地球质心，X_tY_t 平面与观测时刻 t 的瞬时天球赤道面重合；X_t 轴指向观测时刻的真春分点 γ；Z_t 轴指向瞬时北天极 P_t；Y_t 轴与 X_t、Z_t 轴成右手直角坐标系。

2）瞬时平天球坐标系

瞬时平天球坐标系记为 O_e-$X_{M(t)}Y_{M(t)}Z_{M(t)}$。坐标原点为地球质心，$X_{M(t)}Y_{M(t)}$ 平面与观测时刻 t 的瞬时平天球赤道面重合；$X_{M(t)}$ 轴指向瞬时平春分点 γ'；$Z_{M(t)}$ 轴指向瞬时平北天极 P'_t；$Y_{M(t)}$ 轴与 $X_{M(t)}$、$Z_{M(t)}$ 轴成右手直角坐标系。

3）协议天球坐标系

协议天球坐标系记为 $O_e-X_{CIS}Y_{CIS}Z_{CIS}$，是标准历元 t_0 对应的平天球坐标系，又称地心惯性坐标系或协议惯性坐标系（Conventional Inertial System，CIS）。若标准历元 t_0 选择2000年1月1.5日，则相应协议天球坐标系称为J2000.0协议天球坐标系。

J2000.0协议天球坐标系的坐标原点为地球质心，$X_{CIS}Y_{CIS}$ 平面与J2000.0天球平赤道面重合；X_{CIS} 轴指向J2000.0平春分点；Z_{CIS} 轴指向J2000.0平北天极方向；Y_{CIS} 轴与 X_{CIS}、Z_{CIS} 轴成右手直角坐标系。

3. 天球坐标系的转换

1）协议天球坐标系至瞬时平天球坐标系

从协议天球坐标系到瞬时平天球坐标系只需进行岁差改正。若 $\boldsymbol{r}_{CIS}$ 表示J2000.0协议天球坐标系中的位置矢量，$\boldsymbol{r}_{M(t)}$ 表示瞬时平天球坐标系中的位置矢量，则有

$$\boldsymbol{r}_{M(t)} = \boldsymbol{D} \cdot \boldsymbol{r}_{CIS} \tag{2.3}$$

式中：$\boldsymbol{D}$ 为岁差转换矩阵，且

$$\boldsymbol{D} = \boldsymbol{R}_z(-Z_A) \cdot \boldsymbol{R}_y(\theta_A) \cdot \boldsymbol{R}_z(-\zeta_A) \tag{2.4}$$

式中：ζ_A、Z_A 和 θ_A 称为岁差参数，如图2.7所示，可由天文年历提供的模型进行计算；$\boldsymbol{R}_z$、$\boldsymbol{R}_y$ 分别为绕 Z 轴、Y 轴的旋转变换矩阵。

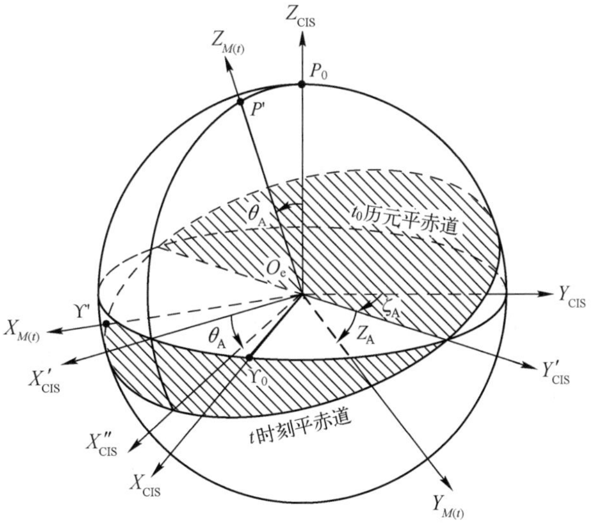

图2.7 协议天球系至瞬时平天球系的转换

2）瞬时平天球坐标系至瞬时真天球坐标系

从瞬时平天球坐标系到瞬时真天球坐标系只需进行章动改正。若 $\boldsymbol{r}_t$ 表示

瞬时真天球坐标系中的位置矢量,则有

$$\boldsymbol{r}_t=\boldsymbol{C}\cdot\boldsymbol{r}_{M(t)} \tag{2.5}$$

式中:$\boldsymbol{C}$ 为章动转换矩阵,且

$$\boldsymbol{C}=\boldsymbol{R}_x(-\varepsilon-\Delta\varepsilon)\cdot\boldsymbol{R}_z(-\Delta\psi)\cdot\boldsymbol{R}_x(\varepsilon) \tag{2.6}$$

式中:平黄赤交角 ε、交角章动 $\Delta\varepsilon$ 和黄经章动 $\Delta\psi$ 称为章动参数,如图 2.8 所示,可由天文年历提供的模型进行计算,$\Delta\varepsilon$ 和 $\Delta\psi$ 的表达式为包括 106 项的级数展开式,精度达到 0.001″。

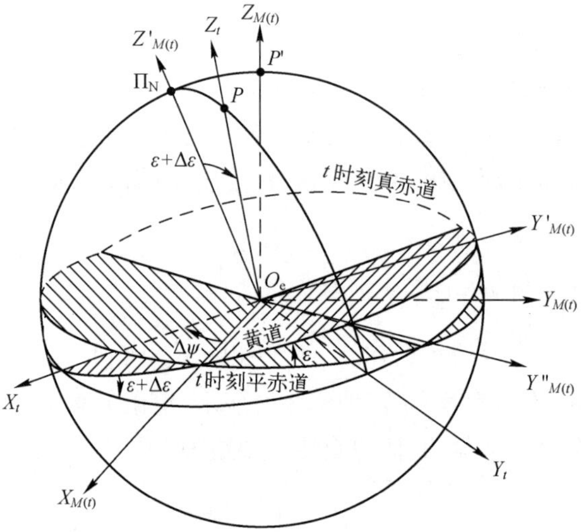

图 2.8　瞬时平天球系至瞬时真天球系的转换

2.2.2　地球坐标系及其转换关系

1. 地球坐标的形式

1) 空间直角坐标

忽略极移,定义地球空间直角坐标系为:原点位于地球质心;Z 轴为地球自转轴,指向北极;X 轴指向格林尼治起始子午面与地球赤道的交点 E,Y 轴与 X、Z 轴组成右手直角坐标系,如图 2.9 所示。任一地面点 K 的坐标用(X,Y,Z)表示。

2) 大地坐标

忽略极移,如此设置地球椭球为:地球椭球的中心与地球质心重合,短轴与地球自转轴重合,起始子午面与格林尼治起始子午面重合。任一地面点 K 的坐标用(B,L,H)表示,B 为大地纬度,L 为大地经度,H 为大地高程,如图 2.9 所示。

3) 空间直角坐标与大地坐标间的转换关系

如图 2.10 所示,大地坐标到空间直角坐标的转换:

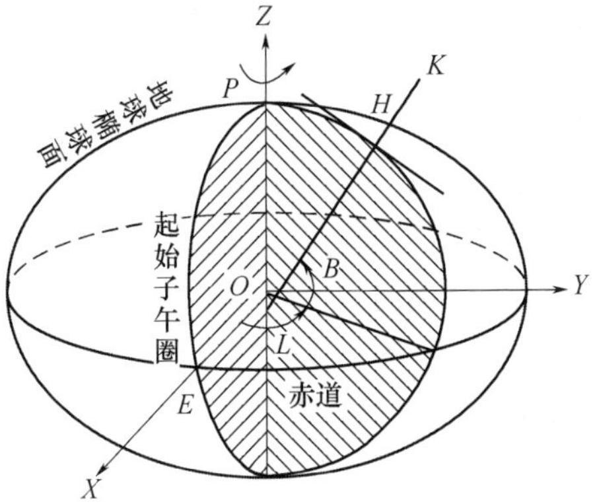

图 2.9 空间直角坐标系与大地坐标系

$$
\begin{cases}
X=(N+H)\cos B\cos L\\
Y=(N+H)\cos B\sin L\\
Z=[N(1-e^2)+H]\sin B
\end{cases}
\tag{2.7}
$$

式中:N 为卯酉圈曲率半径,$N=\dfrac{a}{\sqrt{1-e^2\sin^2 B}}$;$e$ 为偏心率,$e=\sqrt{2f-f^2}$,f 为地球椭球扁率。

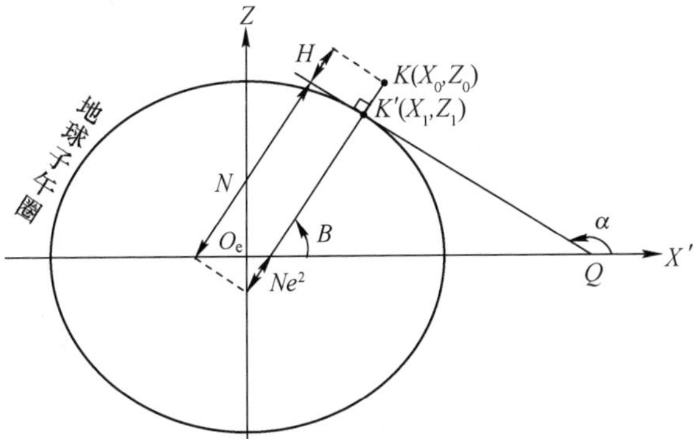

图 2.10 子午面内卯酉圈曲率半径

空间直角坐标到大地坐标的转换:

$$
\begin{cases}
L=\arctan\left(\dfrac{Y}{X}\right)\\
B=\arctan\left(\dfrac{Z+Ne^2\sin B}{\sqrt{X^2+Y^2}}\right)\\
H=\sqrt{X^2+Y^2+(Z+Ne^2\sin B)^2}-N
\end{cases}
\tag{2.8}
$$

需要采用迭代方法,由式(2.8)中第 2 式计算 B。设 $B^{(1)}=0$,代入等号右侧,

计算得到 $B^{(2)}$。将 $B^{(2)}$ 再代入等号右侧，计算得到 $B^{(3)}$。如此迭代，直至 B 值收敛。

2. 地球坐标系的定义

1）瞬时地球坐标系

瞬时地球坐标系记为 $O_e-X_{Dt}Y_{Dt}Z_{Dt}$。坐标原点 O_e 为地球质心；Z_{Dt} 轴指向瞬时地球自转轴与地球北半球的交点（瞬时北极），受极移影响瞬时北极随时间而变；X_{Dt} 轴在瞬时格林尼治起始子午面内与 Z_{Dt} 轴垂直，指向经度零度方向；Y_{Dt} 轴与 X_{Dt}、Z_{Dt} 轴成右手直角坐标系。这里的瞬时格林尼治起始子午面是过瞬时地球自转轴和格林尼治天文台的子午面。

2）协议地球坐标系

协议地球坐标系记为 $O_e-X_{CTS}Y_{CTS}Z_{CTS}$，也称地心地固坐标系。坐标原点 O_e 为地球质心；Z_{CTS} 轴指向 BIH（国际时间局）定义的 1984.0 历元的国际协议地极（Conventional Terrestrial Pole，CTP）；X_{CTS} 轴在协议格林尼治起始子午面内与 Z_{CTS} 轴垂直，指向经度零度方向；Y_{CTS} 轴与 X_{CTS}、Z_{CTS} 轴成右手直角坐标系。这里的协议格林尼治起始子午面是过 Z_{CTS} 轴和格林尼治天文台的子午面。

3. 地球坐标系的转换

1）瞬时地球坐标系至协议地球坐标系

协议地球坐标系固定在地球上，与地球一起自转，因而由瞬时地球坐标系至协议地球坐标系仅需进行极移改正。若 $\boldsymbol{r}_{CTS}$、$\boldsymbol{r}_{Dt}$ 表示协议、瞬时地球坐标系中的位置矢量，则有

$$\boldsymbol{r}_{CTS}=\boldsymbol{A}\cdot\boldsymbol{r}_{Dt} \tag{2.9}$$

式中：$\boldsymbol{A}$ 为极移转换矩阵，且

$$\boldsymbol{A}=\boldsymbol{R}_y(-x_p)\boldsymbol{R}_x(-y_p) \tag{2.10}$$

式中：x_p 和 y_p 称为极移参数，如图 2.11 所示，由国际地球旋转服务组织（International Earth Rotation and Reference Systems Service，IERS）定期公布，可上网查询。

考虑到 x_p 和 y_p 的值都很小，故可近似取其余弦项等于 1，其正弦项等于对应的角度，两正弦项之积为 0，则转换矩阵 $\boldsymbol{A}$ 可简化为

$$\boldsymbol{A}=\begin{bmatrix} 1 & 0 & x_p \\ 0 & 1 & -y_p \\ -x_p & y_p & 1 \end{bmatrix} \tag{2.11}$$

2）瞬时真天球坐标系至瞬时地球坐标系

瞬时真天球坐标系 Z_t 轴与瞬时地球坐标系 Z_{Dt} 轴重合，因而由瞬时真天球坐标系至瞬时地球坐标系只需绕 Z_t 轴旋转一个格林尼治真恒星时角 GAST，如图 2.12所示，进行地球自转改正。有

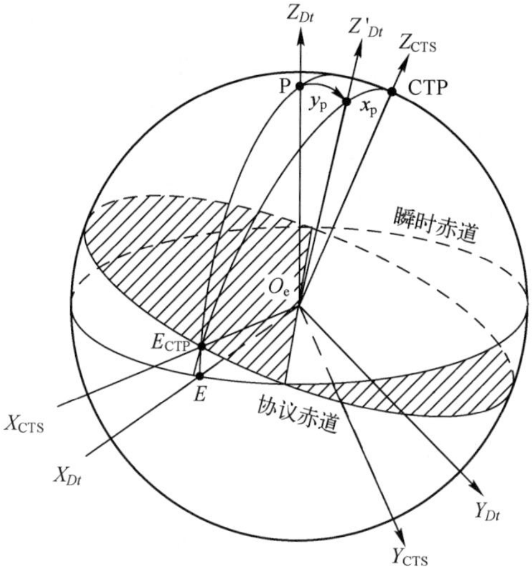

图 2.11　瞬时地球坐标系至协议地球坐标系

$$\boldsymbol{r}_{Dt} = \boldsymbol{B} \cdot \boldsymbol{r}_t \tag{2.12}$$

式中:$\boldsymbol{B}$ 为地球自转转换矩阵, 且

$$\boldsymbol{B} = \boldsymbol{R}_z(\mathrm{GAST}) \tag{2.13}$$

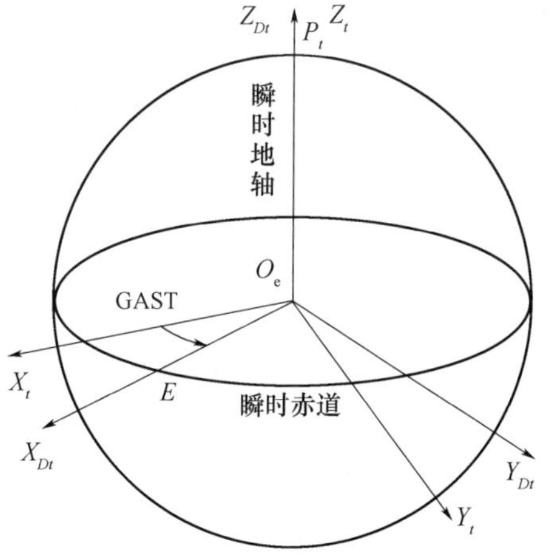

图 2.12　瞬时真天球坐标系至瞬时地球坐标系

2.3　常用卫星导航坐标系

特定的卫星导航系统采用特定的协议地球坐标系,例如中国北斗卫星导航

系统 BDS 采用 2000 中国大地坐标系(China Geodetic Coordinate System 2000, CGCS2000),美国导航星全球定位系统 GPS 采用 84 世界大地坐标系(World Geodetic System 84,WGS84)。

因为岁差、章动、极移、地球板块移动、地球固体潮等运动的存在,所以维持协议地球坐标系 CTS 是一件非常复杂的工作。为此国际地球自转服务组织 IERS 依靠分布于全球各地的监测站,长期监测地球的运动,并不定期地发布公告,从而形成对应不同历元的国际地球参考框架(International Terrestrial Reference Frame,ITRF)。在 ITRF 中公布有各个监测站相对于协议地球坐标系 CTS 的在特定历元的坐标及速度,或者在一系列历元的坐标。

卫星导航系统所采用的坐标系总是向最新公布的国际地球参考框架 ITRF 靠拢。为了做到这一点,需要将卫星导航系统部分监测站与国际地球自转服务组织 IERS 监测站并置,卫星导航系统其他监测站与并置站联测。在卫星导航系统中,坐标系具体化变成了一系列监测站的坐标,并由此测得卫星轨道参数和用户坐标。在卫星轨道测量和用户定位的过程中,需要已知地球椭球长半轴、地球引力常数、地球椭球扁率、地球自转角速度和地球引力场模型。所有这些信息,加上监测站坐标,就构成了一个完整的卫星导航系统坐标系。

1. CGCS2000

原点位于地球质心;Z 轴指向国际地球自转服务组织(IERS)定义的参考极(IRP)方向;X 轴为 IERS 定义的参考子午面(IRM)与通过原点且同 Z 轴正交的赤道面的交线;Y 轴与 Z 轴、X 轴构成右手直角坐标系。CGCS2000 具体化为 BDS 监测站的坐标。

CGCS2000 原点也用做 CGCS2000 地球椭球的几何中心,Z 轴用做该旋转椭球的旋转轴。CGCS2000 地球椭球定义的基本常数为

长半轴:$a=6378137.0\text{m}$

地球(包含大气层)引力常数:$\mu=3.986004418\times10^{14}\text{m}^3/\text{s}^2$

扁率:$f=1/298.257222101$

地球自转角速度:$\omega_e=7.2921150\times10^{-5}\text{rad/s}$

2. WGS84

WGS84 的定义与 CGCS2000 的相同,但是 WGS84 具体化为 GPS 监测站的坐标。WGS84 地球椭球定义的基本常数为

长半轴:$a=6378137\text{m}$

地球引力常数:$\mu=3.986005\times10^{14}\text{m}^3/\text{s}^2$

扁率:$f=1/298.257223563$

地球自转角速度:$\omega_e=7.2921151467\times10^{-5}\text{rad/s}$

2.4 其他常用坐标系

1. 基准点北天东坐标系 NRE

该坐标系记为 $O\text{-}X_NY_RZ_E$。原点位于基准点 O；Y_R 轴沿当地参考椭球面法线，向上为正；X_N 轴指向水平正北方向，Z_E 轴与 X_N、Y_R 轴组成右手直角坐标系，如图 2.13 所示。

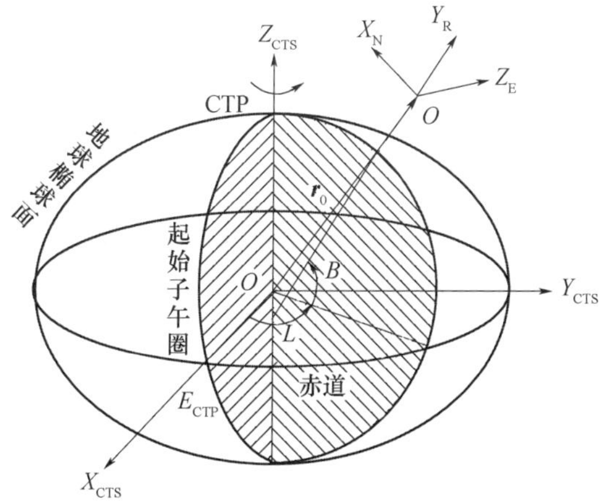

图 2.13 基准点北天东坐标系

设 $\boldsymbol{r}_{NRE}$ 和 $\boldsymbol{r}_{84}$ 分别为某点在北天东坐标系和 WGS84 坐标系中的坐标矢量，$\boldsymbol{r}_0$ 为基准点在 WGS84 中的坐标矢量。下面给出两坐标系间的转换关系式：

$$\begin{cases}\boldsymbol{r}_{84}=\boldsymbol{r}_0+\boldsymbol{R}_z(90°-L)\cdot\boldsymbol{R}_x(-B)\cdot\boldsymbol{R}_y(90°)\cdot\boldsymbol{r}_{NRE}\\ \boldsymbol{r}_{NRE}=\boldsymbol{R}_y(-90°)\cdot\boldsymbol{R}_x(B)\cdot\boldsymbol{R}_z(-90°+L)\cdot(\boldsymbol{r}_{84}-\boldsymbol{r}_0)\end{cases} \tag{2.14}$$

式中：B 和 L 分别为基准点的大地纬度和大地经度。

2. 基准点北东地坐标系 NED

该坐标系记为 $O\text{-}X_NY_EZ_D$。原点位于基准点 O；Z_D 轴沿当地参考椭球面法线，向下为正；X_N 轴指向水平正北方向，Y_E 轴与 X_N、Z_D 轴组成右手直角坐标系。

3. 导弹发射点惯性坐标系

该坐标系记为 $O_i\text{-}X_iY_iZ_i$。在发射瞬间，原点 O_i 位于导弹发射点；X_i 轴在发射点水平面内，指向发射瞄准方向；Y_i 轴垂直于发射点水平面指向上方；Z_i 轴与 X_i、Y_i 轴组成右手直角坐标系。在发射之后，$O_i\text{-}X_iY_iZ_i$ 相对于惯性空间保持不动。

4. 导弹体坐标系

该坐标系记为 $o\text{-}xyz$，是与导弹固连的直角坐标系。原点 o 位于导弹质心处；x 轴沿导弹旋转对称轴方向，前进方向为正；y 轴在导弹主对称平面内，垂直于 x 轴，向上为正；z 轴与 x、y 轴组成右手直角坐标系，如图 2.14 所示。

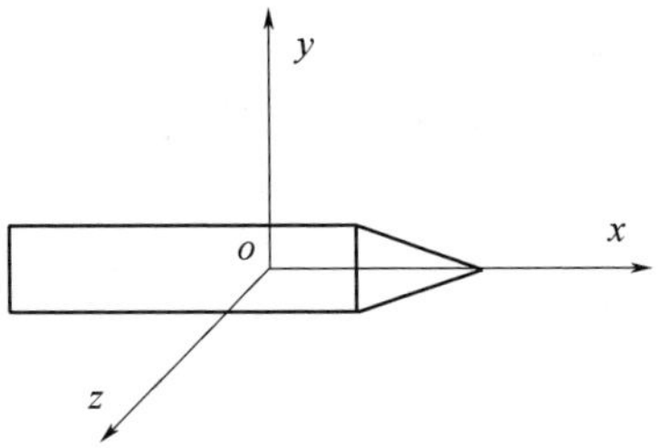

图 2.14　导弹体坐标系

5. 飞机体坐标系

该坐标系记为 $o-xyz$，是与飞机固连的直角坐标系。原点 o 位于飞机质心处；x 轴在飞机对称平面内沿设计轴线指向机头方向；y 轴垂直于对称平面，指向机身右方；z 轴与 x、y 轴组成右手直角坐标系，如图 2.15 所示。

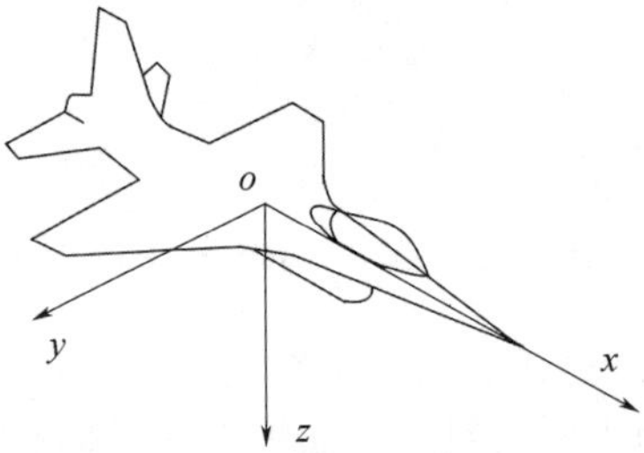

图 2.15　飞机体坐标系

2.5　常用时间系统

2.5.1　世界时系统

世界时系统是以地球自转运动为基准的时间系统，是人类最先建立的时间系统。但在实际中，由于观察地球自转运动时，所选空间参考点不同，世界时包括恒星时、平太阳时和世界时等几种形式。

1. 恒星时(Sidereal Time，ST)

1) 恒星时的定义

恒星时的测量基准为春分点的周日视运动。其时间单位包括恒星日、恒星时、恒星分和恒星秒。一个恒星日是春分点连续两次经过测站子午圈上中天的时间间隔,1 恒星日等于 24 恒星时,1 恒星时等于 60 恒星分,1 恒星分等于 60 恒星秒。恒星时的时间原点为春分点刚好过测站子午圈上中天的时刻。

恒星时在数值上等于春分点时角,如图 2.16 所示。因而可以通过测量春分点时角获得恒星时。

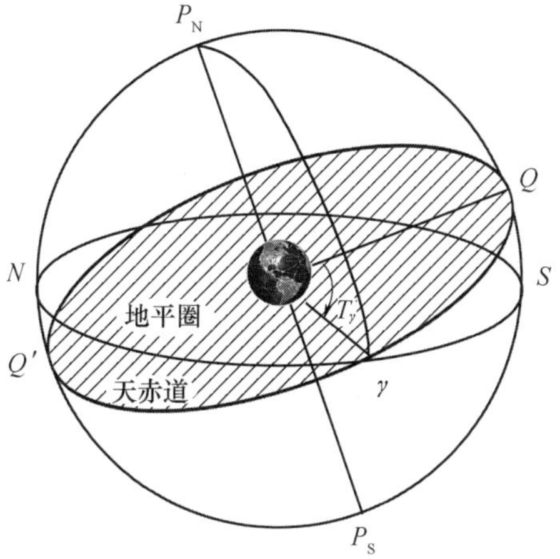

图 2.16　恒星时系统

2）恒星时的特性

恒星时具有地方性。时角是从过测站的天子午圈起算,同一瞬间各地的天子午圈不同,所测恒星时也不同,进而形成各地自己的恒星时计时系统。

由于岁差和章动的影响,春分点有瞬时真春分点和瞬时平春分点之分,因而相应的以真春分点为参考点的恒星时称为真恒星时,以平春分点为参考点的恒星时称为平恒星时,如图 2.17 所示。

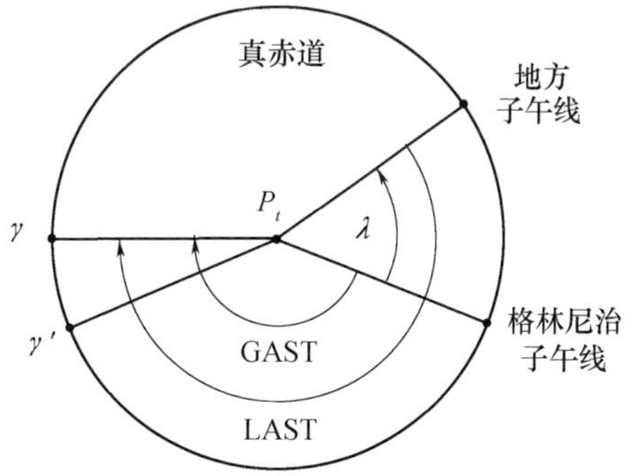

图 2.17　真恒星时与平恒星时

设 LAST 为真春分点地方时角,GAST 为真春分点格林尼治时角(用于瞬时天/地球坐标系转换),那么两者满足 LAST−GAST=λ,其中λ为当地大地经度。

2. 平太阳时(Mean Solar Time,MT)

1) 平太阳

由于真太阳的视运动角速度并不均匀,而且运动平面为黄道面,不是赤道面,所以真太阳日长短不一,导致真太阳时不均匀。因此,引入平太阳的概念。平太阳是一个在天赤道上做等速运动的假想点,其运动角速度等于太阳沿黄道做周年视运动的平均角速度。

2) 平太阳时的定义

平太阳时的测量基准为平太阳的周日视运动。其时间单位包括平太阳日、平太阳时、平太阳分和平太阳秒。一个平太阳日定义为平太阳连续两次过测站子午圈下中天的时间间隔,1 平太阳日等于 24 平太阳时,1 平太阳时等于 60 平太阳分,1 平太阳分等于 60 平太阳秒。平太阳时的时间原点为平太阳刚好过测站子午圈下中天的时刻(平子夜时刻)。

平太阳时等于平太阳地方时角 LAMT 加上 12h。因此,通过测量平太阳地方时角可以获得平太阳时。

平太阳时具有地方性。时角是从过测站的天子午圈起算,同一瞬间各地的天子午圈不同,所测平太阳时也不同,进而形成各地自己的平太阳时计时系统。

3. 世界时(Universal Time,UT)

1) 世界时的定义

世界时的测量基准和时间单位同平太阳时。其时间原点为平太阳过格林尼治子午圈下中天的时刻(平子夜)。

2) 世界时的修正

从 1956 年起,在世界时中加入两项改正。一是 $\Delta\lambda$,由极移引起的测站经度变化改正;二是 ΔT_s,由地球自转角速度季节性变化引起的改正。设 UT0 是直接测量得到的世界时,因而有

$$\begin{cases} \mathrm{UT1} = \mathrm{UT0} + \Delta\lambda \\ \mathrm{UT2} = \mathrm{UT1} + \Delta T_s \end{cases} \tag{2.15}$$

对一般精度应用而言,UT1 可视为统一的时间系统;对高精度应用而言,需寻求更均匀的时间尺度。

2.5.2 原子时系统

1. 原子时

1) 原子时的定义

原子时（Atomic Time，AT）的测量基准为电子在特定能级间跃迁时所辐射或吸收的电磁波的振荡运动。一个原子秒定义为海平面上零磁场中铯原子 C_S^{133} 中的电子在某两个超精细能级间跃迁而辐射的电磁波振荡 9192631770 周所持续的时间。原子时的时间原点为 1958 年 1 月 1 日 0 时 0 秒（UT2）的瞬间。由于技术原因，AT=UT2-0.0039s。

2）国际原子时

国际上约 100 台原子钟通过相互对比和数据处理推算出来的统一的原子时，即国际原子时（International Atomic Time，IAT）。

2. 协调世界时

1）协调世界时的定义

协调世界时（Universal Time Coordinated，UTC）的秒长与原子秒一致。协调世界时的时间原点与 IAT 的相差一个变化的整数秒，时刻尽量与世界时一致，|UTC-UT1|<0.9s。

2）闰秒

闰秒即跳秒，调整 UTC 的秒读数，使 UTC 的读数与 UT1 的读数之差小于 0.9s。一般在 6 月 30 日或 12 月 31 日最后 1 秒加入。

3）协调世界时的优势

继承了原子时和世界时的特点，既有精确的“秒长”，又能正确反映太阳的东升西落。

3. 常用卫星导航时间系统

特定的卫星导航系统采用特定的时间系统，例如中国北斗卫星导航系统 BDS 采用北斗时 BDT，美国导航星全球定位系统 GPS 采用 GPS 时 GPST。卫星导航系统所采用的时间系统均为原子时系统，由一组专用原子钟来维持，采用周和周内秒计数，周内秒起算零点为周六/周日零点。

1）BDT

BDT 受控于北京定位总站的原子钟，采用国际单位制（SI）原子秒为基本单位连续累计，不闰秒，起始历元为 2006 年 1 月 1 日协调世界时（UTC）00 时 00 分 00 秒，采用周和周内秒计数。BDT 与 IAT 的差异为 33s，IAT-BDT=33 s。因为 BD 原子钟的时间比对误差和累计计时误差，BDT 与 IAT 的差异实际上为 33s 加上一个微秒量级的误差。BDT 与 UTC 之间的差值可从导航电文中获得。

2）GPST

GPST 受控于 GPS 主控站（美国海军天文台）的原子钟，采用国际单位制（SI）原子秒为基本单位连续累计，不闰秒，起始历元为 1980 年 1 月 6 日 0 时（UTC）的瞬间。GPST 与 IAT 的差异为 19s，IAT-GPST=19s。因为 GPS 原子钟的时间比对误差和累计计时误差,GPST 与 IAT 的差异实际上为 19s 加上一个毫秒量级的误差。忽略毫秒量级的误差,GPST 与 BDT 的差异为 14s,GPST-BDT=14s。GPST 与 UTC 之间的差值可从导航电文中获得。

不同时间系统的差异如图 2.18 所示。

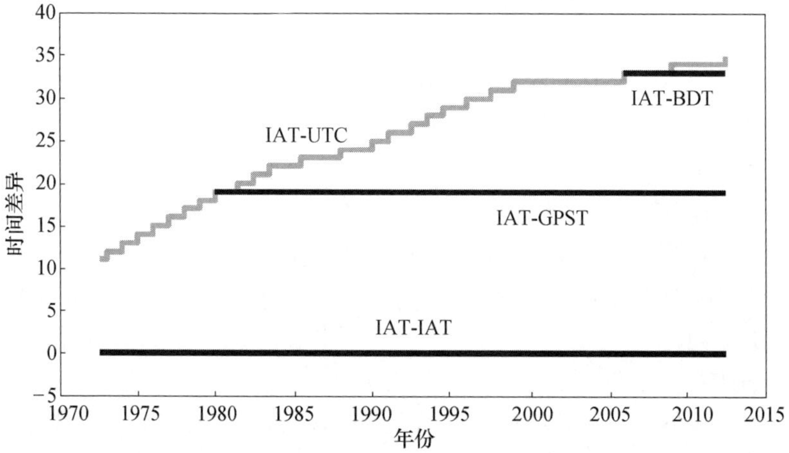

图 2.18 不同时间系统的差异

2.5.3 频率误差与时钟误差

无线电导航信号的传播时间延迟是卫星导航中最基本的测量值。10^{-6}s 的传播时延测量误差,对应距离误差约 300m。为了精确控制导航信号播发时刻,卫星上配置了原子钟,频率稳定度优于 10^{-12}。卫星导航接收机内配置有石英钟,频率稳定度优于 10^{-6},以精确测量信号到达时刻。下面简要讨论常值频率误差与时钟误差的关系。

设某时钟基于重复的某种物质振动运动来计量时间,正常情况下的振动频率为 f,每振动 f 次计为 1s。现假设该振动运动有频率误差 δf,下面分析该时钟的时间测量误差 δt。

在准确时刻 t_1、t_2 之间,准确时间间隔为

$$\Delta t = t_2 - t_1 \tag{2.16}$$

物质振动运动的振动次数为 $(f+\delta f)\cdot\Delta t$,时钟测得的时间间隔为 $\Delta t' = (f+\delta f)\cdot\Delta t/f$,于是有钟差

$$\delta t = \Delta t' - \Delta t = \frac{\delta f}{f}\cdot\Delta t \tag{2.17}$$

式中：$\frac{\delta f}{f}$为频率相对误差。

由式(2.17)可以看出，频率相对误差越大，时间间隔越长，则钟差越大。设石英钟(有温控措施)、氢钟的频率常值相对误差分别为10^{-9}、10^{-15}，则石英钟每30年误差1s($10^{-9}\times30$年$\approx$1s)，氢钟每3×10^{7}年误差1s($10^{-15}\times3\times10^{7}$年$\approx$1s)。

式(2.17)等号两端同时对时间求导，有

$$\delta \dot{t} = \frac{\delta f}{f} \tag{2.18}$$

式中：$\delta \dot{t}$为钟差变率，上式表明频率相对误差即钟差变率。

思考题

1. 除了定义协议地球坐标系以外，为何还要定义协议天球坐标系？

2. 由协议天球坐标系转换至协议地球坐标系的过程中，有哪些过渡坐标系？

3. 试述CGCS2000或WGS84坐标系与协议地球坐标系的关系。

4. 试写出由WGS84坐标计算测站北天东坐标的公式，并说明各个符号的含义。

5. 试述世界时UT0、UT1、UT2的异同点。

6. 试述北斗时BDT与国际原子时IAT的异同点。

7. 试推导常值频率误差与时钟误差的关系。

8. 人们已经建立了UTC、BDT、GPST等精确的时间系统，为何还要设法获得格林尼治真恒星时？

9. 某时钟的标称频率为10MHz，若要求其计时误差每年不得超过0.5s，则其频率误差、相对频偏最大不得超过多少？

第3章　天文导航基本原理

所谓天文导航是指利用天体敏感器测得自然天体的方位、高度角等信息，然后根据天体的已知位置或方位信息，计算出载体位置、速度和姿态的一种导航方法。天文导航起源于航海，发展于航空，辉煌于航天。因为天文导航方法可以测定导弹发射点基于当地重力铅垂线的天文经纬度、垂线偏差（当地重力铅垂线与参考椭球面法线偏差），或寻找当地真北方向，所以本章将首先介绍地面天文导航方法。然后，主要阐述空间天文导航的基本原理，并简要介绍常用天文导航敏感器与设备。

3.1　地面天文导航

3.1.1　单星方位与天顶距测量定位

测站 K 在格林尼治真恒星时 t_G 时刻测量恒星 σ，得天顶距 h、方位角 A，如图3.1所示。图中天极 P 为地球自转轴与天球（北半球）表面的交点；天顶 Z 为测站 K 处参考椭球面法线与天球（测站上空部分）表面的交点；恒星 σ 为测站—恒星方向线与天球表面的交点；点 O 为地球中心；点 O' 为测站 K 处参考椭球面法线与地球自转轴的交点。恒星 σ 的赤经、赤纬可以由恒星星表查得，设为 (α,δ)。因为恒星距离地球极其遥远，所以将测站 K 至天球表面任意一点的方向，视为地心 O 至该点的方向。于是在球面三角形 $PZ\sigma$ 中，已知边长 $P\sigma=90°-\delta$，$Z\sigma=h$，$\angle PZ\sigma=A$，可以求得边长 PZ 和 $\angle ZP\sigma$。

根据球面三角公式，有

$$\sin(\angle ZP\sigma)=\frac{\sin h\cdot\sin A}{\sin(90°-\delta)} \tag{3.1}$$

$$\tan\left(\frac{PZ}{2}\right)=\frac{\cos\left(\dfrac{A+\angle ZP\sigma}{2}\right)\cdot\tan\left(\dfrac{90°-\delta+h}{2}\right)}{\cos\left(\dfrac{A-\angle ZP\sigma}{2}\right)} \tag{3.2}$$

由上面两式可以求解得到 PZ、$\angle ZP\sigma$。于是测站的纬度、经度分别为

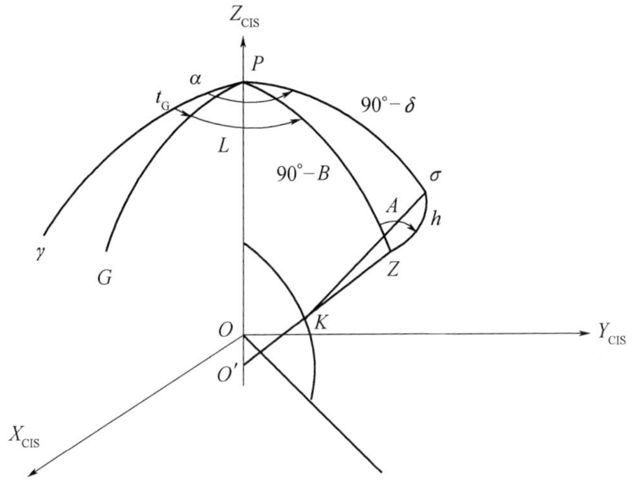

图 3.1　单星方位与天顶距测量定位示意图

$$B=90°-PZ \tag{3.3}$$

$$L=\alpha-t_G-\angle ZP\sigma \tag{3.4}$$

3.1.2　双星天顶距测量定位

测站 K 在格林尼治真恒星时 t_G 时刻测量恒星 σ_1、σ_2，得天顶距 h_1、h_2。恒星 σ_1、σ_2 的赤经、赤纬可以由恒星星表查得，设为 (α_1,δ_1)、(α_2,δ_2)。在天球表面上，设 Z 为测站 K 的天顶，则 Z 至 σ_1、σ_2 的大圆弧长度分别为 h_1、h_2，如图 3.2 所示。其中 P 为北天极。于是，测站天顶有两个可能的解，即 Z 或 Z'，根据测站的概略位置可以判断出正确解。这就是依据双星天顶距测量信息进行定位的基本原理。

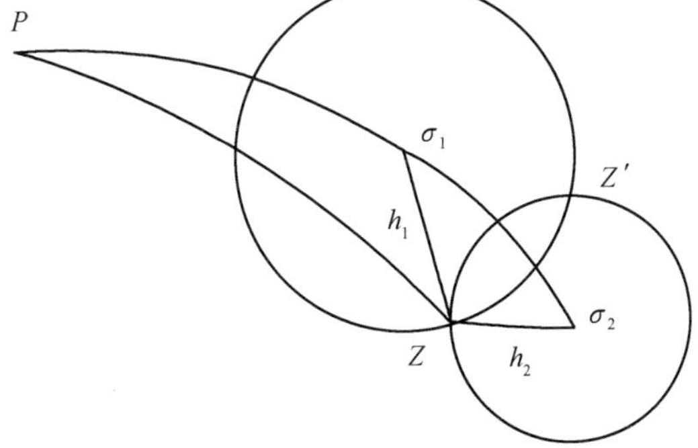

图 3.2　天球表面双星天顶距测量定位示意图

建立如下测量方程

$$\begin{cases}\cos(h_1)=\boldsymbol{r}(L+t_G,B)\cdot\boldsymbol{r}(\alpha_1,\delta_1)\\ \cos(h_2)=\boldsymbol{r}(L+t_G,B)\cdot\boldsymbol{r}(\alpha_2,\delta_2)\end{cases} \tag{3.5}$$

式中：$\boldsymbol{r}(\alpha_1,\delta_1)$为地心至恒星 σ_1 方向的单位矢量，且

$$\boldsymbol{r}(\alpha_1,\delta_1)=\begin{bmatrix}\cos\delta_1\cos\alpha_1\\ \cos\delta_1\sin\alpha_1\\ \sin\delta_1\end{bmatrix} \tag{3.6}$$

$\boldsymbol{r}(\alpha_2,\delta_2)$、$\boldsymbol{r}(L+t_G,B)$分别为地心至恒星 σ_2、测站天顶 Z 方向的单位矢量，计算公式同式(3.6)；$(L+t_G)$、B 分别为地心至测站天顶方向的赤经、赤纬，L、B 为测站的大地经度、纬度。

式(3.5)中只有 L 和 B 两个未知数，可以求解。针对二值解问题，可以借助测站的先验位置信息加以判断，进而得到正确解。

3.1.3 恒星方位联测定向

测站 K 在格林尼治真恒星时 t_G 时刻测量恒星 σ 方向与导弹方向的水平夹角 γ，如图 3.3 所示。其中，已知测站的大地经度、纬度为(L,B)，恒星 σ 的赤经、赤纬可以由恒星星表查得，设为(α,δ)。于是，测站(视为地心)至恒星方向的单位矢量在协议惯性坐标系中的值 $\boldsymbol{r}^i$ 可以由(α,δ)按照式(3.6)计算得出，然后根据(L,B)将 $\boldsymbol{r}^i$ 转换至当地北天东坐标系，得 $\boldsymbol{r}^{NRE}$。由 $\boldsymbol{r}^{NRE}$可以计算出恒星方向方位角 A_0，于是可以最终计算得到测站至导弹方向的方位角 A。

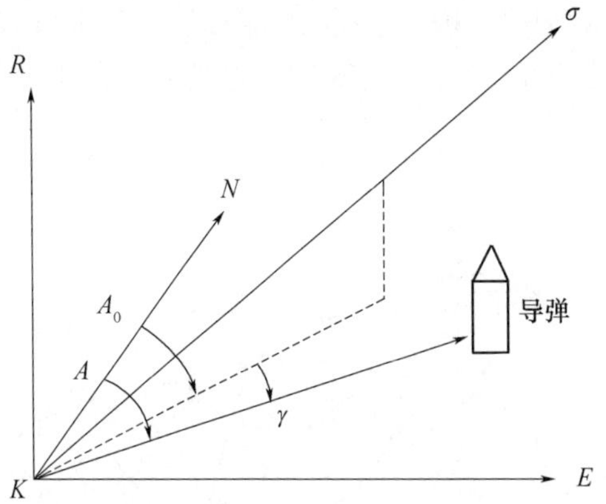

图 3.3　恒星方位联测定向方法

计算公式如下：

$$\boldsymbol{r}^{NRE}=\boldsymbol{R}_Y\left(-\frac{\pi}{2}\right)\cdot\boldsymbol{R}_X(B)\cdot\boldsymbol{R}_Z\left(t_G+L-\frac{\pi}{2}\right)\cdot\boldsymbol{r}^i \tag{3.7}$$

$$A_0 = \arctan\left(\frac{z^{\mathrm{NRE}}}{x^{\mathrm{NRE}}}\right) \tag{3.8}$$

$$A = A_0 + \gamma \tag{3.9}$$

式中:$\boldsymbol{R}_X$、$\boldsymbol{R}_Y$、$\boldsymbol{R}_Z$ 分别为绕坐标轴 X、Y、Z 的旋转矩阵;x^{NRE}、z^{NRE} 为 $\boldsymbol{r}^{\mathrm{NRE}}$ 的 X 轴、Z 轴向分量。

3.2 几何法定位

通过星敏感器测量恒星方向矢量可以确定航天器的方位,但因恒星距离地球极其遥远,所以无法通过单纯测量恒星获取航天器的位置信息;而行星相对航天器的位置矢量随航天器运动而变化,可以利用该信息完成航天器的定位。

3.2.1 主要测量值及其测量方程

导航天体在测量时刻协议天球坐标系中的位置可由天文年历查得。根据天体与地球的距离,将太阳系内的天体称为近天体,包括太阳、地球、月亮、火星等,而除太阳以外的其他恒星则称为远天体。认为近天体是半径已知的圆球,远天体与航天器间的距离为无穷大。

1. 近天体视角

近天体视角 A 的 1/2 为航天器测量装置测得的近天体中心矢量 $\boldsymbol{r}$ 与近天体视边缘方向之间的夹角,如图 3.4 所示。其对应测量方程如下:

$$r\sin\frac{A}{2} = \frac{D}{2} \tag{3.10}$$

式中:D 为近天体直径;$r = |\boldsymbol{r}|$ 为航天器到近天体中心的距离。

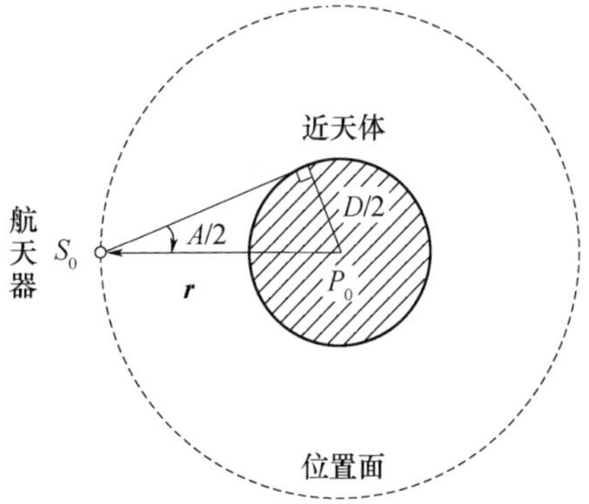

图 3.4　近天体视角

近天体视角测量值对应的位置面为一个圆球,其半径为

$$r=\frac{D/2}{\sin(A/2)} \tag{3.11}$$

该测量值适用于星际航行的末端导航。

2. 掩星测量

当航天器的测量装置正对某恒星进行测量时,其视线恰好被一近天体边缘所遮挡。此时,航天器、近天体、恒星构成特殊的几何关系,如图3.5所示。将恒星方向与航天器至近天体边缘方向的夹角视为测量值(数值为零),于是掩星测量的测量方程如下:

$$\boldsymbol{p}=\boldsymbol{s} \tag{3.12}$$

式中:$\boldsymbol{s}$ 为恒星方向的单位矢量;$\boldsymbol{p}$ 为从航天器指向近天体(遮挡恒星的边缘部位)的矢量。

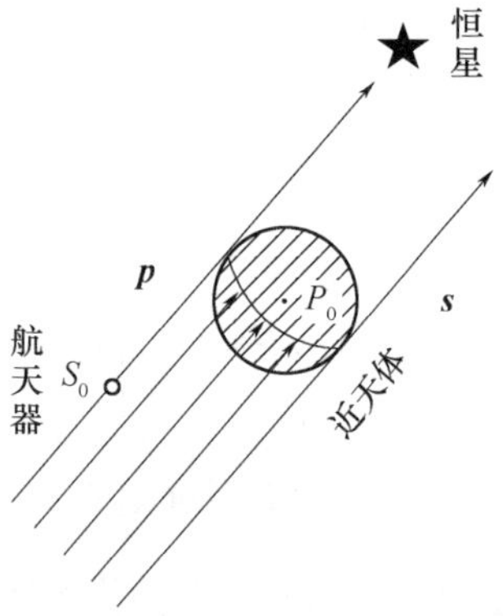

图3.5 掩星测量

掩星测量瞬间建立的位置面为圆柱面,其轴线与恒星方向矢量平行,并通过近天体中心 P_0,直径等于近天体直径。该测量值适用于星际航行的末端导航。

3. 近/远天体间夹角

近/远天体间的夹角 A 为航天器至近天体中心方向与航天器至远天体方向的夹角,如图3.6所示。其对应测量方程如下:

$$\boldsymbol{r}\cdot\boldsymbol{s}=-r\cos A \tag{3.13}$$

式中:$\boldsymbol{r}$ 为近天体中心至航天器的位置矢量;$\boldsymbol{s}$ 为恒星方向单位矢量。

由于恒星位于无穷远处,因而航天器测量近/远天体间的夹角所形成的位置面是以近天体中心 P_0 为顶点,顶角为 $2(180°-A)$ 的圆锥面。该测量值适用于星际航行的全段导航。

4. 近/近天体间夹角

近/近天体间的夹角 A 为从航天器上测量到的两个近天体中心视线方向之间的夹角,如图3.7所示。以近天体太阳和地球为例,对应测量方程如下:

$$\boldsymbol{r}\cdot(\boldsymbol{r}-\boldsymbol{r}_{\mathrm{e}})=r\left|\boldsymbol{r}-\boldsymbol{r}_{\mathrm{e}}\right|\cos A \tag{3.14}$$

式中:$\boldsymbol{r}$ 为从太阳指向航天器的矢量;$\boldsymbol{r}_{\mathrm{e}}$ 为从太阳指向地球的矢量。

近/近天体间夹角对应的位置面是超环面,其轴线为两近天体的连线。该超环面由通过两近天体的一段圆弧绕其轴线旋转而成,圆弧中心位于两近天体连线的垂直平分线上,圆弧半径满足 $R=\frac{r_{\mathrm{e}}}{2\sin A}$。该测量值适用于星际航行的全

段导航。

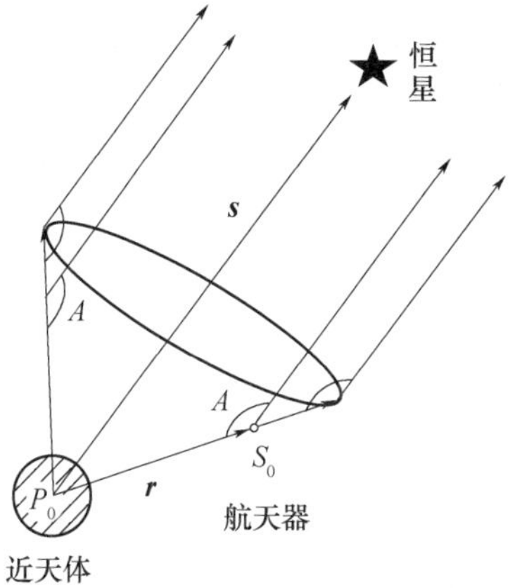

图 3.6 近/远天体间夹角

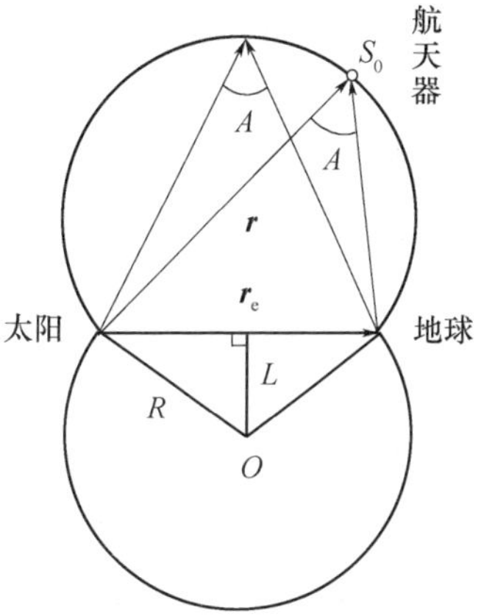

图 3.7 近/近天体间夹角

3.2.2 近天体与恒星间角距测量定位

同时测量 3 个以上的近天体视角,或掩星测量、近/远天体间夹角、近/近天体间夹角及其组合,即可获得 3 个以上的位置面,这些位置面的交点即是航天器的位置。当交点不唯一时,需要先验的概略位置信息,然后由先验信息判断出正确的交点。

下面以近/远天体间夹角测量为例,介绍近天体与恒星间角距测量定位的基本原理。

航天器 S_0 在 t 时刻测量近天体 P_0 方向与恒星 S 方向的夹角 A,可以得到用于确定航天器位置的一个圆锥面,如图 3.6 所示。此圆锥的顶点在近天体 P_0 处,圆锥面的对称轴方向即恒星 S 的方向。近天体 P_0 的位置可以由测量时刻 t 及已知轨道参数计算得出。同时测量近天体 P_1 方向与恒星 S^1、S^2 方向的夹角,以及近天体 P_2 方向与恒星 S^1 方向的夹角,得 A_1^1、A_1^2、A_2^1,其中下标 1、2 表示近天体编号,上标 1、2 表示恒星(远天体)编号。于是,有如下测量方程

$$\begin{cases}\cos A_1^1=\dfrac{\boldsymbol{r}_1-\boldsymbol{r}_p}{|\boldsymbol{r}_1-\boldsymbol{r}_p|}\cdot\boldsymbol{s}^1\\[2ex]\cos A_1^2=\dfrac{\boldsymbol{r}_1-\boldsymbol{r}_p}{|\boldsymbol{r}_1-\boldsymbol{r}_p|}\cdot\boldsymbol{s}^2\\[2ex]\cos A_2^1=\dfrac{\boldsymbol{r}_2-\boldsymbol{r}_p}{|\boldsymbol{r}_2-\boldsymbol{r}_p|}\cdot\boldsymbol{s}^1\end{cases}\tag{3.15}$$

式中：$\boldsymbol{r}_1$、$\boldsymbol{r}_2$ 为近天体的位置矢量；$\boldsymbol{s}^1$、$\boldsymbol{s}^2$ 为恒星方向的单位矢量；$\boldsymbol{r}_p$ 为航天器的位置矢量。

由式(3.15)即可求解出 $\boldsymbol{r}_p$。这就是近天体与恒星间角距测量定位的基本原理。

参见图 3.6，A_1^1、A_1^2 对应的位置面为共顶点的两个圆锥面，此两圆锥面通常有两根交线，此两交线与 A_2^1 对应的位置面可能有 4 个交点，即式(3.15)通常有 4 个解。航天器需要获取先验的概略位置信息，然后据此判断式(3.15)的正确解。

3.2.3 星光折射测量定位

在几何法定位中，影响精度的最大误差源是近天体几何中心的瞄准误差，特别是地球中心的瞄准误差。在地球敏感器的成像中，地球圆盘大，边沿不光滑，难以实现高精度的地心瞄准。为此，可以利用星光折射来间接敏感地平，以提高敏感地平(或地心)的精度。

当星光通过地球大气时，由于大气密度不均匀，光线会发生折射而弯向地心方向，如图 3.8 所示。从轨道上看，当恒星的真实位置已经下沉时，其视位置还保持在地平之上。

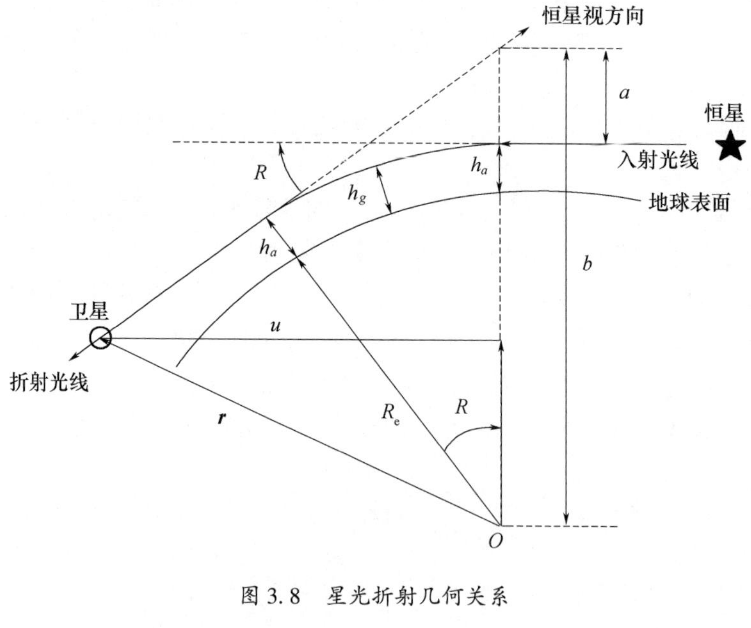

图 3.8 星光折射几何关系

图 3.8 中：h_a 称为视高度；R 为折射角。通过同时测量两颗未折射恒星和一颗折射恒星，测出折射后的恒星间角距，对照恒星间角距真值(由星表提供的

赤经、赤纬计算得到)，即可获得星光折射角信息。

根据大气折射模型可以建立 h_a 和 R 之间的关系如下[2]：

$$h_a=h_0-H\ln(R)+H\ln\left[k(\lambda)\rho_0\left(\frac{2\pi R_e}{H}\right)^{\frac{1}{2}}\right]+R\left(\frac{HR_e}{2\pi}\right)^{\frac{1}{2}} \tag{3.16}$$

式中：R_e 为地球平均半径；$k(\lambda)$ 为与光波波长有关的散射系数；h_0 为参考高度；ρ_0 为高度 h_0 处的密度；H 为密度标尺高度。所有参数均为已知值。

从图 3.8 所示几何关系，有

$$b=a+h_a+R_e=u\cdot\tan(R)+\sqrt{r^2-u^2} \tag{3.17}$$

式中：u 为 $\boldsymbol{r}$ 矢量在 $\boldsymbol{s}$ 矢量方向的投影，$u=|\boldsymbol{r}\cdot\boldsymbol{s}|$，其中 $\boldsymbol{r}$ 为航天器的位置矢量，$\boldsymbol{s}$ 为未折射的星光方向单位矢量。

$$a=(R_e+h_a)\left(\frac{1}{\cos R}-1\right) \tag{3.18}$$

因为 a 为一个非常小的量，通常可以忽略，所以

$$h_a=\sqrt{r^2-u^2}+u\cdot\tan(R)-R_e \tag{3.19}$$

式(3.19)即为星光折射视高度测量方程。

星光折射角(或星光折射视高度)对应的位置面为一圆锥面，相应对称轴为未折射的恒星方向，顶角为 2 倍折射角，在地表面以上视高度 h_a 处与地心球面相切，如图 3.9 所示。同时测量 3 个不同方向星光折射角，计算相应视高度，并建立相应测量方程，即可求解出航天器的位置矢量。

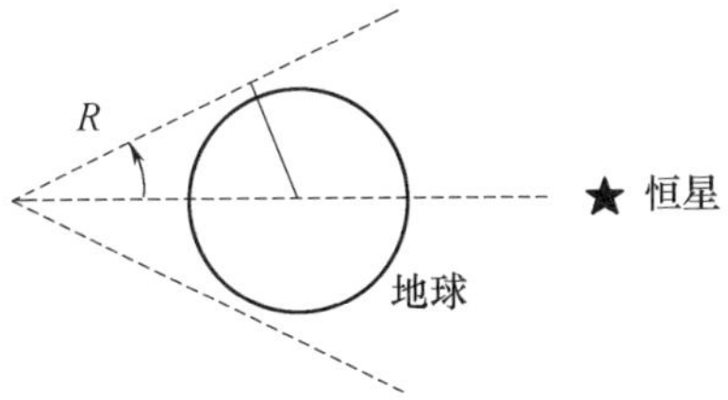

图 3.9　星光折射测量位置面

当星光穿越较低的大气层时，折射角较大，同样折射角测量误差对应的折射光线视高度误差较小，有利于提高定位精度。因而需要尽可能选择比较低的折射高度，这样可以尽量减少折射角测量误差的影响。但折射高度也不能选得太低。如果太低，则星光会穿过大气对流层，对流层的大气扰动将使星光折射方向具有很大的不确定性。因此，在星光折射法自主导航方案中，一般选择折射高度为 20~50km 的恒星进行测量。假设星敏感器测量星光折射角的精度为 2″(1σ)，则对应视高度的精度可达 100m(1σ)，航天器的定位精度也同样可达

100m。1989 年美国研制的多任务自主导航系统(Multitask Autonomous Navigation System),利用星光折射方法敏感地平,实现了精度达 100m(1σ)的卫星定轨任务。

3.3 动力学方法定轨

近天体与恒星间角距测量定位方法需要 4 个敏感器(2 个星敏感器,2 个近天体敏感器),星光折射测量定位方法需要 3 个星敏感器。为了减少敏感器个数,降低导航系统体积、质量、成本和操作复杂度,可以采用如下动力学定轨方案。

借助 2 个敏感器(1 个星敏感器,1 个地球敏感器),在不同的 6 个时刻,分别测量地心方向与恒星方向的夹角,得 $A(t)$,$t=t_1,t_2,\cdots,t_6$,如图 3.10 所示。于是有如下测量方程

$$\cos A(t_i) = -\frac{\boldsymbol{r}(t_i)}{|\boldsymbol{r}(t_i)|}\cdot \boldsymbol{s}, \quad i=1,2,\cdots,6 \tag{3.20}$$

式中:$\boldsymbol{s}$ 为恒星方向单位矢量;$\boldsymbol{r}(t_i)$ 为航天器位置矢量,由 6 个轨道根数计算。由式(3.20)可以解算出 6 个独立的轨道根数。这就是动力学方法定轨的基本原理。

采用星光折射测量定轨方案时,只需 1 个星敏感器即可。

实际的定轨过程中,测量时刻通常多于 6 个,且测量值 $A(t)$ 含有测量误差。因此需要采用卡尔曼滤波的方法,由初始时刻含有较大误差的航天器位置、速度,逐步根据当前时刻的测量信息,计算出较为精确的位置、速度。滤波所得航天器的位置与精确轨道之间的关系,通常如图 3.11 所示,即滤波位置逐渐逼近真实轨道,但是最后在一定范围内波动,因为存在测量误差和动力学建模误差。

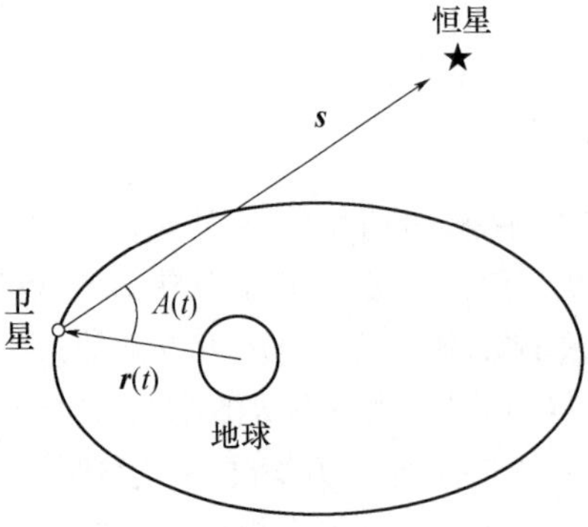

图 3.10 角距测量定轨示意图

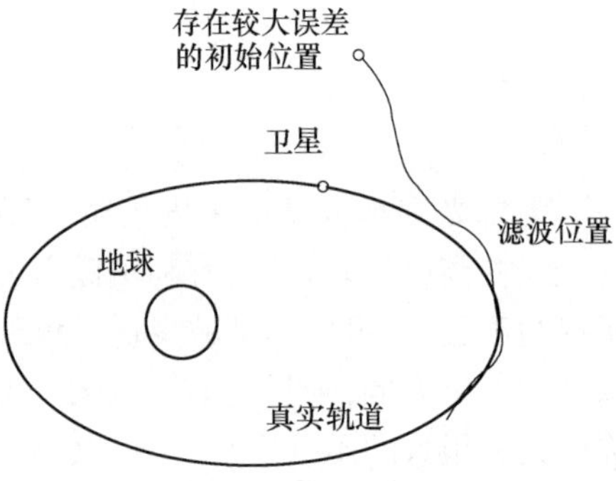

图 3.11 卫星滤波位置与真实轨道

1. 近天体与恒星间角距测量定轨仿真

1）仿真初始条件

初始轨道根数：半长轴 $a=7136.635\text{km}$，偏心率 $e=1.809\times10^{-3}$，轨道倾角 $i=65°$，升交点赤经 $\Omega=0°$，近升点角距 $\omega=1°$，过近地点时刻 $\tau=0\text{s}$。

2）系统和测量噪声统计特性

系统噪声为 0.001m、0.002m/s（1σ）；恒星与地球间角距测量精度为 0.02°（1σ），折合地球边沿测量精度为 1.6km，采样周期 15s。

3）仿真结果与分析

定轨精度如图 3.12 所示。从图中可以看出，位置误差和速度误差随着时间的增加而迅速下降，然后稳定在一定的水平上，位置误差标准差约为 800m，速度误差标准差约为 2m/s。

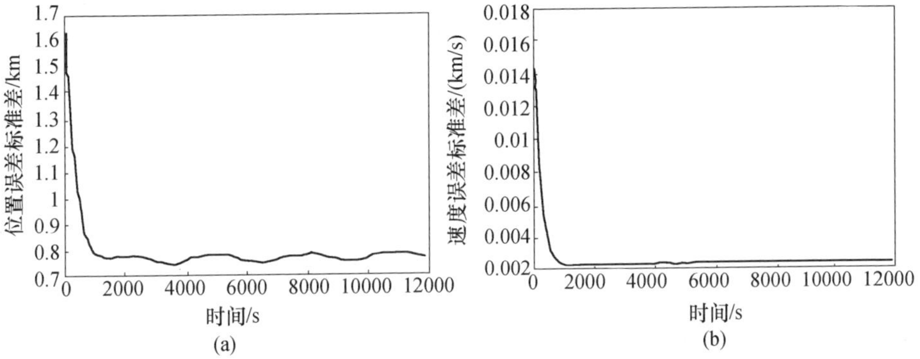

图 3.12 地球与恒星间角距测量定轨精度

2. 星光折射测量定轨仿真

1）仿真初始条件

初始轨道根数：半长轴 $a=7136.635\text{km}$，偏心率 $e=1.809\times10^{-3}$，轨道倾角 $i=65°$，升交点赤经 $\Omega=30°$，近升点角距 $\omega=30°$，过近地点时刻 $\tau=0\text{s}$。

2）系统和测量噪声统计特性

系统噪声为 0.001m、0.002m/s（1σ）；星敏感器测量精度为 1″（1σ），折合星光折射视高度误差为 80m（1σ）。

3）仿真结果与分析

定轨精度如图 3.13 所示。从图中可以看出，位置误差和速度误差随着时间的增加而迅速下降，然后稳定在一定的水平上，位置误差标准差约为 100m，速度误差标准差约为 0.1m/s。

比较图 3.12 和图 3.13，可以看出星光折射测量定轨精度明显高于地球与恒星间角距测量定轨精度。

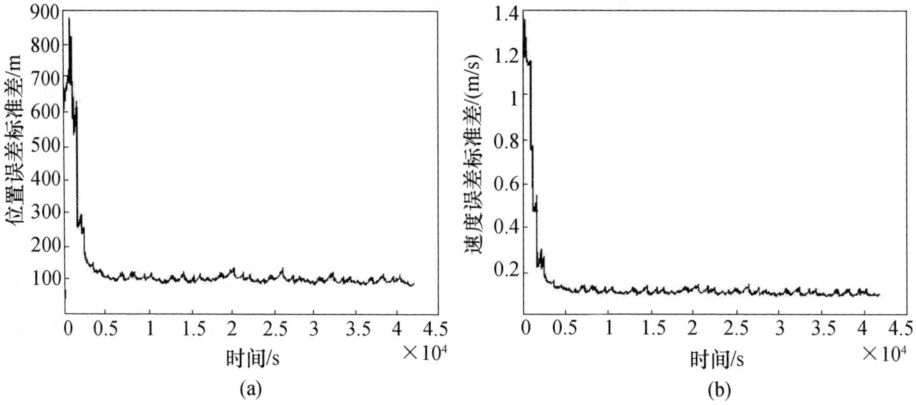

图 3.13　星光折射测量定轨精度

3.4　天体方位测量定姿

航天器测量恒星 S^1、S^2 方向在航天器体坐标系中的方位角、仰角，得(α_b^1,δ_b^1)、(α_b^2,δ_b^2)，如图 3.14 所示。恒星在地心惯性坐标系中的赤经、赤纬可以通过恒星星表查得，设为(α^1,δ^1)、(α^2,δ^2)。于是有如下方程

$$\begin{cases}\boldsymbol{r}(\alpha_b^1,\delta_b^1)=R(\alpha_X,\alpha_Y,\alpha_Z)\cdot\boldsymbol{r}(\alpha^1,\delta^1)\\ \boldsymbol{r}(\alpha_b^2,\delta_b^2)=R(\alpha_X,\alpha_Y,\alpha_Z)\cdot\boldsymbol{r}(\alpha^2,\delta^2)\end{cases}\tag{3.21}$$

其中

$$R(\alpha_X,\alpha_Y,\alpha_Z)=R_X(\alpha_X)\cdot R_Y(\alpha_Y)\cdot R_Z(-\alpha_Z)\tag{3.22}$$

式中：α_Z、α_Y、α_X 分别为航天器体坐标系相对于地心惯性坐标系的偏航角、仰角和滚动角；$\boldsymbol{r}(\alpha,\delta)$为方位角为 α、仰角为 δ 的方向的单位矢量，由式(3.6)计算。

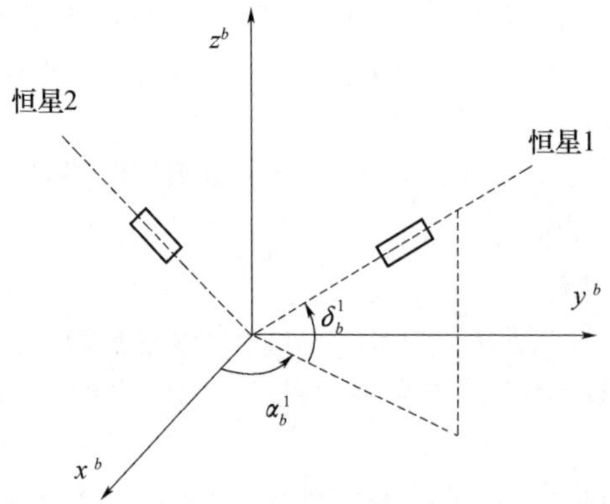

图 3.14　体坐标系与恒星敏感器

由式(3.21)可以求解出姿态角 α_X、α_Y、α_Z。这就是星敏感器定姿的基本原理。

单位矢量 $\boldsymbol{r}(\alpha_b^1,\delta_b^1)$ 与 $\boldsymbol{r}(\alpha^1,\delta^1)$ 的旋转变换方程中只有 2 个独立的方程,不能唯一确定 3 个旋转欧拉角。因此需要测量 2 个恒星方向,并采用最小二乘法求解式(3.21)。

3.5 X 射线脉冲星导航基本原理

3.5.1 X 射线脉冲星导航的发展历程及其特点

基于 X 射线脉冲星的导航是一种新概念自主导航方法。该方法最早提出于 20 世纪 70 年代。在后续 30 多年时间里,Downs、Chester、Hanson、Sheikh 等做了大量的工作。在 20 世纪末到 21 世纪初,逐渐形成了一套完整的导航方案,现在已经进入试验阶段。1999 年发射的远景研究和地球测量卫星(ARGOS)对 X 射线脉冲星导航的可行性进行了初步的验证。2004 年,美国国防部国防高级研究计划局(DARPA)启动了“基于 X 射线源的自主导航定位”(XNAV)研究计划,使 X 射线脉冲星导航成为国际导航界研究的热点。NASA、ESA 也资助了针对深空探测的 X 射线脉冲星导航研究。

X 射线脉冲星导航有自己显著的优点。相对于卫星导航,X 射线脉冲星导航依赖于 X 射线脉冲星这种自然天体,不会受到人为的破坏与干扰,导航星可见性不受近地空间范围的限制;相对于星光测量等传统天文导航方法,它无需地平信息,即可以同时得到位置、姿态、时间等完整的导航数据;相对于地基无线电导航,它摆脱了对地面站的依赖,应用于深空探测时可以避免巨大的传输时延。

脉冲星是高速自转的中子星,直径为 10~30km,质量约为太阳的 1.4 倍,辐射模型如图 3.15 所示。其脉冲周期十分稳定,长期稳定性与铯原子钟一样好。作为自然天体,脉冲星在日心惯性系中的位置固定,是极其稳定的星际灯塔。X 射线属高能光子,集中了脉冲星绝大部分辐射能量,易于实现探测设备的小型化,且有足够的流量敏感度和时空分辨率。X 射线探测器不会被激光、太阳致盲,被污染物破坏的风险也低。相对于其他波段,X 射线脉冲星在 X 波段特征显著,可以避免空间各种信号的干扰。

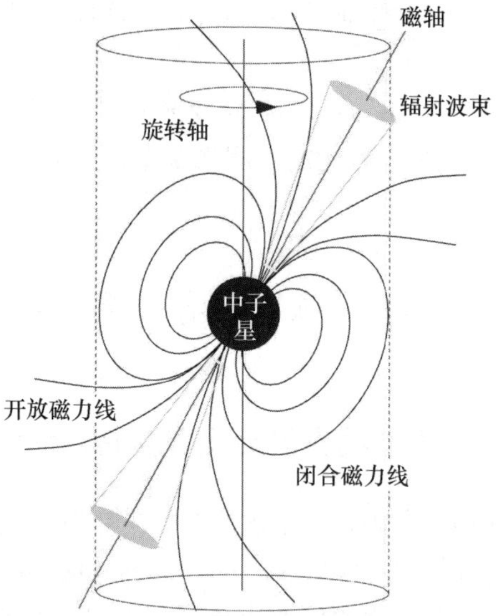

图 3.15　X 射线脉冲星辐射模型

3.5.2　X 射线脉冲星定位基本原理

如图 3.16 所示，O_S 为太阳系质心，航天器测得 X 射线脉冲星的脉冲信号到达时刻 T_1，然后依据脉冲信号到达时间模型推算得到此脉冲信号到达太阳系质心的时刻 T_{S1}，于是有测量方程

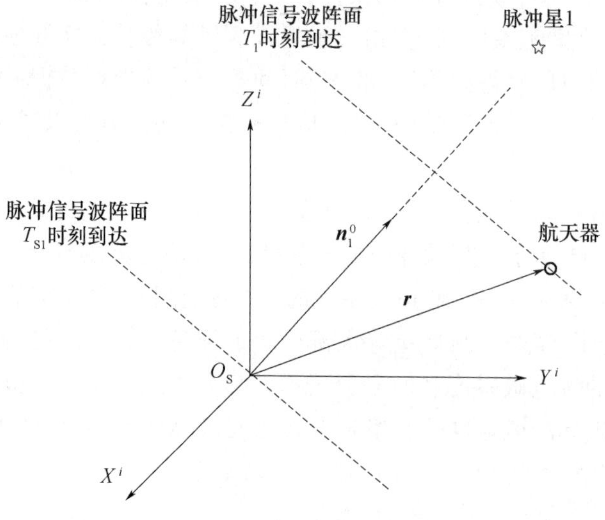

图 3.16　X 射线脉冲星定位原理图

$$c \cdot (T_{S1}-T_1)=\boldsymbol{n}_1^0 \cdot \boldsymbol{r}-c \cdot \delta t \tag{3.23}$$

式中：c 为真空中的光速，$c=299792458\text{m/s}$；$\boldsymbol{n}_1^0$ 为脉冲星方向单位矢量，由 X 射线脉冲星模型数据库提供；$\boldsymbol{r}$ 为航天器位置矢量；δt 为航天器钟差。

式(3.23)中，$\boldsymbol{r}$、δt 为未知参数。同时测量 4 颗以上 X 射线脉冲星的脉冲信号到达时刻，建立类似式(3.23)的测量方程组，按照最小二乘法求解，即可得到航天器的位置及钟差。这就是 X 射线脉冲星定位的基本原理。

脉冲信号到达时刻(TOA)是导航中的基本测量值，航天器实际上测得的是单个光子到达时刻，必须累计长时间段多个脉冲周期内的大量光子到达时刻，才能计算得到首个脉冲信号到达时刻。此计算过程需要概略已知航天器的位置及其变化信息。因此 X 射线脉冲星定位一次需要较长的时间。X 射线脉冲星导航方法通常用于动力学定轨，而不是几何定位。因为可以通过延长测量时间来增加测量信息，所以不必要求在同一时刻测量 4 颗 X 射线脉冲星。

X 射线脉冲星定位授时导航系统的组成如图 3.17 所示，由 X 射线探测器、星载原子钟、星载计算设备和 X 射线脉冲星模型数据库组成。

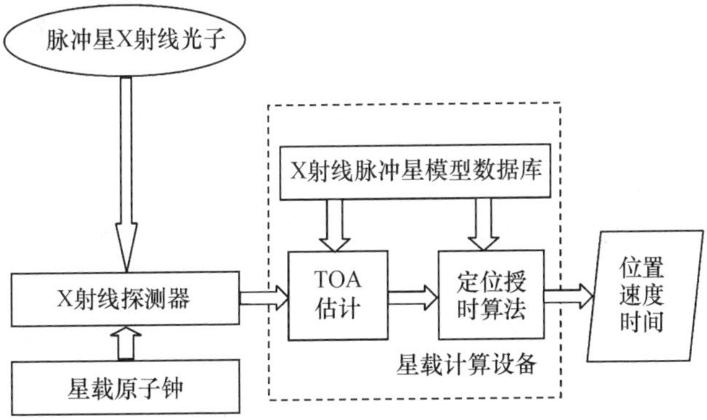

图 3.17　X 射线脉冲星定位授时导航系统的组成

作为一种新概念自主导航方法，X 射线脉冲星导航尚处于发展之中，需要解决 TOA 估计、导航用 X 射线脉冲星编目及其特性分析、导航探测器研制等诸多问题。X 射线脉冲星导航具有良好的应用前景，可作为提高航天器自主性的一种新途径。

3.6　常用天文导航敏感器及设备

随着天文导航技术的发展，天文导航器件也在不断地推陈出新。下面简要介绍经纬仪、恒星/地球/太阳敏感器等常用的现代天文导航器件或设备以及 X 射线探测器。

1. 经纬仪

经纬仪是地面天文导航的主要测量设备，用于测量任意方向与水平面的夹角，也称仰角；或者测量某两个方向在水平面内投影的夹角，也称水平角。经纬仪的原理结构如图 3. 18 所示，实物如图 3. 19 所示，其中水平度盘依靠水准气泡保持水平，垂直度盘水平线依靠水准气泡确定，水平/垂直度盘上的指针随望远镜主光轴在水平/垂直面内转动。经纬仪测角精度可达 0. 5″。

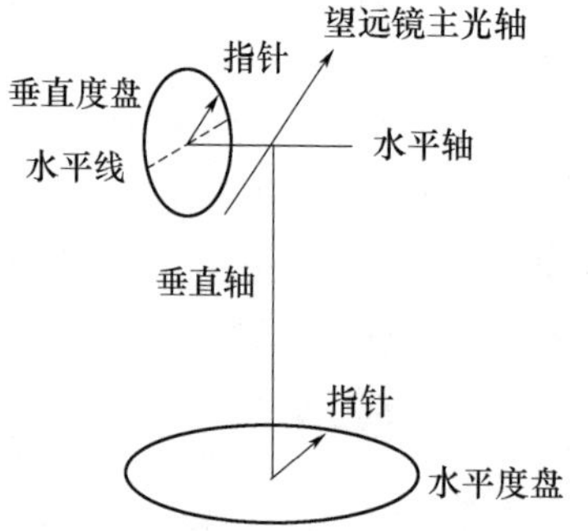

图 3. 18　经纬仪原理结构示意图

图 3. 19　经纬仪

2. 恒星敏感器

恒星敏感器可以测量恒星方向在敏感器体坐标系中的方位，进而确定敏感器光轴在惯性坐标系中的指向。其组成、原理结构及实物分别如图 3. 20 ~ 图 3. 22 所示。飞行器根据这个指向可以确定自身的姿态、轨道或位置。

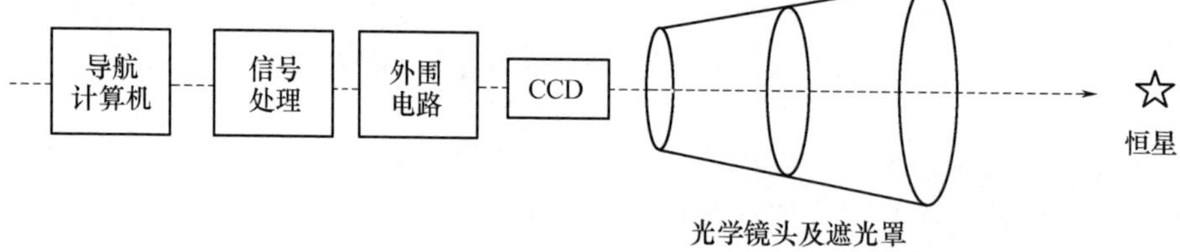

图 3. 20　恒星敏感器的组成

恒星敏感器的测量精度可达 1″。法国 SED16 恒星敏感器的几何尺寸为 170mm×160mm×290mm，质量为 3. 0kg，测量标准差为 5″。

3. 太阳敏感器

太阳敏感器的组成和测量原理与恒星敏感器的相似。因为太阳光信号非常强,所以太阳敏感器可以做得很小。太阳敏感器无需圆形光学镜头,只需要两个相互垂直的透光狭缝即可,如图 3.23 所示。

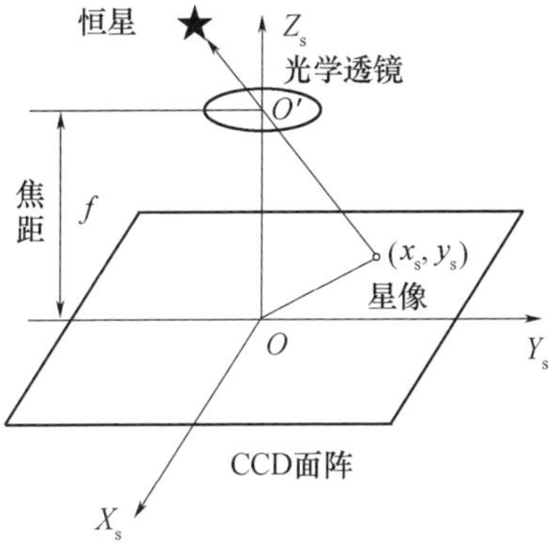

图 3.21　恒星敏感器原理结构示意图

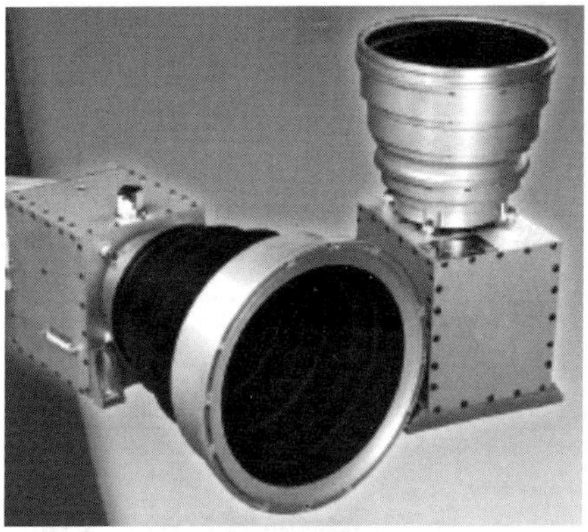

图 3.22　恒星敏感器

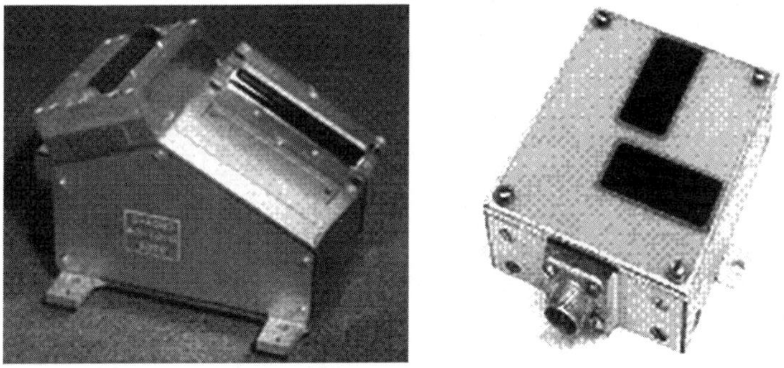

图 3.23　太阳敏感器

俄罗斯的某款 CCD 太阳敏感器,质量为 0.28kg,功耗为 0.6W,尺寸为 70mm×70mm×50mm,视场为 92°×92°,测角误差均方根值为 12″。

4. 地球敏感器

地球敏感器的组成和测量原理与恒星敏感器的相似。地球敏感器通常工作在红外频段,敏感信号波长为 14~16μm。因为地球成像较大,所以采用热电堆视场敏感地球边沿的成像,如图 3.24 所示。红外地球敏感器的测量标准差在高轨道时达 0.03°,低轨道时约为 0.1°。

5. X 射线探测器

目前的 X 射线探测器主要用于空间天文测量和地面应用,尚无法满足空间飞行器导航的需求。X 射线探测器如图 3.25 所示。

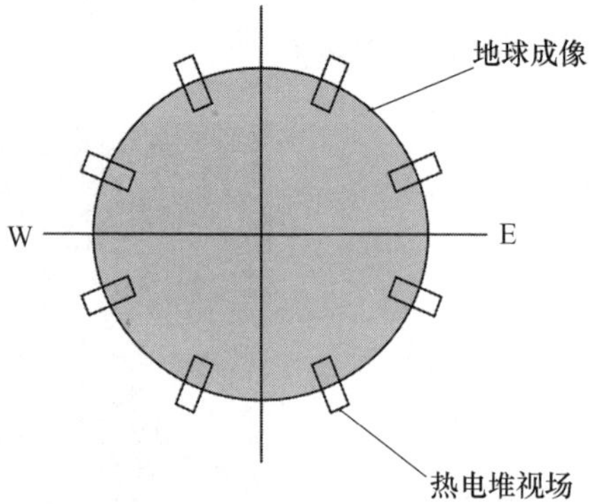

图 3.24　地球敏感器的成像平面

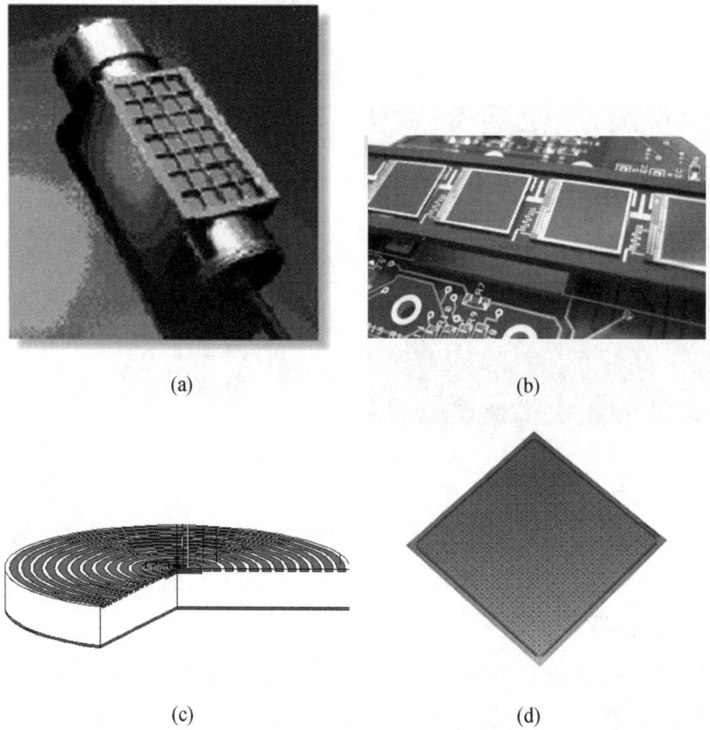

图 3.25　X 射线探测器

（a）正比计数器；（b）扫式电荷器件 SCD；（c）硅漂移式器件 SDD；（d）SPD 探测器。

X 射线探测器测量的基本原理为：当 X 射线携带的光子到达探测器后与探测器内材料原子相碰撞，产生光电效应和康普顿效应等，这些效应会产生电子，而这些电子在探测器物质内引起电离和激发。通过探测这种电离和激发效应就可间接实现对 X 射线的探测。

目前使用的 X 射线探测方法主要有气体探测和固体探测两种。以气体作为吸收 X 射线的主体物质,用收集电离电荷的方法构造的探测器叫气体探测器。气体探测器包括电离室、正比计数器和盖革—米勒计数器等。近年来在正比计数器的基础上又发展了位置灵敏正比计数器和平行电场雪崩室等。固态探测器主要包括闪烁晶体探测器和半导体探测器。其中扫式电荷器件(SCD)探测器、硅漂移式器件(SDD)探测器和 Si-PIN 探测器等半导体探测器可以得到比其他探测器更好的能量和时间分辨率,是目前脉冲星导航探测器研究的重点。此外,微通道板(MPC)、微热量计等也得到了很大发展,具有潜在应用前景。

思考题

1. 试述地面天文导航单星方位与天顶距测量定位、双星天顶距测量定位的基本原理。
2. 格林尼治时间、恒星星表在地面天文导航定位中的作用是什么?
3. 试述近天体与恒星间角距测量定位的基本原理。
4. 单一历元星光折射测量定位方法需要同时测量几颗恒星的星光折射角?
5. 星光折射视高度应该如何选择? 为什么?
6. 试给出星敏感器定姿的测量方程。
7. 基于星光折射测量的动力学定轨方法至少需要几个星光折射角测量值?
8. 单一时刻单个星敏感器测量单颗恒星,可以确定飞行器的几维姿态?
9. 试述 X 射线脉冲星导航定位授时的基本原理。

第 4 章　惯性导航基本原理

所谓惯性导航即是通过测量载体相对于惯性坐标系的加速度、角速度，然后依据初始时刻的位置、速度、姿态等信息进行积分计算，获得载体当前时刻的位置、速度、姿态等信息。惯导系统分为平台式和捷联式两大类。本章将简要介绍惯性导航的基本原理、误差分析方法以及惯性器件和惯导系统。

4.1　平台式惯性导航

惯导系统通常由陀螺、加速度计、计算机组成，如图 4.1 所示。平台式惯导系统在载体上构造了一个相对于惯性空间保持指向不变的平台，所有的陀螺、加速度计等惯性器件均安装在此平台上，如图 4.2 和图 4.3 所示。其中 X_p、Y_p 和 Z_p 分别表示平台坐标系的 3 个坐标轴，G_x、G_y 和 G_z 分别表示 x、y 和 z 坐标轴方向的陀螺，A_x、A_y 和 A_z 分别表示 x、y 和 z 坐标轴方向的加速度计。陀螺敏感出平台相对于惯性空间的角速度，然后伺服控制系统依据此角速度信息控制平台，使其保持指向不变。加速度计敏感出载体相对于惯性空间的视加速度，然后由计算机进行导航计算，得出当前时刻载体的位置、速度等导航信息。

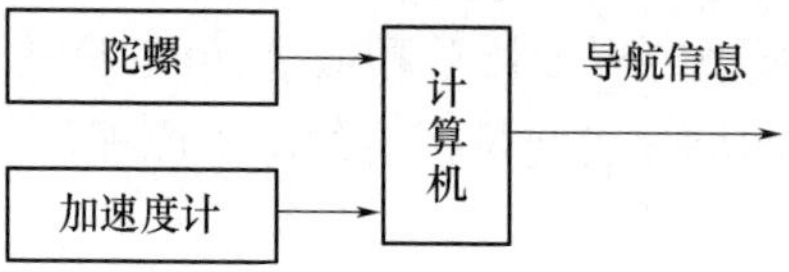

图 4.1　惯导系统的组成

导航计算公式如下：

$$\begin{cases} \boldsymbol{a}^i(t) = R_p^i \cdot \boldsymbol{f}^p(t) + \boldsymbol{g}^i(t) \\ \boldsymbol{v}^i(t) = \boldsymbol{v}^i(t_0) + \int_{t_0}^{t} \boldsymbol{a}^i(\tau)\mathrm{d}\tau \\ \boldsymbol{r}^i(t) = \boldsymbol{r}^i(t_0) + \int_{t_0}^{t} \boldsymbol{v}^i(u)\mathrm{d}u \end{cases} \tag{4.1}$$

式中：上标 i 为惯性坐标系；上标 p 为平台坐标系；$\boldsymbol{a}^i(t)$、$\boldsymbol{v}^i(t)$、$\boldsymbol{r}^i(t)$ 为当前时刻载体的加速度、速度、位置矢量；R_p^i 为平台坐标系 p 至惯性坐标系 i 的旋转矩

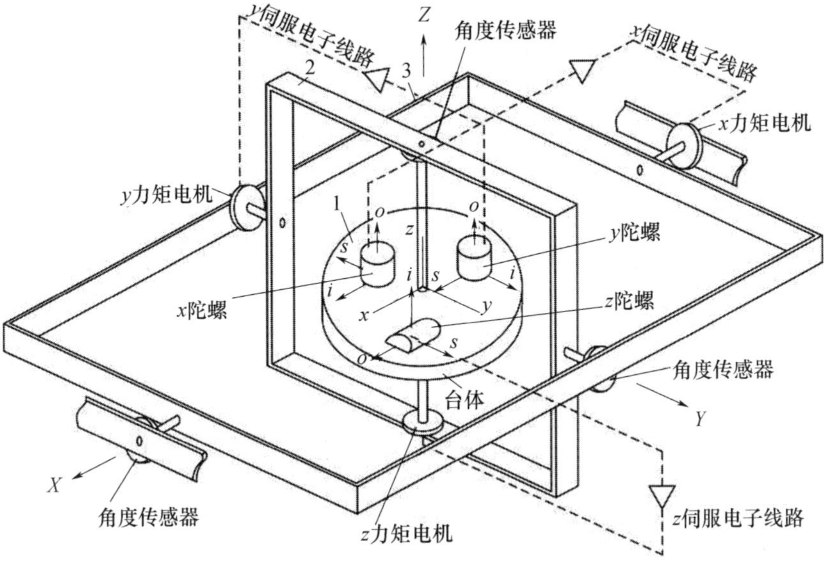

图 4.2 惯性平台的结构

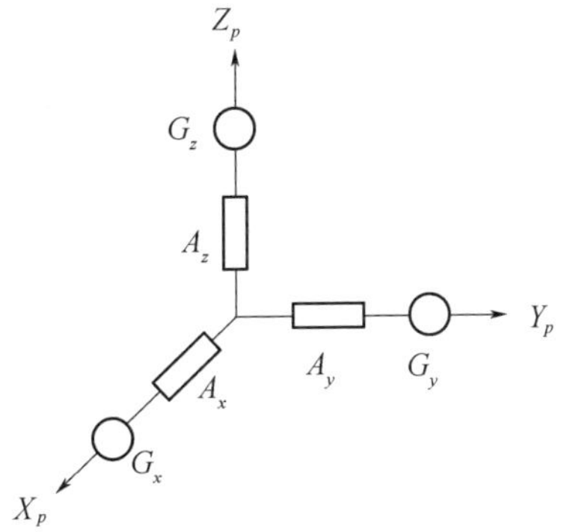

图 4.3 陀螺和加表沿平台坐标系轴向安装

阵,由初始时刻平台姿态角计算得到; $\boldsymbol{f}^p$ 为平台坐标系中的视加速度,加速度计测量值;$\boldsymbol{g}^i$ 为引力加速度,由已知的近似位置矢量计算得到;$\boldsymbol{r}^i(t_0)$、$\boldsymbol{v}^i(t_0)$为初始时刻载体的位置、速度矢量;t_0 为初始时刻;t 为当前时刻。

4.2 单自由度陀螺

陀螺的功能在于敏感载体相对于惯性坐标系的角速度。按照测量物理机制的不同,可以将陀螺分为机械陀螺和光学陀螺两大类。其中,机械陀螺带有转子。按照支撑转子的方式不同,又可以将机械陀螺分为挠性、气浮、液浮、静电陀螺等类型。光学陀螺包括激光、光纤陀螺两类。按照自由度个数的不同,又可以将陀螺分为单、两自由度陀螺。下面简要介绍单自由度机械陀螺、光学陀螺的基本工作原理。

1. 单自由度机械陀螺

单自由度机械陀螺的原理结构如图 4.4 所示。

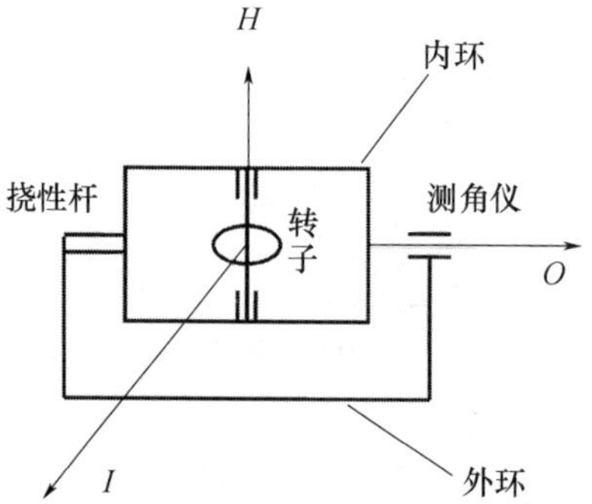

图 4.4 单自由度机械陀螺结构示意图

若载体(外环)相对于惯性坐标系,绕 I (Input) 轴以角速度 ω 匀速旋转,则转子受到一个 I 轴方向的力矩,此力矩与 ω 成正比。在此力矩作用下转子将带动内环绕 O (Output) 轴进动。在挠性杆的抗衡作用下,内环绕 O 轴转动一个角度后不再转动。此角度与抗衡力矩成正比,也即与 ω 成正比,从而测角仪将测出与 ω 成正比的进动角度。

因为转子相对于载体(外环)除了可以绕 H 轴转动外,还可以绕 O 轴转动小角度,所以叫单自由度。

2. 单自由度光学陀螺

1913 年,法国物理学家 M. Sagnac 首次提出采用光学方法测量角速度的原理。如图 4.5 所示,在转动的圆环中,沿顺、逆时针反向传播的两束光波将在检测点处产生干涉条纹。当圆环转动不同角速度时,干涉条纹将发生相应变化。这一现象也称 Sagnac 效应。限于当时的技术水平,M. Sagnac 的设想并未用于工程实际。直到 1963 年才由美国的 Sperry 公司研制出世界上第一个激光陀螺。我国国防科技大学于 20 世纪 90 年代初研制出了国内第一款激光陀螺。目前,激光陀螺已在舰船、飞机、导弹等武器装备上得到广泛应用。

如图 4.5 所示,假设在 t_1 时刻光源 A 发出两个光子,分别沿左、右光路传播,于 t_2 时刻到达检测点 B。传播时延为 $\Delta t = t_2 - t_1 = \pi r / c$,其中 r 为圆环半径,c

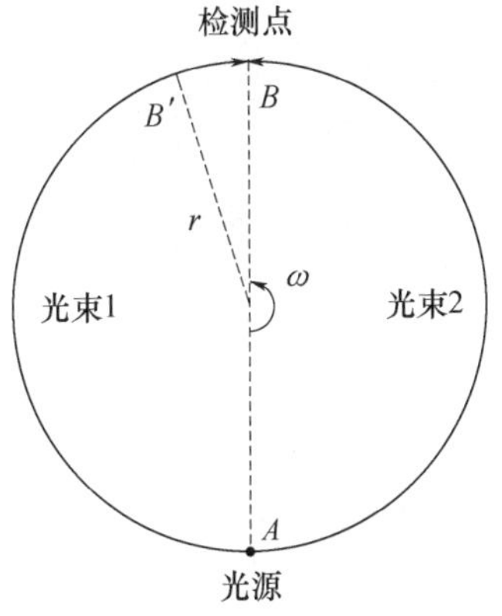

图 4.5　光学陀螺测量原理示意图

为光速。因为圆环转动,角速度为 ω,所以在时间间隔 Δt,B 点移动到了 B' 点,移动距离为 $\Delta D=\omega \cdot r \cdot \Delta t$。光子传播距离 ΔD 需要耗时 $\delta t=\Delta D/c$。在圆环转动条件下,光源同时向左、右光路发出的光子,不能同时到达 B' 点。若左光路光子于($t_1+\delta t$)时刻出发,右光路光子于($t_1-\delta t$)时刻出发,则两光子将于 t_2 时刻到达 B' 点。左、右光路光子出发时刻不同,相位不同,B' 点将检测出它们的相位差,相位差乘波长即行程差。参见图 4.5,左、右光子行程差为 $\Delta L=2\Delta D$,也即

$$\Delta L=2\omega \cdot r \cdot \pi r/c \tag{4.2}$$

于是,圆环旋转角速度为

$$\omega=\frac{c}{2\pi r^2} \cdot \Delta L \tag{4.3}$$

光纤陀螺的工作原理与激光陀螺的一致。激光陀螺、光纤陀螺的结构如图 4.6所示。图 4.7 给出了部分激光、光纤陀螺的实物照片。

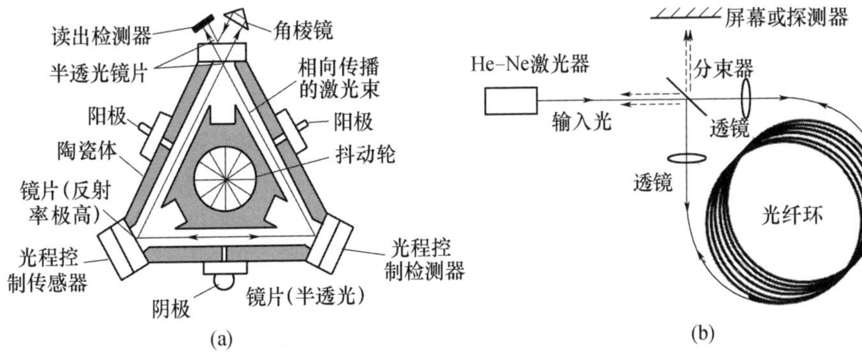

图 4.6　光学陀螺结构示意图

(a) 激光陀螺结构;(b) 光纤陀螺结构。

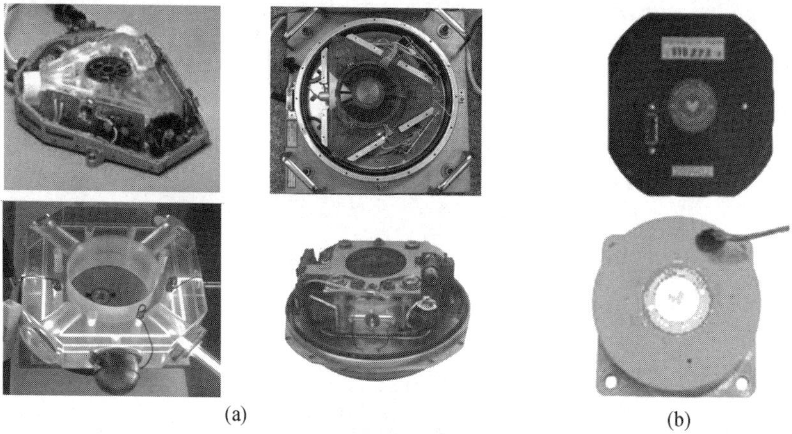

图 4.7　激光、光纤陀螺
（a）激光陀螺；（b）光纤陀螺。

4.3　加速度计

加速度计的功能是在体坐标系中测量载体相对于惯性坐标系的“视加速度”。它分为摆式加速度计和摆式积分陀螺加速度计两大类。其中，前者又有多种支承方式，如液浮、挠性、静电等。无论何种加速度计，其测量原理均与套筒弹簧小球加速度计的测量原理类似。

套筒弹簧小球加速度计测量原理如图 4.8 所示，其中 S 为加速度计的敏感轴方向。当加速度计在地面水平摆放时，小球在 S 方向不受外力，小球处于 0 刻划位置，弹簧处于松弛状态。当加速度计处于垂直方向（或其他方向）时，因为 S 方向的地球引力和套筒加速度运动的合成影响，小球将偏离 0 刻划位置。小球偏离 0 刻划位置后，可以测得弹簧的长度形变，进而计算出弹簧的拉力，设为 f_T。

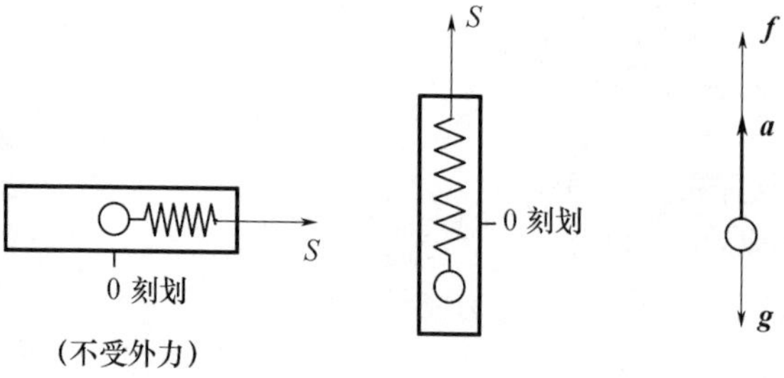

图 4.8　套筒弹簧小球加速度计测量原理

记 $f \triangleq \dfrac{f_T}{m}$,其中 m 为小球的质量,f 称为比力,或称为视加速度。于是,小球相对于惯性坐标系的加速度为

$$a=f-g \tag{4.4}$$

式中:g 为地球引力加速度。

记小球在 S 方向的加速度、视加速度、引力加速度分别为 a_s、f_s、g_s,则有 $a_s=a$,$f_s=f$,$g_s=-g$,于是有

$$a_s=f_s+g_s \tag{4.5}$$

设载体体坐标系 3 个坐标轴方向的加速度计分别测得视加速度 f_x、f_y、f_z。记 $\boldsymbol{f}=[f_x,f_y,f_z]^{\mathrm{T}}$,又设地球引力加速度矢量在体坐标系中的值为 $\boldsymbol{g}$,载体相对于惯性坐标系的加速度矢量在体坐标系中的值为 $\boldsymbol{a}$,则

$$\boldsymbol{a}=\boldsymbol{f}+\boldsymbol{g} \tag{4.6}$$

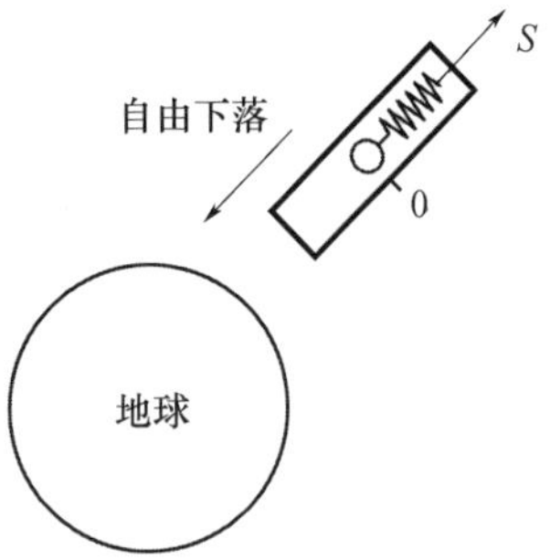

图 4.9 加速度计不能敏感引力加速度示意图

需要特别指出的是,加速度计只能测量视加速度,而不能测量载体相对于惯性坐标系的绝对加速度。这一点可以进一步从图 4.9 中看出。图 4.9 中,加速度计从空中向地面自由下落,弹簧处于松弛状态,测得的视加速度为零,但此时载体相对于惯性坐标系的加速度为 $\boldsymbol{g}$,也即地球引力加速度。载体离地球越近,加速度 $\boldsymbol{g}$ 的模越大。

图 4.10 给出了部分石英加速度计的实物照片。

图 4.10 石英加速度计

4.4 捷联惯性导航

在捷联惯性导航系统中,陀螺、加速度计固连在载体上,它们测量得到载体相对于惯性坐标系运动的视加速度、角速度矢量在体坐标系中的值。将体坐标系中的视加速度矢量转换至惯性坐标系,即可由惯性坐标系中的视加速度矢量,以及初始时刻载体的位置、速度,按照平台式惯性导航计算方法,计算得到当前时刻的载体位置和速度。这就是捷联惯性导航的基本原理。

导航计算公式如下:

$$\begin{cases} \boldsymbol{a}^i(t)=\boldsymbol{f}^i(t)+\boldsymbol{g}^i(t) \\ \boldsymbol{v}^i(t)=\boldsymbol{v}^i(t_0)+\int_{t_0}^{t}\boldsymbol{a}^i(\tau)\,\mathrm{d}\tau \\ \boldsymbol{r}^i(t)=\boldsymbol{r}^i(t_0)+\int_{t_0}^{t}\boldsymbol{v}^i(u)\,\mathrm{d}u \end{cases} \tag{4.7}$$

其中

$$\underset{3\cdot 1}{\boldsymbol{f}^i}(t)=\boldsymbol{Q}_i^b(t)\otimes\cdot\underset{3\cdot 1}{\boldsymbol{f}^b}(t)\otimes\boldsymbol{Q}_i^{b*}(t) \tag{4.8}$$

或者

$$\underset{3\cdot 1}{\boldsymbol{f}^i}(t)=\underset{3\cdot 3}{\boldsymbol{R}_b^i}(t)\cdot\underset{3\cdot 1}{\boldsymbol{f}^b}(t) \tag{4.9}$$

式中:上标 b 表示体坐标系;$\boldsymbol{Q}_i^b$ 为 i 系至 b 系的旋转单位四元数;$\otimes$ 为四元数乘法;$\boldsymbol{R}_b^i$ 为 b 系至 i 系的旋转矩阵,$\boldsymbol{R}_b^i$ 与 $\boldsymbol{Q}_i^b$ 一一对应,相应转换计算公式参见附录 A;$\boldsymbol{f}^b$ 为载体相对于惯性坐标系 i 运动的视加速度矢量在体坐标系 b 中的值;$\boldsymbol{f}^i$ 为视加速度矢量在惯性坐标系 i 中的值;t 为时刻;其他符号同式(4.1)。

$\boldsymbol{Q}_i^b$ 和 $\boldsymbol{R}_b^i$ 都是随时间变化的,前者的微分方程有 4 个变量,后者有 9 个,所以前者的积分计算量远小于后者。在捷联惯导系统的坐标系旋转变换中,通常采用四元数,而不采用旋转矩阵。

忽略上下标,$\boldsymbol{Q}_i^b$ 满足如下微分方程:

$$\dot{\boldsymbol{Q}}(t)=\frac{1}{2}\boldsymbol{Q}(t)\otimes\boldsymbol{\omega}_{ib}^b(t) \tag{4.10}$$

式中:$\boldsymbol{\omega}_{ib}^b$ 为 b 系相对于 i 系运动的角速度矢量在 b 系中的值。

于是,由初始时刻四元数 $\boldsymbol{Q}(t_0)$ 以及角速度测量值 $\boldsymbol{\omega}_{ib}^b$,对式(4.10)进行积分,可以得到当前时刻的四元数 $\boldsymbol{Q}(t)$。

在 t 时刻由体坐标系 b 旋转四元数 $\boldsymbol{Q}(t)^*$,即得到惯性坐标系 i 。此惯性坐标系 i 在捷联惯导系统中并不存在,是一个虚拟的坐标系,也称为计算坐标系、数学平台等。其中 $\boldsymbol{Q}(t)^*$ 为 $\boldsymbol{Q}(t)$ 的共轭四元数。

图 4.11 给出了两款捷联惯导系统的照片。

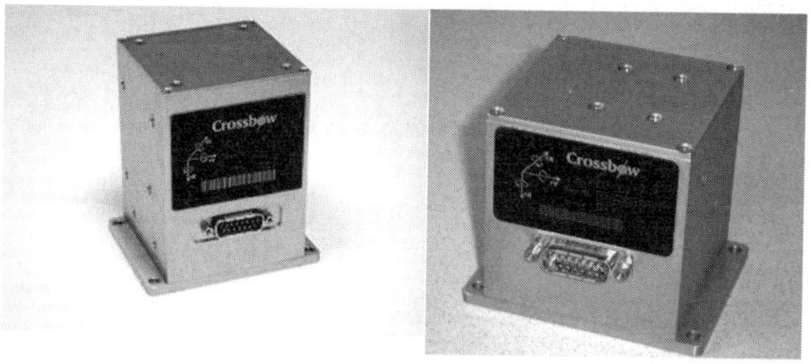

图 4.11　捷联惯导系统

4.5　直线匀加速运动条件下的惯导误差简要分析

假设载体在 $o\text{-}xy$ 平面内沿 y 轴方向做匀加速直线运动，载体上配置有平台惯导系统，$o\text{-}xy$ 平面内无引力加速度，如图 4.12 所示。图 4.12 中 $o\text{-}x'y'$ 为含有误差的平台坐标系。又设 y 轴方向加速度计、z 轴方向陀螺有常值测量误差 δf、$\delta\omega$，惯导系统初始时刻的位置、速度及姿态无误差。则加速度计测量误差 δf 将造成 y 轴方向的加速度误差、速度误差和位置误差：

$$\begin{cases}\delta a_y=\delta f\\ \delta v_y=\delta f\cdot(t-t_0)\\ \delta y=\dfrac{1}{2}\delta f\cdot(t-t_0)^2\end{cases}\tag{4.11}$$

式中：t_0、t 分别为初始时刻和当前时刻。

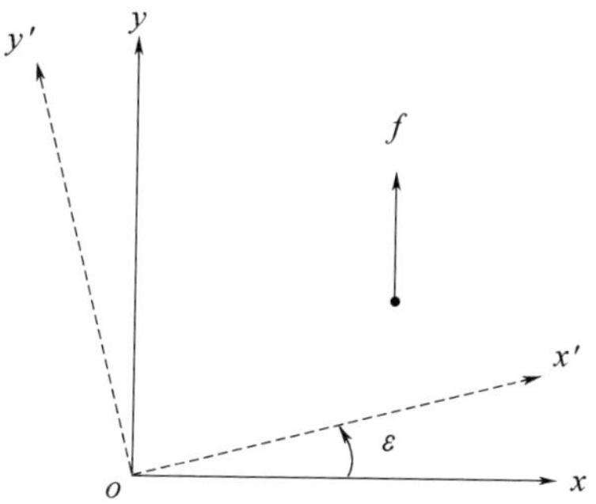

图 4.12　匀加速直线运动的载体

陀螺测量误差 $\delta\omega$ 将造成 z 轴方向的旋转误差 ε,以及 x 轴方向的加速度误差、速度误差和位置误差,有

$$\begin{cases}\varepsilon = \delta\omega \cdot (t-t_0) \\ \delta a_x = f \cdot \delta\omega \cdot (t-t_0) \\ \delta v_x = \dfrac{1}{2} f \cdot \delta\omega \cdot (t-t_0)^2 \\ \delta x = \dfrac{1}{6} f \cdot \delta\omega \cdot (t-t_0)^3 \end{cases} \tag{4.12}$$

式中:f 为载体在 y 轴方向的视加速度。

因为 y 轴方向没有引力加速度,所以 f 即为加速度。

从式(4.11)和式(4.12)可以看出,载体位置误差与时间的 3 次方成正比,惯导误差随时间迅速增加,造成导航误差的主要原因是陀螺的测量误差。

4.6 惯性器件测量误差模型

任何测量信息不可避免地都含有测量误差。对于陀螺仪和加速度计来说,其测量信息中包括各种各样的误差,总误差与各项分误差的关系为[3]

$$E = E_0 + E_a + E_\omega + E_T + E_t + E_r \tag{4.13}$$

式中:E 为总误差;E_0 为与外界环境条件无关的误差;E_a 为与线加速度有关的误差;E_ω 为与角速度有关的误差;E_T 为与温度有关的误差;E_t 为随时间变化的误差;E_r 为随机误差。

此外,陀螺仪和加速度计的测量误差还应包括与电磁环境有关的误差等。与外界环境条件无关的常值误差、与线加速度和角速度有关的误差和随机误差是最常见的误差,下面做简要介绍。

4.6.1 常值误差、与线加速度和角速度有关的误差

针对包含机械式陀螺的捷联惯性测量单元 IMU,通常建立如下测量误差模型:

$$\delta\boldsymbol{\omega}^b = \begin{bmatrix} D_{0x} + D_{xx}\omega_x^b + D_{xy}\omega_y^b + D_{xz}\omega_z^b + D_{axx}f_x^b + D_{axy}f_y^b + D_{axz}f_z^b \\ D_{0y} + D_{yx}\omega_x^b + D_{yy}\omega_y^b + D_{yz}\omega_z^b + D_{ayx}f_x^b + D_{ayy}f_y^b + D_{ayz}f_z^b \\ D_{0z} + D_{zx}\omega_x^b + D_{zy}\omega_y^b + D_{zz}\omega_z^b + D_{azx}f_x^b + D_{azy}f_y^b + D_{azz}f_z^b \end{bmatrix} \tag{4.14}$$

$$\delta\boldsymbol{f}^b = \begin{bmatrix} K_{0x} + K_{xx} \cdot f_x^b + K_{xy} \cdot f_y^b + K_{xz} \cdot f_z^b \\ K_{0y} + K_{yx} \cdot f_x^b + K_{yy} \cdot f_y^b + K_{yz} \cdot f_z^b \\ K_{0z} + K_{zx} \cdot f_x^b + K_{zy} \cdot f_y^b + K_{zz} \cdot f_z^b \end{bmatrix} \tag{4.15}$$

式中：$\delta\boldsymbol{\omega}^b$、$\delta\boldsymbol{f}^b$ 为 IMU 体坐标系中的角速度、视加速度测量误差；D_{0x}、D_{0y} 和 D_{0z} 分别为 x、y 和 z 三个轴向的陀螺零偏常值误差；D_{xx}、D_{yy} 和 D_{zz} 分别为 x、y 和 z 三个轴向的陀螺比例因子误差系数；D_{xy}、D_{xz}、D_{yx}、D_{yz}、D_{zx} 和 D_{zy} 分别为各个轴向之间的陀螺交叉耦合系数，由坐标轴不垂直误差所导致；D_{axx}、D_{axy}、D_{axz}、D_{ayx}、D_{ayy}、D_{ayz}、D_{azx}、D_{azy} 和 D_{azz} 为陀螺对加速度敏感的误差系数，由陀螺仪内部质量不平衡所导致；ω_x^b、ω_y^b 和 ω_z^b 分别为 IMU 体坐标系中 x、y 和 z 三个轴向的真实角速度；f_x^b、f_y^b 和 f_z^b 分别为 IMU 体坐标系中 x、y 和 z 三个轴向的真实视加速度；K_{0x}、K_{0y} 和 K_{0z} 分别为 x、y 和 z 三个轴向的加速度计零偏常值误差；K_{xx}、K_{yy} 和 K_{zz} 分别为 x、y 和 z 三个轴向的加速度计比例因子误差系数；K_{xy}、K_{xz}、K_{yx}、K_{yz}、K_{zx} 和 K_{zy} 分别为各个轴向之间的加速度计交叉耦合系数，由坐标轴不垂直误差所导致。

包含光学陀螺（激光陀螺和光纤陀螺）的捷联惯性测量单元 IMU，其角速度测量误差与线加速度无关，相应误差模型如下：

$$\delta\boldsymbol{\omega}^b = \begin{bmatrix} D_{0x}+D_{xx}\omega_x^b+D_{xy}\omega_y^b+D_{xz}\omega_z^b \\ D_{0y}+D_{yx}\omega_x^b+D_{yy}\omega_y^b+D_{yz}\omega_z^b \\ D_{0z}+D_{zx}\omega_x^b+D_{zy}\omega_y^b+D_{zz}\omega_z^b \end{bmatrix} \tag{4.16}$$

式中各符号的含义同式（4.14）。

更为复杂的误差模型将包括各个轴向视加速度、角速度的平方项、交叉乘积项等，此处不再展开叙述。

4.6.2 随机误差

针对连续随机过程 $\{\varepsilon(t)\}$，定义 Allan 方差为

$$\sigma^2(\tau) \triangleq \frac{1}{2}E[(w_{i+1}-w_i)^2] \tag{4.17}$$

式中：τ 为时间间隔；w_i 为 $\varepsilon(t)$ 在时间区间 $[t_i, t_i+\tau]$ 上的平均值

$$w_i \triangleq \frac{1}{\tau}\int_{t_i}^{t_i+\tau}\varepsilon(u)\,\mathrm{d}u \tag{4.18}$$

式中：$E[\ ]$ 为取数学期望。

陀螺仪和加速度计的随机误差通常为高斯白噪声等随机过程噪声的叠加。

$$E_r = \varepsilon_Q+\varepsilon_N+\varepsilon_B+\varepsilon_K+\varepsilon_R \tag{4.19}$$

式中：E_r 为总随机误差；ε_Q、ε_N、ε_B、ε_K 和 ε_R 分别为量化噪声、白噪声、零偏不稳定性、随机游走和斜坡误差，相应统计特性和变化规律如表 4.1 和表 4.2 所列[4]。

表 4.1 误差随机过程

序号	名　称	表示字符	特征参数	功率谱密度 量纲：$(\mathrm{deg/hr})^2/\mathrm{Hz}$ 或$(\mathrm{m/s^2})^2/\mathrm{Hz}$	Allan 方差 量纲：$(\mathrm{deg/hr})^2$ 或$(\mathrm{m/s^2})^2$
1	量化噪声	ε_Q	Q	$\begin{cases}\omega^2Q^2\tau, & \omega<\dfrac{\pi}{\tau}\\ 0, & \omega\geqslant\dfrac{\pi}{\tau}\end{cases}$	$3Q^2/\tau^2$
2	白噪声	ε_N	N	N^2	N^2/τ
3	零偏不稳定性	ε_B	B	$\begin{cases}B^2/\omega, & \omega\leqslant\omega_0\\ 0, & \omega>\omega_0\end{cases}$	$\dfrac{2}{\pi}\ln 2B^2$
4	随机游走	ε_K	K	K^2/ω^2	$\dfrac{1}{3}K^2\tau$
5	斜坡误差	ε_R	R	R^2/ω^3	$\dfrac{1}{2}R^2\tau^2$
注：其中 Q、N、B、K 和 R 均大于等于零；τ 为计算 Allan 方差中计算平均值的时间间隔；ω_0 为截止频率，在此频率以上功率谱密度函数为零，依据实际随机过程的功率谱密度函数而定					

表 4.2 误差随时间变化规律

序号	名　称	时变函数
1	量化噪声	$\int_{t-\tau}^{t}\varepsilon_Q(u)\mathrm{d}u=\sqrt{3}Q\cdot u_Q(t)$
2	白噪声	$\varepsilon_N=N\cdot u_N(t)$
3	零偏不稳定性	$\dot{\varepsilon}_B(t)+\beta\cdot\varepsilon_B(t)\approx\beta\cdot B\cdot u_B(t)$
4	随机游走	$\dot{\varepsilon}_K(t)=K\cdot u_K(t)$
5	斜坡误差	$\ddot{\varepsilon}_R(t)+\sqrt{2}\omega_0\dot{\varepsilon}_R(t)+\omega_0^2\varepsilon_R(t)\approx R\cdot u_R(t)$
注：其中 u_Q、u_N、u_B、u_K 和 u_R 均为单位高斯白噪声；β 大于零，为相关时间的倒数；ω_0 为截止频率		

假设 u_Q、u_N、u_B、u_K 和 u_R 均相互独立，则总随机误差 E_r 的 Allan 方差等于各项误差 Allan 方差之和，即

$$\sigma^2=\sigma_Q^2+\sigma_N^2+\sigma_B^2+\sigma_K^2+\sigma_R^2 \tag{4.20}$$

式中：σ^2 为总随机误差 Allan 方差；σ_Q^2、σ_N^2、σ_B^2、σ_K^2 和 σ_R^2 分别为量化噪声、白噪声、零偏不稳定性、随机游走、斜坡误差的 Allan 方差，计算公式如表 4.1 所列。

4.6.3 测量误差建模小结

因为工作原理、精度水平的不同,不同陀螺仪和加速度计的测量误差模型也有所不同。机械式陀螺仪的测量误差与线加速度有关,光学陀螺(激光陀螺和光纤陀螺)的测量误差与线加速度无关。在高精度惯导系统中,通常仅考虑白噪声,而不考虑其他随机过程噪声。在中、低精度惯导系统中,包括光学陀螺,则必须考虑白噪声、零偏不稳定性、随机游走等随机过程噪声。

建立精确、完善的数学模型,通过实验对模型参数进行标定,然后对加速度计、陀螺的测量信息进行补偿,以提高测量精度,并最终提高惯导系统的导航精度,这是人们不断追求的目标。考虑的因素越全面,则误差模型越复杂,模型参数个数越多,模型可能越精确。另一方面,误差模型的正确性、准确性也越加难以验证,并增加了模型参数标定的难度。依据惯性器件的工作原理,分析引起误差的物理机制,然后建立相应的数学模型,称为物理模型。依据大量的实验数据,用纯数学的方法建立拟合模型,称为数学模型。在物理机制难以完全分析清楚的条件下,为了提高精度,人们通常建立物理、数学混合模型,以尽可能精确地描述惯性器件测量误差。

在正式导航(包括纯惯性导航和组合导航)过程中,因为惯性以外的测量信息较少,所以只对误差模型中的少量参数进行实时在线辨识,或者不辨识任何参数,而主要或全部采用标定实验所得误差模型参数,对陀螺仪和加速度计的测量信息进行补偿,以提高导航精度。具体需要对哪些模型参数进行实时在线辨识,则需要根据模型参数的可观性而定。模型参数可观性受到外测信息的种类、精度以及载体动态特性等条件的影响。在“机载捷联惯性/卫星组合导航”方案中(参见第 10 章),仅将陀螺仪和加速度计 3 个轴向零偏误差总共 6 个误差模型参数作为实时在线辨识参数。

4.7 惯性器件及惯导系统

按照精度,惯性器件及惯导系统通常分为高、中、低三档。高精度惯导系统通常是平台式的,例如远程战略导弹、大型舰船、大型飞机所用惯导系统,体积、质量、功耗、成本较大。中、低精度惯导系统通常是捷联式的,例如战术导弹、小卫星上所用的惯导系统,体积、质量、功耗、成本较小。捷联惯导系统上的陀螺仪和加速度计承受较为恶劣的过载、振动环境,量程较大,因而测量精度不高。

影响惯导系统精度的因素包括陀螺仪精度、加速度计精度、系统设计方案与集成工艺、导航算法、测试与标定精度,以及温度、过载、振动、电磁使用环境等。其中陀螺仪精度是主要因素。图 4.13 给出了不同年代平台和捷联惯导系统所用陀螺的精度,从中可以看出目前平台惯导系统精度高于捷联惯导系统精度,但是未来捷联惯导系统精度将会逐步提高,从而满足所有高精度应用的需要,以低成本、轻质量、小体积、低功耗等优势逐步取代平台惯导系统。

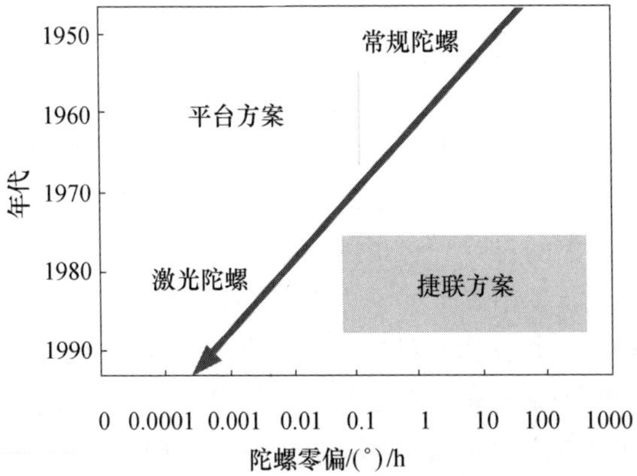

图 4.13 不同年代平台和捷联惯导系统所用陀螺的精度

图 4.14 描述了目前不同类型陀螺对应的精度水平。目前机械式陀螺精度最高,美国 MX 战略导弹所用机械式陀螺的精度达 1.5×10^{-7}(°)/h。表 4.3 给出了高、中、低不同精度水平惯导系统对应的陀螺仪零偏、加速度计零偏及定位误差等主要技术指标。表 4.4 和表 4.5 给出了几种典型惯性器件、惯导系统及惯性测量单元的主要技术指标。

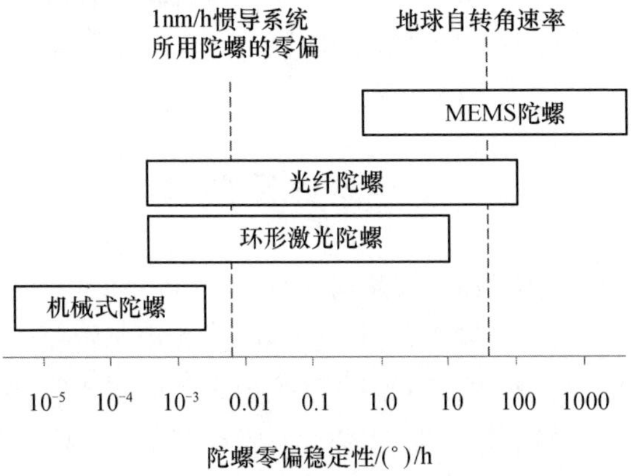

图 4.14 不同类型陀螺对应的精度水平

表 4.3 高中低精度惯导系统及其主要技术指标

等级	高精度		中精度		低精度	
敏感器	陀螺仪	加速度计	陀螺仪	加速度计	陀螺仪	加速度计
零偏	0.005~0.01 deg/hr	5~10 μg	1~10 deg/hr	200~500 μg	> 150 deg/hr	> 1200μg
比例因子误差	5~50 ppm	10~20 ppm	200~500 ppm	400~1000 ppm	—	—
噪声	0.002~0.005 (deg/hr)/ $\sqrt{Hz}$	5~10 μg/ $\sqrt{Hz}$	0.2~0.5 (deg/hr)/ $\sqrt{Hz}$	200~400 μg/ $\sqrt{Hz}$		
定位误差	≈ 2km/hr		20~40km/hr		> 2km/min	
注:ppm 表示 10^{-6},噪声的量纲说明参见附录 C						

表 4.4 典型惯性器件及其主要技术指标

序号	型 号	技术指标	照 片
1	SPAN-Laser-Gyro-Ⅱ激光陀螺仪	标度因数(0.9350±0.0050)″/脉冲,标度因数不稳定性≤0.5×10^{-4},随机漂移≤0.01(°)/h(1σ),零位重复性≤0.01(°)/h(1σ),外磁场漂移分量≤0.002((°)/h/奥斯特),测量范围0~250(°)/s,加速度影响可忽略,无故障工作时间>5000h,寿命>60000h,外形尺寸 150mm×131mm×46mm,质量≤1.8kg,工作环境温度-40~+60℃	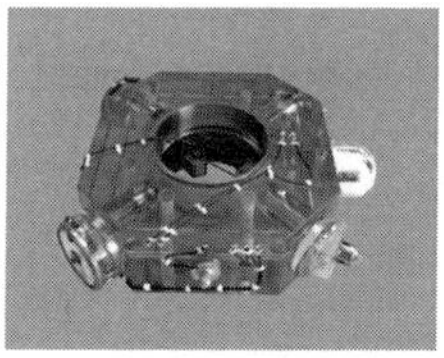
2	XW-GS1800 光纤陀螺仪	尺寸 100mm×100mm×30mm,质量小于 450g,功耗小于 1.6W,启动时间小于 0.5s,抗冲击30g(11ms 半正弦波),零偏稳定性 0.3(°)/h,量程±80°/s	
3	VG910 光纤陀螺仪	尺寸 ϕ83mm×20mm,质量 110g,功耗 1W,启动时间小于 0.5s,抗冲击 90g(1ms),零偏5(°)/h(恒温),噪声 0.05((°)/h)/ $\sqrt{Hz}$,量程±160(°)/s	
4	RG100 陀螺仪	尺寸 ϕ32mm×15mm,质量小于 80g,测量范围±300(°)/s,零偏重复性小于 0.4(°)/s,零偏稳定性小于 0.1(°)/s	

（续）

序号	型　号	技术指标	照　片
5	XW-AS1910-01 石英加速度计	尺寸 ϕ25.4mm×30mm，质量小于 80g，功耗小于 15V×20mA，抗冲击 100g（11ms 半正弦波），偏差±3mg，量程±25g	
6	RAC300 加速度计	尺寸 32mm×40mm×18mm，质量小于 80g，测量范围 ±2g，零偏重复性 10mg，零偏稳定性 2mg	
注：作为加速度量纲时，g=9.8m/s^2			

表 4.5　典型惯导系统、惯性测量单元及其主要技术指标

序号	型　号	技术指标	照　片
1	HWANAV-RLG-501 激光捷联惯导系统	尺寸 318mm×236mm×230mm，质量 15kg，功耗小于 50W，初始对准时间 5～15min，航向精度 1mil，滚转角和俯仰角精度 0.5mil，位置精度 10m（距离 D<5km 时），0.12%D（D>5km 时），连续工作时间大于 8hr	
2	HINS-10FC 光纤捷联惯导系统	尺寸 117.5mm×132mm×90mm，质量 1.8kg，功耗 20W，角速率测量范围±120(°)/s，加速度测量范围±10g，纯惯性导航情况下姿态精度 1(°)(10min)，位置精度 200m(10min)，速度精度5m/s(10min)	
3	XW IMU7200 惯性测量单元	尺寸 143mm×119.5mm×72mm，质量 1.8kg，功耗 10W，抗冲击 30g（11ms 半正弦波），角速率量程±300(°)/s，零偏稳定性±3(°)/h，加速度量程±10g，零偏稳定性±0.03mg	
4	STIM300 惯性测量单元	几何尺寸 38.6mm×44.8mm×21.5mm，量程±400 (°)/s 、±10g，输入电压 4.5～5.5V，工作温度 −40～+85℃，陀螺比例误差±500ppm，非线性误差 50ppm，零偏 5(°)/h，零偏稳定性 0.5(°)/h，角度随机游走 0.15(°)/h$^{1/2}$，加速度计比例误差±300ppm，非线性误差 100ppm，零偏±2mg，零偏稳定性 0.05mg，速度随机游走 0.06(m/s)/ h$^{1/2}$	

(续)

序号	型　号	技术指标	照　片
5	ADIS16400 惯性测量单元	几何尺寸 32mm×23mm×23mm，量程 ±300(°)/s、±18g，输入电压 4.75～5.25V，工作温度 −40～+105℃，陀螺非线性误差 0.1%，零偏 3(°)/s，零偏稳定性 0.007(°)/s，角度随机游走 2.0(°)/$h^{1/2}$，加速度计非线性误差 0.1%，零偏±50mg，零偏稳定性 0.2mg，速度随机游走 0.2(m/s)/ $h^{1/2}$	
注：作为加速度量纲时，g=9.8m/s^2			

思考题

1. 试述平台惯性导航系统测速、定位的基本原理。

2. 视加速度即为载体在惯性坐标系中的加速度吗？为什么？

3. 在捷联惯导系统中，由初始时刻姿态角(四元数)及后续时刻的陀螺测量信息，如何计算当前时刻姿态角(四元数)？

4. 试述 Sagnac 效应。

5. 根据误差模型对惯导系统测量信息进行修正后，为什么导航误差仍然随时间快速累积？

6. 试述矢量旋转的四元数变换模型。

第 5 章　地基无线电导航基本原理

地基无线电导航技术诞生于 1912 年。最早的无线电导航信号主要用于引导船舶、飞机的航向，类似于海上灯塔。在 1940 年，出现了基于时间/距离测量的地基无线电导航技术，用于船舶、飞行器的实时定位。本章将主要介绍地基无线电水平定向、两维和三维地基无线电定位的基本原理，并简要介绍罗兰-C 导航系统。

5.1　地基无线电水平定向

导航台发射无线电信号，飞机等运动载体上的接收机接收并测量此信号。发射天线辐射电磁波信号的方向如图 5.1 所示，由心形曲线及若干周期的正弦曲线叠加而成。在发射甚高频(962~1213MHz)信号的同时，天线以恒定角速度顺时针方向旋转。当心形最大方向朝北时，天线发射主脉冲信号；正弦曲线最大方向朝北时，发射辅脉冲信号。飞机等运动载体的接收信号为长周期信号与短周期信号的叠加，如图 5.2 所示。对照信号发射规律可知，当收到主脉冲信号时，发射天线最大方向朝北(忽略传播时延)；当收到最大峰值信号时，发射天线最大方向朝向接收机。此两时刻时间差乘发射天线水平转动角速度，即得到

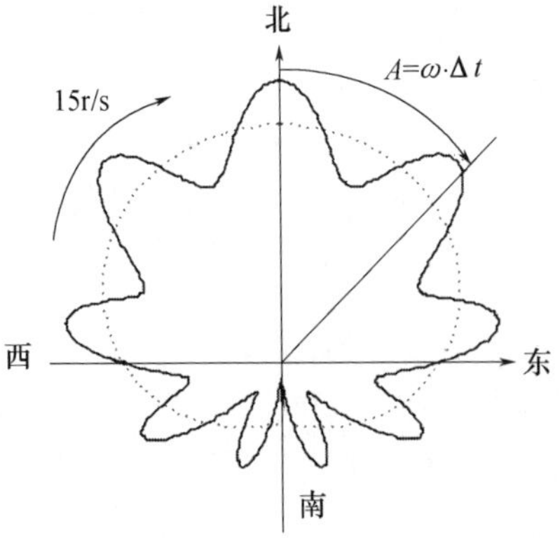

图 5.1　发射天线方向图

发射天线至接收机方向的方位角。接收机测量主脉冲信号与最大峰值信号之间的时间差 Δt，于是导航台至载体方向的方位角 A 为

$$A = \omega \cdot \Delta t \tag{5.1}$$

式中：ω 为发射天线旋转角速度。

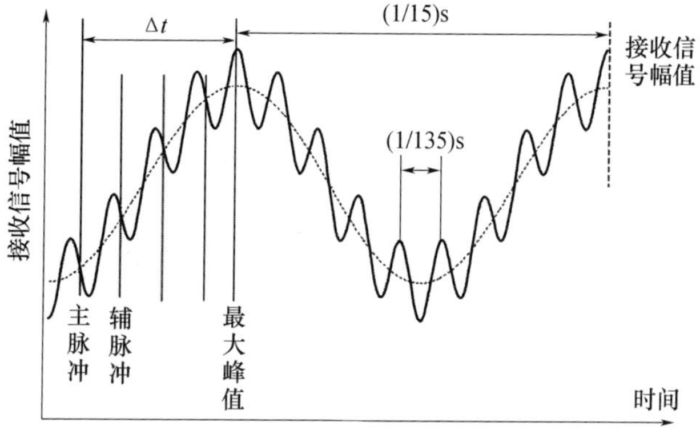

图 5.2　接收信号示意图

这就是地基无线电水平定向的基本原理。

接收机不但测量主脉冲信号与最大峰值信号之间的时间差 Δt，而且测量辅脉冲信号与最大峰值信号之间的时间差，以提高 Δt 的测量精度。通常约定发射天线水平转动角速度为 15r/s，即

$$\omega = 15 \times 360(°)/\mathrm{s} \tag{5.2}$$

于是长周期信号的周期为 (1/15)s；心形曲线上叠加的正弦曲线周期数为 9，于是短周期信号的周期为 (1/135)s。

基于地基无线电水平定向原理及无线电测距原理，美国率先研制出了战术空中导航系统（TACtical Air Navigation System，TACAN），用于航空母舰和军用机场。TACAN 由导航台（地面或舰载）和机载设备组成。TACAN 机载设备显示屏及系统工作场景如图 5.3 所示，其技术指标如表 5.1 所列。在测距过程中，机载设备发出信号，地面或舰载导航台转发此信号至机载设备，机载设备接收转发信号，并测量接收信号与发射信号的时间延迟，从而计算得到距离。我国于 20 世纪 70 年代研制出了 TACAN，并装备于空军和海军航空兵。

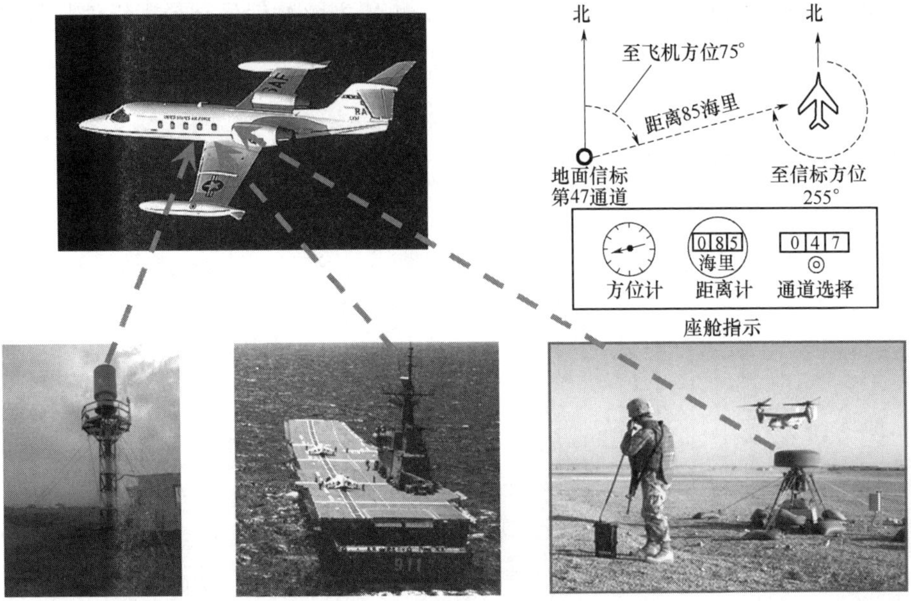

图 5.3　TACAN 工作场景

表 5.1　美国 TACAN 技术指标

导航精度	方位精度优于 2.5°(2σ)； 距离精度优于 400m (2σ)
工作范围	固定台覆盖半径大于 350km； 机动台覆盖半径大于 185km； 顶空存在 90°～120°锥形信号盲区
系统容量	定向用户数无限，距离测量用户数约 110

5.2　地基无线电水平定位

运动载体大多处于地球表面，如车辆、舰船等。对于这些载体而言，其导航问题主要是确定两维的位置坐标。飞机尽管在空中飞行，但是它距离地面的高度远小于地球半径，且配置有测高仪，因而其导航问题也是确定两维位置坐标。下面以舰船为例介绍一种地基无线电导航方法。

依靠布设于海岸上的一系列导航台，周期性地同步发射脉冲信号。船载接收机接收到来自 2 个台的信号后，测量脉冲信号达到的时间差值，然后计算得到船至 2 个台的距离差。于是可以确定一条以此 2 个台为焦点的双曲线。测量另外 2 个导航台的脉冲信号，可以确定另外一条双曲线。这两条双曲线的交点即是船只所在的位置，如图 5.4 所示。

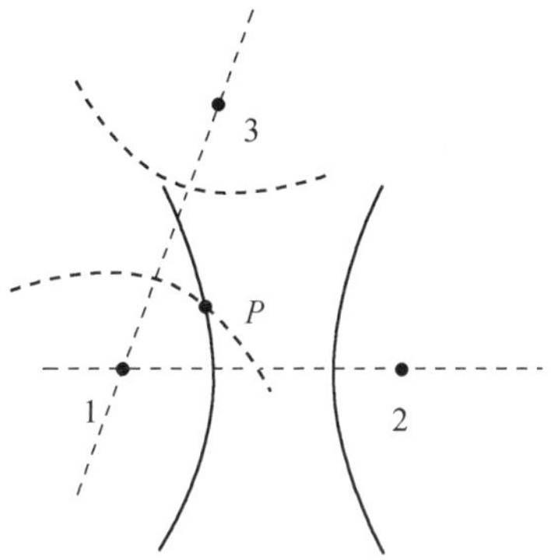

图 5.4　双曲线定位示意图

设 Δt_{12} 为第 2 号、第 1 号导航台脉冲信号到达时间差测量值，则有测量方程

$$c \cdot \Delta t_{12} = |\boldsymbol{X}_p - \boldsymbol{X}_2| - |\boldsymbol{X}_p - \boldsymbol{X}_1| \tag{5.3}$$

式中：c 为真空中的光速；$\boldsymbol{X}_1$、$\boldsymbol{X}_2$ 为已知的第 1、2 号导航台的位置矢量；$\boldsymbol{X}_p$ 为船的位置矢量。

又设 Δt_{13} 为第 3 号、第 1 号导航台脉冲信号到达时间差测量值，则有测量方程

$$c \cdot \Delta t_{13} = |\boldsymbol{X}_p - \boldsymbol{X}_3| - |\boldsymbol{X}_p - \boldsymbol{X}_1| \tag{5.4}$$

式中各符号的含义与式(5.3)类同。联立求解式(5.3)和式(5.4)，即可获得船的位置矢量 $\boldsymbol{X}_p$。

罗兰-C 即是在上述地基无线电水平定位基本原理基础上建立的导航系统。罗兰-C 导航系统目前仍然在全世界范围内得到广泛的应用。图 5.5 给出了我国某 3 个罗兰-C 导航台的服务区域。罗兰-C 导航系统的关键技术之一是保持各个导航台脉冲信号的时间同步。为此需要采用高精度的原子钟，并利

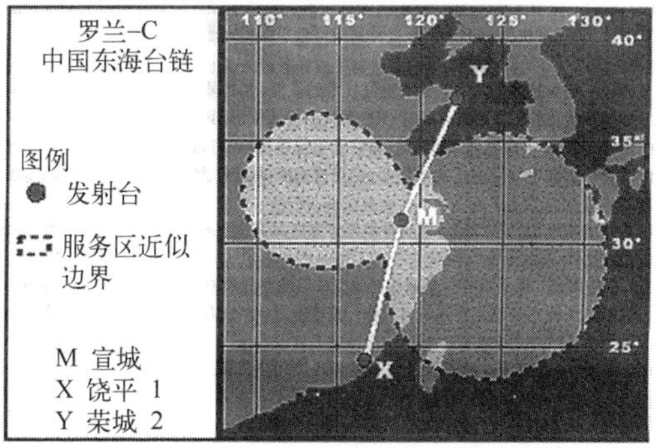

图 5.5　中国东海罗兰-C

用长波无线电信号在导航台之间进行时间传递，或利用卫星导航方法进行时间传递。

5.3 地基无线电空中定位

在飞机精密进近着陆、导弹弹道测量以及航天器导航等应用领域中，需要精确测量载体的三维位置坐标。为此可以采用下述地基无线电空中定位方法。

如图 5.6 所示，同时测量 4 个地面站至载体的无线电信号传播时间延迟，将时间延迟与光速相乘得相应伪距，然后由 4 个伪距及地面站已知坐标求解载体坐标及钟差。这就是地基无线电空中定位的基本原理。

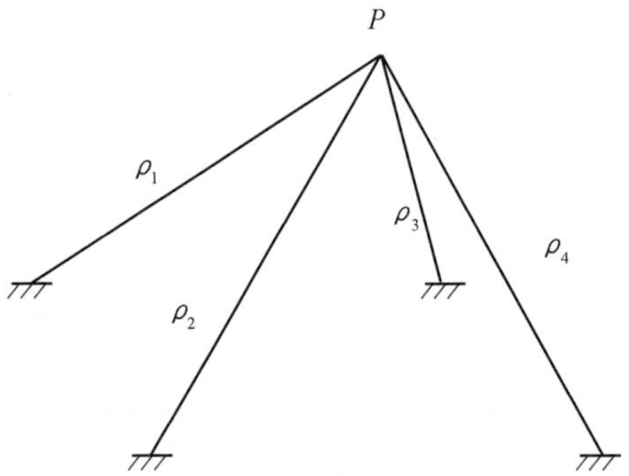

图 5.6　地基无线电空中定位示意图

伪距测量方程为

$$\begin{cases}\rho_i = |\boldsymbol{X}_p - \boldsymbol{X}_i| + c \cdot \delta t \\ i = 1, \cdots, 4\end{cases} \tag{5.5}$$

式中：下标 i 为地面站编号；ρ_i 为伪距测量值；$\boldsymbol{X}_i$ 为地面站位置矢量，已知；c 为真空中的光速；$\boldsymbol{X}_p$ 为载体位置矢量，未知；δt 为接收机钟差，即测量时刻接收机钟面时与标准时之差，未知。

由式(5.5)即可求出载体位置矢量 $\boldsymbol{X}_p$ 及接收机钟差 δt。

5.4 罗兰-C 导航系统简介

罗兰(LORAN)表示远程无线电导航(Long Range Navigation)。罗兰-C 是一种远程双曲线无线电导航系统，作用距离可达 2000km，工作频率为 100kHz。它成功地解决了周期识别问题，并采用了比相、多脉冲编码和相关检测等技术，成为陆、海、空通用的一种导航定位系统。

罗兰-C 系统由设在地面的 1 个主台与 2~3 个副台合成的台链和飞机上的接收设备组成。测定主、副台发射的两个脉冲信号的时间差和两个脉冲信号中载频的相位差,即可获得飞机到主、副台的距离差。距离差保持不变的航迹是一条双曲线。再测定飞机对主台和另一副台的距离差,可得另一条双曲线。根据两条双曲线的交点可以定出飞机的位置。这一位置由显示装置以数据形式显示出来。由于从测量时间差而得到距离差的测量方法精度不高,只能起粗测的作用。副台发射的载频信号的相位和主台的相同,因而飞机上接收到的主、副台载频信号的相位差和距离差成比例。测量相位差就可得到距离差。由于 100kHz 载频的巷道宽度只有 1.5km,测量距离差的精度很高,能起精测的作用。测量相位差的多值性问题,可以用粗测的时间差来解决。罗兰-C 导航系统既测量脉冲的时间差又测量载频的相位差,所以又称它为低频脉相双曲线导航系统。1968 年研制成功的罗兰-D 导航系统提高了地面发射台的机动性,是一种军用战术导航系统。罗兰-C 导航系统的主(副)台设备和接收机如图 5.7~图 5.10 所示。

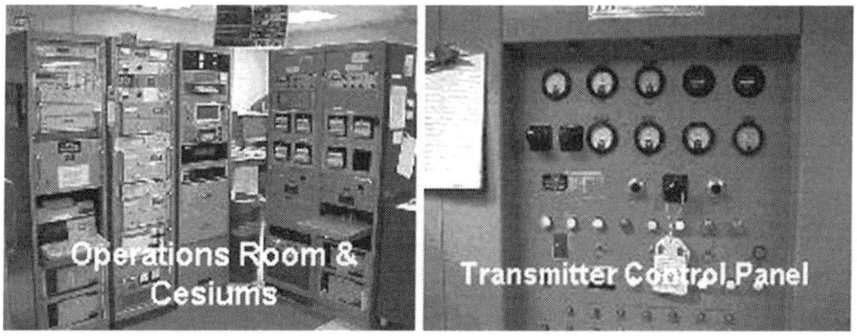

图 5.7　罗兰-C 导航系统的操作间和发射控制面板

图 5.8　罗兰-C 导航系统的地面发射机

图 5.9　TI 9000 罗兰-C 导航接收机

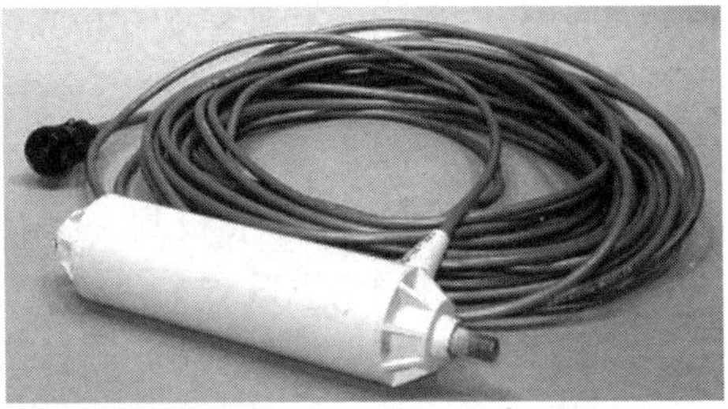

图 5.10　TI 9000 罗兰-C 导航接收机天线

思 考 题

1. 在 TACAN 中如何确定飞机相对于导航台的方位？
2. 试述地基无线电水平两维定位、空间三维定位的基本原理。
3. 为什么要在地面无线电导航台站之间进行时钟同步？

第 6 章　卫星导航基本原理

所谓卫星导航即是利用导航卫星播发的无线电信号,测得载体的导航信息。本章将主要介绍卫星定位与授时、定速、定姿的基本原理,以及重要的卫星导航系统。

6.1　卫星定位与授时

如图 6.1 所示,导航卫星播发无线电导航信号,位于 P 点处的接收机接收此信号,并测量信号由卫星到接收机的传播时延,将传播时延与光速相乘得伪距。同时测量接收机至 4 颗卫星的伪距,由已知卫星位置,即可求出接收机的位置及钟差。这就是卫星定位与授时的基本原理。

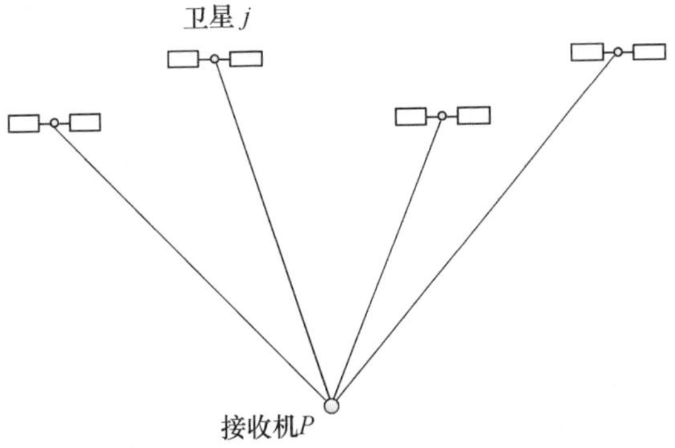

图 6.1　卫星定位与授时示意图

伪距测量方程如下

$$\rho^j = |\boldsymbol{r}^j - \boldsymbol{r}_p| + c \cdot \delta t_p + \varepsilon^j \tag{6.1}$$

式中:j 为卫星编号,$j=1,2,3,4,\cdots,n$,n 为测量卫星颗数,$n \geqslant 4$;ρ^j 为对应 j 号卫星的伪距测量值;$\boldsymbol{r}^j$ 为 j 号卫星的已知位置矢量;$\boldsymbol{r}_p$ 为未知的接收机位置矢量;c 为真空中光速;δt_p 为未知的接收机钟差;ε^j 为偶然测量误差。

依据最小二乘法求解 n 个类似于式(6.1)的测量方程,即可解得接收机的位置矢量 $\boldsymbol{r}_p$ 和钟差 δt_p。

6.2 卫星定速

如图 6.1 所示,导航卫星播发无线电导航信号,位于 P 点处的接收机接收此信号,并测量信号的多普勒频移,此频移测量值包含了接收机相对于卫星的运动速度信息。同时测量对应 4 颗卫星的多普勒频移,由已知卫星速度,即可求出接收机的速度及钟差变率。这就是卫星定速的基本原理。

记多普勒频移为 Δf,卫星发射信号频率为 f_0,接收信号频率为 f_r,则有 $\Delta f=f_0-f_r$。忽略相对论效应,接收机—卫星间距离变化率 $\dot{\rho}$ 的计算公式为

$$\dot{\rho}=c\cdot\frac{\Delta f}{f_r}=c\cdot\frac{\Delta f}{f_0-\Delta f} \tag{6.2}$$

式中:c 为真空中光速。

伪距变率测量方程如下

$$\dot{\rho}^{j}=\boldsymbol{r}^{j0}\cdot(\boldsymbol{v}^{j}-\boldsymbol{v}_p)+c\cdot\delta\dot{t}_p+\varepsilon_v^j \tag{6.3}$$

式中:j 为卫星编号,$j=1,2,3,4,\cdots,n$,n 为测量卫星颗数,$n\geqslant4$;$\dot{\rho}^{j}$ 为对应 j 号卫星的伪距变率测量值;$\boldsymbol{r}^{j0}$ 为接收机至 j 号卫星方向的单位矢量,由卫星定位所得接收机位置及已知卫星位置计算;$\boldsymbol{v}^{j}$ 为 j 号卫星的已知速度矢量;$\boldsymbol{v}_p$ 为未知的接收机速度矢量;c 为真空中光速;$\delta\dot{t}_p$ 为未知的接收机钟差变率;ε_v^j 为偶然测量误差。依据最小二乘法求解 n 个类似于式(6.3)的测量方程,即可解得接收机的速度矢量 $\boldsymbol{v}_p$ 和钟差变率 $\delta\dot{t}_p$。

6.3 卫星定姿

如图 6.2 所示,在载体上安装 2 个天线(对应有 2 个接收机),同时测量某卫星发射的载波信号之相位。2 个天线所测相位取差,称为单差。此单差反映了 2 个天线在卫星方向上的距离差异。若天线 2 比天线 1 离卫星近,则其所测载波信号相位要大,若近 1 个波长,则大 1 周。同时测量对应 3 颗卫星的载波信号相位单差,由卫星定位所得天线 1 的位置,以及已知卫星位置,即可求解天线 2、1 的坐标差,进而得出载体的姿态。这就是卫星定姿的基本原理。

载波信号相位单差测量方程如下

$$\phi_{12}^{j}=\frac{1}{\lambda}\cdot\boldsymbol{r}^{j0}\cdot\boldsymbol{r}_{12}+f\cdot\delta t_{12}+\varepsilon_{\phi}^{j} \tag{6.4}$$

式中:上标 j 为卫星编号,$j=1,2,3,\cdots,n$,n 为测量卫星数量,$n\geqslant4$;下标 1、2 为天线编号;ϕ_{12}^{j} 为载波信号相位站间单差测量值;λ 为载波信号波长;$\boldsymbol{r}^{j0}$ 为天线 1

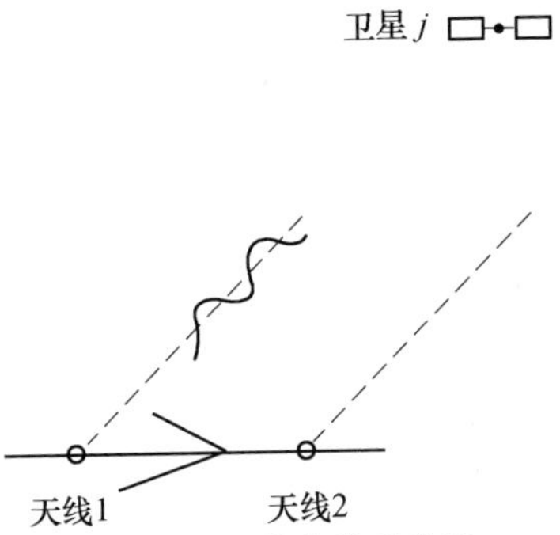

图 6.2　卫星定姿示意图

至 j 号卫星方向的单位矢量，由卫星定位所得天线 1 的位置及已知卫星位置计算；$\boldsymbol{r}_{12}$ 为天线 2、天线 1 的坐标差，亦称基线矢量，未知；f 为载波信号频率；δt_{12} 为接收机钟差站间单差；ε_{ϕ}^{j} 为偶然测量误差。

依据最小二乘法求解 n 个类似于式(6.4)的测量方程，即可解得基线矢量 $\boldsymbol{r}_{12}$ 和接收机钟差站间单差 δt_{12}，进而计算得到载体的偏航角和俯仰角。

偏航角 ϕ 和俯仰角 ψ 的计算公式为

$$\begin{cases}\phi=\arctan\left(\dfrac{z}{x}\right)\\ \psi=\arctan\left(\dfrac{y}{\sqrt{x^2+z^2}}\right)\end{cases} \tag{6.5}$$

式中：x、y、z 为基线矢量 $\boldsymbol{r}_{12}$ 在当地北天东坐标系 1-NRE 中的各坐标轴向分量，如图 6.3 所示。

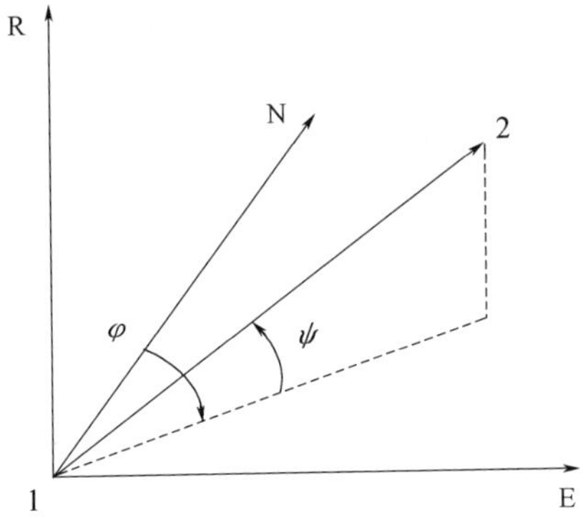

图 6.3　偏航角与俯仰角示意图

在载体上安装至少 3 个天线，即可测定载体完整的三维姿态。

6.4 双星定位

如图 6.4 所示,通过卫星和用户的转发,无线电导航信号经由中心站—卫星 1—用户—卫星 1 或 2—中心站的路径传播,中心站测量发出信号与接收信号的传播时间延迟,乘以光速得中心站—卫星—用户间的双程距离,据此可以计算得到用户分别至 2 颗卫星的距离。用户高程可由地面高程数据库查取。于是,由用户高程、用户至卫星距离,以及已知的卫星位置,可以计算得到用户位置。这就是双星定位的基本原理。

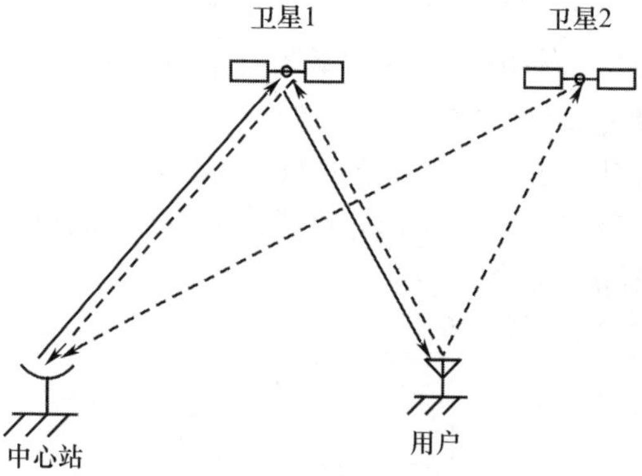

图 6.4　双星定位示意图

记中心站测得的双程距离为 L_1、L_2,则

$$\begin{cases} L_1 = 2d_1 + 2\rho^1 \\ L_2 = d_1 + d_2 + \rho^1 + \rho^2 \end{cases} \tag{6.6}$$

式中:d_1、d_2 为中心站分别至卫星 1、2 的距离,由已知的中心站位置和卫星位置计算;ρ^1、ρ^2 分别为用户至卫星 1、2 的距离,亦称用户-卫星距离测量值。

由式(6.6)不难推得

$$\begin{cases} \rho^1 = 0.5L_1 - d_1 \\ \rho^2 = L_2 - 0.5L_1 - d_2 \end{cases} \tag{6.7}$$

距离及高程测量方程为

$$\begin{cases} \rho^1 = |\boldsymbol{r}^1 - \boldsymbol{r}_p| \\ \rho^2 = |\boldsymbol{r}^2 - \boldsymbol{r}_p| \\ h = h(\boldsymbol{r}_p) \end{cases} \tag{6.8}$$

式中:h 为从地面高程数据库查得的高程;$\boldsymbol{r}^1$、$\boldsymbol{r}^2$ 为已知的卫星 1、2 位置矢量;$\boldsymbol{r}_p$

为未知的用户位置矢量。

由式(6.8)即可求解得到用户位置矢量 $\boldsymbol{r}_p$。

6.5 卫星导航系统简介

1. 子午仪卫星导航系统 TRANSIT

子午仪卫星导航系统 TRANSIT 由美国于 1964 年建成,也称海军导航卫星系统(Navy Navigation Satellite System)。该系统由空间、地面监控和用户组成。空间部分包括 6 颗卫星,轨道高度约 1000km,轨道倾角约 90°,周期约 108min,平均分布在 6 个轨道面内。卫星播发 2 个频率的信号,信号上调制的导航电文包括卫星位置、时间等信息,用于用户的导航计算。地面监控部分包括卫星测量跟踪站、计算中心和注入站,负责获取卫星的轨道参数,并形成导航电文注入卫星存储器。用户部分即接收机。接收机测量卫星信号的多普勒频移积分值,获取导航电文,然后计算自身的坐标。多普勒频移积分值类同于伪距时间差分,处于不同时刻不同位置的卫星相当于不同的导航站,伪距时间差分测量值决定了一个由双曲线旋转而成的位置面,如图 6.5 所示。在卫星过顶时段,测量对应多个时刻的伪距时间差分,得到多个位置面,这些位置面相交得到一条位置线,位置线与已知高程面相交,即可确定测站的经纬度。子午仪系统只能提供二维定位,定位一次需要 8~10min,下一次定位需要等待约 1.5h,定位精度约为 40m 。子午仪卫星导航系统原本设计服务于美国的战略核潜艇,但后来在许多其他国家也得到了广泛的应用。我国就曾经利用它进行了南海诸岛的坐标联测。20 世纪 90 年代中期,该系统停止运行。取代它的是导航星全球定位系统 GPS。

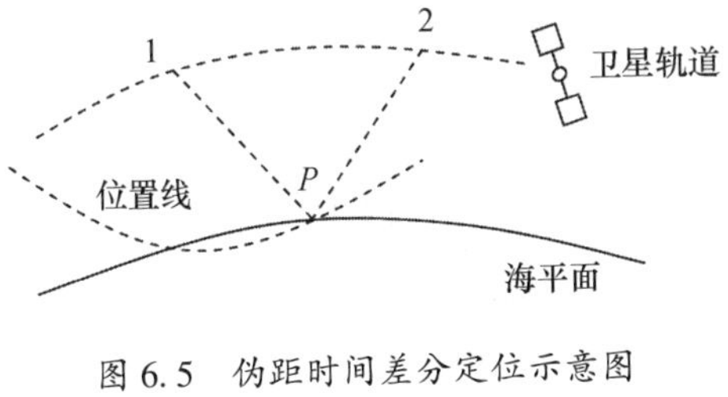

图 6.5 伪距时间差分定位示意图

2. 导航星全球定位系统 GPS

GPS 于 1973 年开始建设,1978 年首次发射卫星,1994 年正式建成并投入运行,历时 21 年,耗资 120 亿美元,是美国继阿波罗登月计划之后的第二大航天项目。GPS 建成之后就得到不断的维护与更新,目前在轨卫星约 30 颗,包括第二代、第三代的新卫星。GPS 可以在全球任意地点、任意时刻、任意天候为用户提供定位服务,水平定位精度可达 1.1m(1σ)。其用户包括个人、车辆、舰船、飞机、导弹、卫星、飞船等。与子午仪卫星导航系统一样,GPS 也分为空间、地面监控和用户 3 大部分。

1) GPS 空间部分

按照最初的设计,GPS 空间部分包括 24 颗卫星。1979 年经过方案修改后,调整为 21 颗(18 颗工作卫星,3 颗备份卫星)。在 1999 年开始实施的 GPS 现代化计划中,卫星颗数又调整为 30~32 。卫星轨道高度约为 20200km,轨道倾角约为 55°,轨道近似圆形,周期为 12h,平均分布在 6 个轨道面内。同一轨道面内的 3 颗卫星间隔 120°,相邻轨道面内的相邻卫星相位差 40°。此星座设计保证了在全球任意地点可以看到至少 4 颗卫星。卫星播发 3 个频率的信号,分别称为 L1(1575.42MHz)、L2(1227.6MHz)和 L5(1176.45MHz)。信号上调制有伪随机粗捕获码(C/A 码)、伪随机精码(P 码或 Y 码)和导航电文码(D 码)。伪随机码用于测距,也称测距码。P 码或 Y 码仅限于美国及其盟国的军事部门以及获得授权的民用部门使用。测距码的发射时刻由星上高精度的原子钟来控制。

2) GPS 地面监控部分

GPS 地面监控部分包括 1 个主控站、3 个注入站和 6 个监控站。这些站均设在美国国内,以保证安全运行。其中主控站位于科罗拉多的斯普林斯(Colorado Springs),注入站位于阿森松岛(Ascension Island)、迭戈加西亚(Diego Garcia)和卡瓦加兰(Kwajalein)。有 4 个监控站与主控站、注入站并置,另外 2 个监控站位于夏威夷(Hawaii)和卡拉维拉尔角(Cape Canaveral)。2005 年监控站增加到了 12 个,后来还在继续增加。

GPS 地面监控部分负责监测卫星的健康状态,测量卫星的轨道参数和钟差参数,形成导航电文,维持 GPS 时间,向每一颗卫星注入导航电文,并控制卫星的机动以维持星座构形。

3) GPS 用户部分

GPS 用户部分即接收机。接收机接收卫星信号,测量信号传播时间延迟和多普勒频移,获取导航电文,并最终计算得到用户的位置、速度和钟差。

接收机的数量可以无限。目前已有 100 种以上由不同厂家生产的接收机,分为导航型和测量型,导航型中又分为便携式、车载式、高动态、抗干扰等多种类型。此外,接收机还可以通过接收频点的个数(单频、双频、三频)、信号通道的个数(8、12、24 通道等)加以区分。多频信号用于修正电离层传播延迟,以提高定位精度和提高可靠性。为了提高导航精度、可用性和完好性,世界各地发展了各种 GPS 差分系统。特别是基于地球静止轨道卫星的广域差分增强系统,例如美国的 WAAS(Wide Area Augmentation System)、欧洲的 EGNOS(European Geostationary Navigation Overlay Service)等,可以提供区域的附加导航卫星信号、导航校正数据以及在轨 GPS 卫星可用性信息,成为显著提高导航精度和可靠性的重要手段。

3. 全球导航卫星系统 GLONASS

全球导航卫星系统(GLObal Navigation Satellite System,GLONASS)是苏联于1982 年开始建设的卫星导航系统,后改由俄罗斯接管。从系统组成与工作原理看,GLONASS 与 GPS 极为相似。GLONASS 的空间部分包括 24 颗卫星(21 颗工作卫星,3 颗备用卫星),均匀分布在 3 个轨道面内,轨道高度为 19130km,轨道倾角为 64.8°,轨道周期为 11h 15min。卫星采用频分多址,即不同的卫星有不同的频点,以便用户接收机区别不同卫星。目前 GLONASS 也在逐渐播发码分多址信号,以便国际合作。GLONASS 的地面监控部分,包括主控站、注入站和监测站,均位于俄罗斯境内。目前 GLONASS 的用户较少。

4. 北斗卫星导航系统 BDS

中国于 20 世纪 80 年代末期开始筹划北斗卫星导航系统的建设,21 世纪初期建成了第一代北斗卫星导航系统 BeiDou-I,简称北斗一号(图 6.6),并投入运行。北斗一号由空间卫星、地面中心站、用户接收机 3 部分组成。北斗一号空间部分包括 3 颗静止地球轨道卫星(2 颗工作卫星,1 颗备用卫星),分别位于东经 80°、140°和 110.5°。卫星用于转发中心站的测距码信号和短电文、用户的定位申请信号和短电文。地面中心站负责维持北斗标准时间,连续播发测距码信号,测量发出信号与接收信号的传播时间延迟,计算用户坐标并通过卫星以

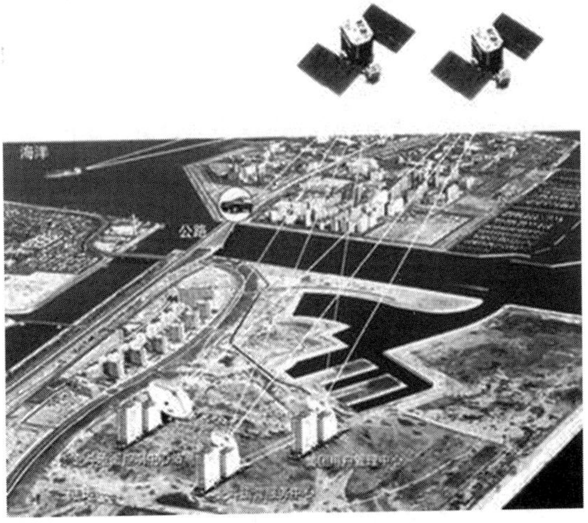

图 6.6　北斗一号卫星导航系统的组成

短电文方式告诉用户,管理和转发用户之间的短电文。用户接收机用于转发测距码信号,接收和发送短电文。

中国于2012年底建成了北斗二号卫星导航系统。该系统包括15颗卫星,分别位于地球静止轨道(GEO)、倾斜地球同步轨道(IGSO)和中圆地球轨道(MEO),实现了区域无源定位、授时和短报文通信。服务区域包括中国、中国周边国家及澳大利亚等南半球国家。

2020年7月中国建成北斗三号卫星导航系统,简称BDS。BDS将北斗二号融入其中,目前总计有45颗卫星,实现了全球无源定位、授时及报文通信。在中国及周边区域提供星基增强服务,显著提高导航精度及完好性。

BDS导航精度与GPS的相当,并具有报文通信功能,因而在交通、气象、测绘、灾害管理等领域得到了广泛的应用。

5. 欧洲卫星导航系统GALILEO

GALILEO是由欧盟多个国家参与建设的卫星导航系已建成并投入运行服务。GALILEO的组成及工作原理与GPS的相似。其空间部分将包括30颗卫星(27颗工作卫星,3颗备用卫星),均匀分布在3个轨道面内,轨道高度为23616km,轨道倾角为56°,轨道周期为14h4min。该系统设想从加密增值服务、芯片生产、特许注册收费等方面获利,市场前景看好。

6. 其他卫星导航系统

鉴于卫星导航系统的巨大军事和民事应用价值,除了美国、俄罗斯、中国和欧盟以外,世界上其他国家也在筹划建设卫星导航系统,这其中就包括日本的准天顶卫星导航系统(Quasi Zenith Satellite System,QZSS)和印度的区域导航卫星系统(Indian Regional Navigational Satellite System,IRNSS)。因为建设和运行一个卫星导航系统的成本极其巨大,所以日本和印度并未计划建设完全独立的卫星导航系统,而是在GPS卫星导航系统的基础之上,建设一个增强的卫星导航系统,即在日本、印度区域范围内,特别是在高楼林立的城市中,增加用户可见导航卫星数量、提高卫星导航系统完好性。目前,QZSS和IRNSS已建成,并投入运行服务。

思考题

1. 试述卫星导航定位、授时、定速、定姿的基本原理。
2. 试写出伪距、伪距变率测量方程。
3. 简述卫星导航系统的组成及功能。
4. 作图说明轨道根数 a、e、i、Ω、ω、τ(或 M)的含义。

第 7 章　卫星导航信号及其测量原理

导航卫星播发的信号中除了有载波信号以外,还有伪随机噪声码和导航电文。本章将介绍伪随机噪声码的特点、生成方法、测距原理、导航电文、信号结构,以及多普勒频移和载波相位的测量原理。

7.1　伪随机噪声码及测距原理

7.1.1　伪随机噪声码的特点及测距原理

依靠测量单个脉冲信号的收发时延来测定距离,精度较低。连续测量多个脉冲信号的收发时延,则可显著提高测距精度。理论分析结果表明在同样信噪比条件下,当连续多个脉冲信号呈现“随机性”时测距精度最高。呈现“随机性”的连续脉冲信号即伪随机噪声码信号。

伪随机噪声码信号如图 7.1 所示,其中 t 表示时间,S 表示信号瞬时强度,T_p为码周期,τ_0 为码元长度。伪随机噪声码既具有随机性,又具有规律性。

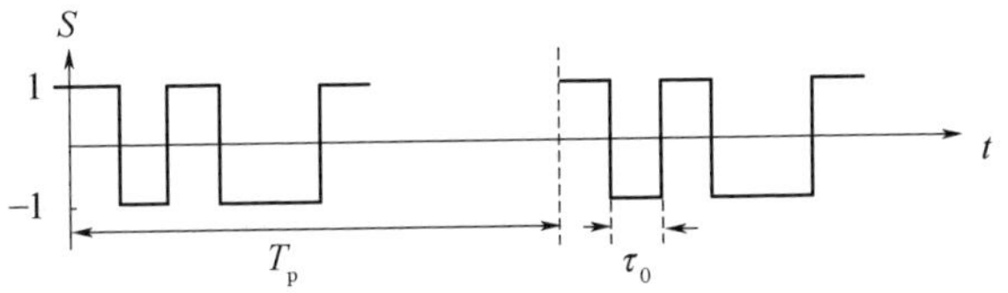

图 7.1　伪随机噪声码信号

1. 随机性

+1、–1 偶然出现,概率各为 0.5。

2. 规律性

周期性重复,预先确定,可复制。

接收机接收卫星发射的伪随机噪声码信号,同时产生一个结构相同、时间与卫星信号同步的本地伪随机噪声码信号,如图 7.2 所示,其中 τ 为传播时延。移动本地信号相位,使其与接收信号时间同步,则本地信号相位移动值对应时间即是传播时延，传播时延乘以光速即是距离。这就是伪随机噪声码测距原理。

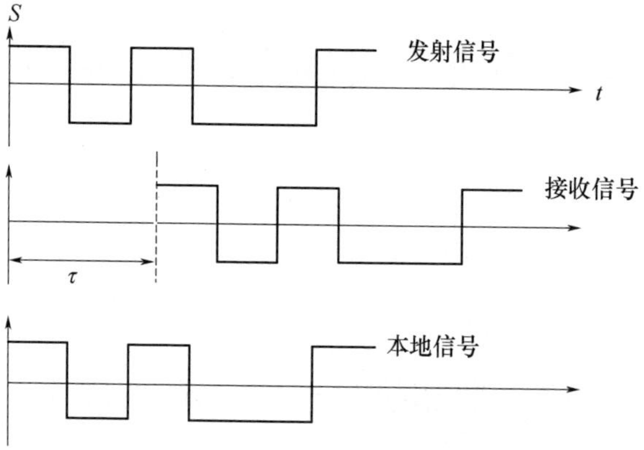

图 7.2　发射/接收/本地伪随机噪声码信号

接收信号与移动相位后的本地信号是否时间同步，其判断准则是相关函数。若相关函数为 1，则时间同步；若为 0，则时间不同步。相关函数计算公式为

$$f = \frac{1}{n}\sum_{i=1}^{n} a(t_i) \cdot b(t_i - \tau) = \begin{cases} 1, & \text{时间同步} \\ 0, & \text{时间不同步} \end{cases} \tag{7.1}$$

式中：t_i 为信号采样时刻；n 为采样时刻个数；$a(t_i)$ 为接收信号；$b(t_i-\tau)$ 为移相后的本地信号，τ 为移相对应的时间。

接收信号和移相后的本地信号均为伪随机噪声码信号，极性（正负号）呈现随机性。只有当这两个信号时间同步时，它们的相关函数才会取最大值 1。当时间不同步时，相关函数为 0。现有卫星导航接收机中均实现了基带信号的数字化，因此移相可以通过纯数字计算的方式实现。

无论是卫星的发射信号，还是接收机的本地信号，都是靠时钟脉冲来控制的。定义钟差为钟面时与标准时之差。如图 7.3 所示，若卫星原子钟、接收机石英钟分别有钟差 δt^j、δt_k，卫星发射信号的实际传播时延为 τ，测得的接收信号相对于本地信号的时延为 τ'，则

$$\tau' = \tau + \delta t_k - \delta t^j \tag{7.2}$$

定义 $\rho_k^j \triangleq c \cdot \tau'$，称为伪距。因为受卫星钟差、接收机钟差的影响，所以伪距与卫星-接收机间的真实距离有所不同。

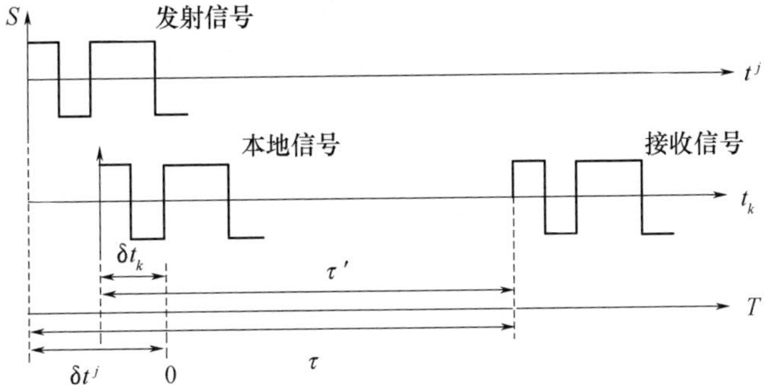

图 7.3　受钟差影响的发射/接收/本地伪随机噪声码信号

7.1.2　二进制序列及其运算

1. 二进制序列

可以将图 7.1 中所示伪随机噪声码看做是由−1、+1 组成的信号波形，或者是由 1(相当于信号波形中的−1)、0(相当于信号波形中的+1)组成的二进制符号序列。

二进制符号序列：1、0 组成，适合数字描述，记为$\{x\}$。

二进制信号波形：−1、+1 组成，适合图形描述，记为$x(t)$。

2. 二进制符号序列的模 2 和

模 2 和是一种特殊的运算，记为⊕，其定义为

$$\begin{cases}0\oplus 0=0\\0\oplus 1=1\\1\oplus 0=1\\1\oplus 1=0\end{cases}\tag{7.3}$$

可以将模 2 和理解为二进制数求和取末位。模 2 和运算用时少，在计算机中极易实现。它具有交换律和结合律，即

$$a\oplus b=b\oplus a\text{（交换律）}\tag{7.4}$$

$$(a\oplus b)\oplus c=a\oplus(b\oplus c)\text{（结合律）}\tag{7.5}$$

式中：a、b 为 0 或 1。

3. 二进制信号波形的乘法

二进制信号波形的乘法运算规则定义为

$$\begin{cases}1\times 1=1\\1\times(-1)=-1\\(-1)\times 1=-1\\(-1)\times(-1)=1\end{cases}\tag{7.6}$$

很显然,上述乘法运算规则有交换律、结合律。

表 7.1 给出了某 2 个二进制符号序列的模 2 和运算结果。图 7.4 给出了相应二进制信号波形的乘积。可以看出,模 2 和结果与乘积结果完全相同,但是前者的计算量远小于后者。因此,在计算本地信号与接收信号的相关函数时,通常采用模 2 和,而不采用乘法运算。

表 7.1 二进制符号序列的模 2 和

$\{a\}$ =	{0	0	1	0	1	0	0}
$\{b\}$ =	{0	1	0	1	1	0	1}
$\{a \oplus b\}$ =	{0	1	1	1	0	0	1}

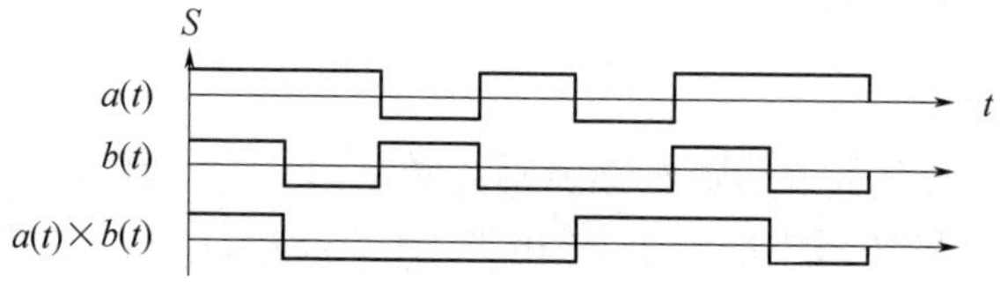

图 7.4 二进制信号波形的乘积

7.1.3 m 序列

1. 线性反馈移位寄存器

线性移位寄存器的结构与功能如图 7.5 所示。在“置 1 脉冲”作用下,寄存器的输出值为 1;在“普通脉冲”作用下,寄存器的输入值成为输出值。

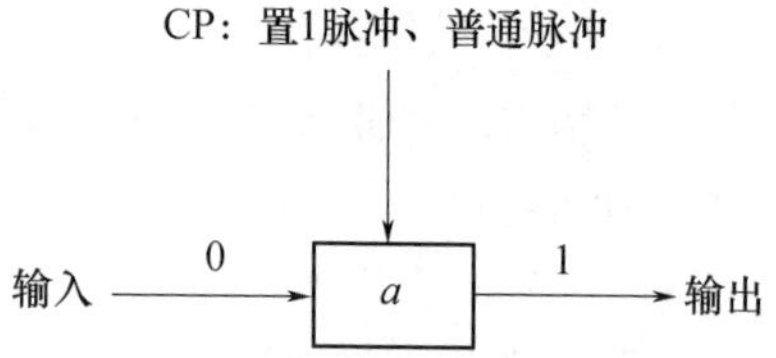

图 7.5 线性移位寄存器的结构与功能

一个四级线性反馈移位寄存器如图 7.6 所示,其中符号⊕表示模 2 和。在“置 1 脉冲”作用下,所有寄存器的输出均为 1。然后在“普通脉冲”作用下,各级移位寄存器的输出如表 7.2 所列。从表中可以看出,各级寄存器的输出从第 16 次控制脉冲开始,重复出现。

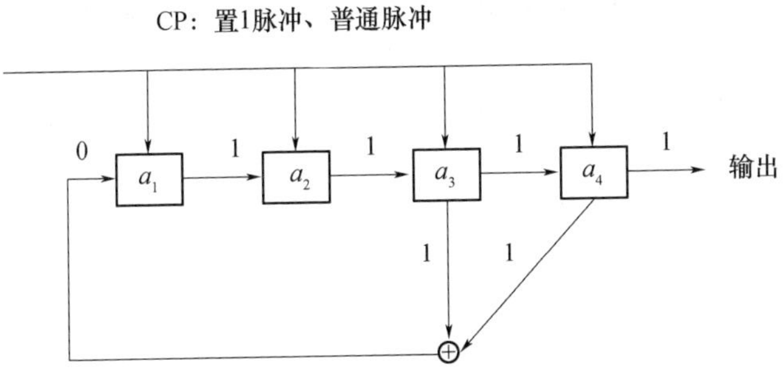

图 7.6　四级线性反馈移位寄存器

表 7.2　四级线性反馈移位寄存器的输出

控制脉冲序号	输出			
	a_1	a_2	a_3	a_4
1	1	1	1	1
2	0	1	1	1
3	0	0	1	1
4	0	0	0	1
5	1	0	0	0
6	0	1	0	0
7	0	0	1	0
8	1	0	0	1
9	1	1	0	0
10	0	1	1	0
11	1	0	1	1
12	0	1	0	1
13	1	0	1	0
14	1	1	0	1
15	1	1	1	0
16	1	1	1	1

2. 最长线性反馈移位寄存器序列(m 序列)

线性反馈移位寄存器的输出在一个重复周期内的状态个数,称为该序列的周期长度,记为 L_p。

针对 r 级线性反馈移位寄存器,若反馈适当,则在一个重复输出周期内的状态数达到最大,最大值为(2^r-1)。当 $r=4$ 时,状态数最大为 15。由 r 级线性反馈移位寄存器输出的，状态数达到最大值(2^r-1)的二进制符号序列，称为 r 级 m 序列。

同是 r 级线性反馈移位寄存器，因为反馈方法的不同，可以产生不同的 m 序列，这些 m 序列称作同族 m 序列。

为了表示不同的反馈方法，引入反馈逻辑特征多项式，其一般形式为

$$F(x)=C_0x^0+C_1x^1+\cdots+C_rx^r \tag{7.7}$$

式中：$C_0\equiv 1$ 表示第 1 级寄存器总是有输入；$C_i=1$ 表示第 i 级($i=1,2,\cdots,r$)寄存器的输出要反馈；$C_i=0$表示不反馈。

所有反馈信号的模 2 和，作为第 1 级寄存器的输入。如图 7.6 所示的四级线性反馈移位寄存器，其反馈逻辑特征多项式为

$$F(x)=x^0+x^3+x^4 \tag{7.8}$$

7.1.4 m 序列统计特性

m 序列具有如下所述偶然独立性、相关性和抗干扰性[6]。

1. 偶然独立性

任一 m 序列在每一周期内：

(1) “1” 比 “0” 出现的次数多 1。

(2) 长度为 n 的游程(同一元素连续出现 n 次)出现次数比长度为($n+1$)的游程出现次数多一倍。

2. 相关性

针对序列周期长度同为 L_p的二进制信号波形 $a(t)$、$b(t)$(或二进制符号序列$\{a\}$、$\{b\}$)，定义它们的相关函数为

$$f(\tau)\triangleq\frac{1}{L_p}\sum_{1}^{L_p}a_m\cdot b_{m-(\tau)}\text{(用于二进制信号波形)} \tag{7.9}$$

$$f(\tau)\triangleq\frac{1}{L_p}\sum_{1}^{L_p}\mathrm{Trans}(a_m\oplus b_{m-(\tau)})\text{(用于二进制符号序列)} \tag{7.10}$$

式中：(τ)为本地信号移相对应的时间；Trans( )为转换函数，满足

$$\mathrm{Trans}(x)=\begin{cases}1, & x=0\\ -1, & x=1\end{cases} \tag{7.11}$$

1) m 序列自相关函数

m 序列的自相关函数取值如式(7.12)和图 7.7 所示。

$$\rho(\tau)=\begin{cases}1, & \tau=0,\pm T_p,\pm 2T_p,\cdots\\ -1/L_p, & \tau=\text{其他}\end{cases} \tag{7.12}$$

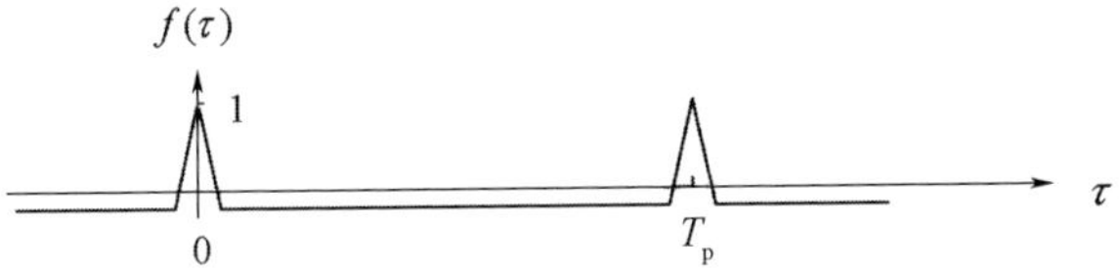

图 7.7　m 序列的自相关函数

2）m 序列互相关函数

在 r 级同族 m 序列中有一部分特殊的 m 序列，对应互相关函数较小，且互相关函数只有三个可能取值：$-1/L_p$，$-t(r)/L_p$，$-(t(r)-2)/L_p$，其中 L_p 为周期长度，$t(r)$ 为 r 的函数。同族 m 序列周期长度 L_p、同族 m 序列总个数 J_r、同族 m 序列最大互相关函数绝对值 f_{max}、同族特殊 m 序列个数 M_r、同族特殊 m 序列最大互相关函数绝对值 $t(r)/L_p$ 随 r 的变化情况如表 7.3 所列。

表 7.3　m 序列互相关函数的参数

r	L_p	J_r	f_{max}	M_r	$t(r)/L_p$
5	31	6	0.29	3	0.290
6	63	6	0.36	2	0.270
7	127	18	0.32	6	0.134
8	255	16	0.37	0	0.129
9	511	48	0.32	2	0.065
10	1023	60	0.37	3	0.064

m 序列的相关性表明，当两个 m 序列结构相同、时间同步时，相关函数达到最大值 1；当两个 m 序列结构相同、时间不同步，或者结构不同时，相关函数接近于 0。m 序列的取值具有偶然独立性。因此，m 序列就是一种伪随机噪声码。

3. m 序列的抗干扰性

假设各导航卫星发射同族的不同 m 序列，这些 m 序列的互相关函数很小，接近于 0 。又设卫星导航接收机产生 j 号卫星的 m 序列（本地信号），并计算移相后本地信号与接收的 j 号卫星信号的相关函数，以测量信号传播时延。

接收机在接收 j 号卫星信号的同时，也不可避免地接收了其他卫星信号和噪声信号。接收信号与本地信号的相关函数为

$$R(\tau') = \frac{1}{T}\int_0^T [x^j(t + \delta t^j - \tau) + N(t)] \cdot x(t + \delta t - \tau') \cdot \mathrm{d}t \quad (7.13)$$

式中：x^j 为接收的 j 号卫星信号；δt^j 为 j 号卫星钟差；τ 为实际传播时延；$N(t)$ 为接收的其他卫星信号和白噪声；x 为本地信号；δt 为本地钟差；τ' 为移相对应时间；t 为标准时间；T 为卫星信号的周期。

记

$$\begin{cases} S_1(\tau') = \dfrac{1}{T}\displaystyle\int_0^T x^j(t+\delta t^j-\tau)\cdot x(t+\delta t-\tau')\cdot \mathrm{d}t \\ S_2(\tau') = \dfrac{1}{T}\displaystyle\int_0^T N(t)\cdot x(t+\delta t-\tau')\cdot \mathrm{d}t \end{cases} \tag{7.14}$$

于是

$$R(\tau') = S_1(\tau') + S_2(\tau') \tag{7.15}$$

因为其他卫星信号与j号卫星信号的相关函数很小,白噪声与j号卫星信号的相关函数也很小,所以无论τ'取值多少,总是有$S_2(\tau')\approx 0$。当$\tau'=\tau^*=\tau+\delta t-\delta t^j$时,有$S_1(\tau^*)=\max\limits_{\tau'}\{S_1(\tau')\}=1$,即$R(\tau^*)=\max\limits_{\tau'}\{R(\tau')\}=1$。当$\tau'$取其他值时,$S_1(\tau')$、$R(\tau')$均为很小。

从上面的分析可以看出,其他卫星信号和噪声信号不影响对j号卫星信号传播时延的测量,即m序列具有抗干扰性。

m序列具有偶然性、规律性,以及良好的抗干扰性能,易于复制。因此,现有卫星导航系统都以m序列为基础,构造伪随机测距码。

7.1.5 GPS 伪随机测距码

GPS设置了粗捕获码(Coarse Acquisition Code,C/A码)和精码(Precision Code,P码)两种伪随机测距码。在近年来的GPS现代化改造过程中,还出现了Y码和M码,它们都相当于新的P码。

1. 截短码与复合码

在多级线性反馈移位寄存器中,增加一个状态检测器。一但所有寄存器的输出为某一特定状态时,发出"置1脉冲",从而使得码长为L_p的m序列变为新的码长为L'_p的截短序列,称为截短码。

若干个码的模2和构成新的码,称为复合码。设$x_1,x_2,\cdots,x_n$为不同的码,相应码长为$L_{p1},L_{p2},\cdots,L_{pn}$,且$L_{p1},L_{p2},\cdots,L_{pn}$互素,复合码为$x$,则

$$x = x_1 \oplus x_2 \oplus \cdots \oplus x_n \tag{7.16}$$

复合码x的码长为

$$L_p = L_{p1}\cdot L_{p2}\cdots L_{pn} \tag{7.17}$$

2. C/A 码

C/A码由2个同族的m序列取模2和后得到,也称戈尔德码(Gold Code)。码周期$T_p=10^{-3}\mathrm{s}$,折合距离约300km。码长$L_p=1023$,码元时间长度为$\tau_0\approx 10^{-6}\mathrm{s}$,折合距离约300m。

3. P 码

P码由2个截短码取模2和后得到。截短码的码长分别为$L_{p1}=15345000$,

$L_{p2}=15345037$。于是 P 码的码长为 $L_p \approx 2.4 \times 10^{14}$。码元时间长度为 $\tau_0 \approx 10^{-7}$ s，折合距离约 30m。码周期为 $T_p \approx 266$ 天。

4. 码信号的捕获与跟踪

移动本地码的相位使其与接收码的相位相同，即使得两个码信号达到时间同步，相关函数达到最大值 1，这就是捕获码信号。

捕获码信号后，继续不断移动本地码的相位使其与接收码的相位持续相同，即使得两个码信号保持时间同步，相关函数保持最大值 1，这就是跟踪码信号。

GPS C/A 码的码长远小于 P 码的码长，因此 C/A 码易于捕获。在 C/A 码捕获过程中，获得的本地 C/A 码相位移动值，即 P 码捕获中本地 P 码相位应该移动的概略值。因此 C/A 码可以辅助 P 码捕获。P 码主要服务于军事应用，C/A 码主要服务于民事应用。利用 P 码随时间变化的内在规律，直接获取 P 码捕获中本地 P 码相位应该移动的概略值，摆脱对 C/A 码的依赖，实现对 P 码的捕获。这就是直接捕获 P 码。P 码直接捕获技术可以提高卫星导航军事应用的可靠性。

7.1.6 BDS 伪随机测距码

BDS 在 B1 频点的 I 支路（参见 7.3 节）上设置了 C_{B1I} 伪随机测距码，码周期为 10^{-3}s，码长为 2046。C_{B1I} 码由两个线性序列 G1 和 G2 模 2 和产生平衡 Gold 码后截短 1 码片生成，如图 7.8 所示。G1 和 G2 序列分别由两个 11 级线性移位寄存器生成，相应反馈逻辑特征多项式为

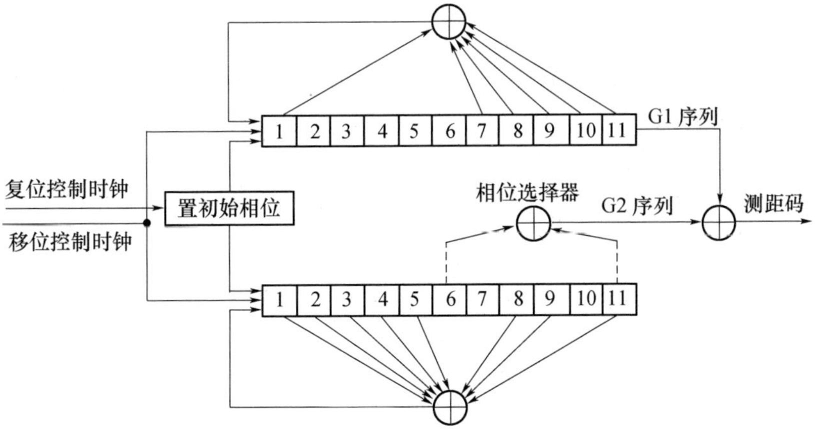

图 7.8 C_{B1I}码发生器示意图

$$\begin{cases} G1(X)=1+X+X^7+X^8+X^9+X^{10}+X^{11} \\ G2(X)=1+X+X^2+X^3+X^4+X^5+X^8+X^9+X^{11} \end{cases} \tag{7.18}$$

通过对产生 G2 序列的移位寄存器不同抽头的模 2 和,可以实现 G2 序列相位的不同偏移,从而生成不同卫星的测距码。

7.2 导航电文

导航电文是导航卫星向用户播发的一组二进制编码,它反映了卫星的运行轨道、钟差、工作状态以及电离层传播延迟修正等信息。

不同卫星导航系统有着不同的导航电文内容和格式,并在不断地改进之中。以 BDS 为例,其导航电文包括本卫星基本导航信息(运行轨道、钟差、工作状态等信息)、全部卫星历书信息(概略运行轨道、钟差、工作状态等信息)、与其他导航系统时间同步信息、BDS 差分及完好性信息、格网点电离层传播延迟修正信息等。北斗导航电文中本卫星基本导航信息主要内容如表 7.4 所列。在 BDS 中,每颗卫星每 30s 播发 1 次本卫星基本导航信息(更新周期 1h),每 12min 播发 1 次全部卫星历书信息(更新周期小于 7 天)。

导航电文中的 AODE 为星历数据龄期。当 AODE<25 时,星历数据龄期为 AODE 小时;当 25≤AODE≤30 时,星历数据龄期为(AODE−23)天;当 AODE=31 时,星历数据龄期大于 7 天。时钟数据龄期同理。

电信号从星上时间基准到发射天线相位中心需要时间,称为星上设备时延,它分为基准设备时延和设备时延差值。BDS 基准设备时延即 B3I 信号星上设备时延。基准设备时延含在导航电文的钟差参数 a_0 中,不确定度小于 0.5ns(1σ)。B1I、B2I 信号的设备时延与基准设备时延的差值分别由导航电文中的 T_{GD1} 和 T_{GD2} 表示,其不确定度小于 1ns(1σ)。

GPS 导航电文的内容、格式及播发时序与 BDS 的较为接近。GLONASS 的导航电文与 BDS 的差异较大。在 BDS 和 GPS 中,依据导航电文中的星历参数,以及一套基于椭圆运动的计算公式,计算测量时刻的卫星位置和速度。GLONASS 在导航电文中提供整分时刻的卫星位置、速度信息,用户根据测量时刻内插或外推卫星位置和速度。8.1.1~8.1.4 节给出了 BDS 卫星位置和速度的计算方法。GPS 卫星位置和速度计算方法同 8.1.1~8.1.2 节,但是地球引力常数 μ 的取值略有不同,在 BDS 中,$\mu=3.986004418\times10^{14}\text{m}^3/\text{s}^2$;在 GPS 中,$\mu=3.986005\times10^{14}\text{m}^3/\text{s}^2$。

表 7.4　北斗导航电文中本卫星基本导航信息主要内容

序号	分类		符号	量纲	解释
1	星历参数	时间	t_{oe}	s	星历参考时间
2		开普勒参数	$\sqrt{a}$	$m^{1/2}$	半长轴平方根
3			e	无	偏心率
4			i_0	πrad	轨道面倾角
5			Ω_0	πrad	准升交点赤经
6			ω	πrad	近升角距
7			M_0	πrad	平近点角
8		摄动参数	Δn	πrad/s	平均角速度修正
9			$\dot{\Omega}$	πrad/s	升交点赤经变化率
10			IDOT	πrad/s	轨道倾角变化率
11			C_{uc}	Rad	纬度幅角余弦调和改正项振幅
12			C_{us}	Rad	纬度幅角正弦调和改正项振幅
13			C_{ic}	Rad	轨道倾角余弦调和改正项振幅
14			C_{is}	rad	轨道倾角正弦调和改正项振幅
15			C_{rc}	m	轨道半径余弦调和改正项振幅
16			C_{rs}	m	轨道半径正弦调和改正项振幅
17	钟差参数		t_{oc}	s	卫星钟差参数参考时间
18			a_0	s	零次项系数
19			a_1	s/s	一次项系数
20			a_2	s/s^2	二次项系数
21	其他		WN	week	星期数
22			AODE		星历数据龄期
23			AODC		时钟数据龄期
24			T_{GD1}	s	B1I、B3I 信号的星上设备时延差
25			T_{GD2}	s	B2I、B3I 信号的星上设备时延差

7.3　导航卫星信号结构

导航卫星播发的信号包括不同频率载波信号、伪随机测距码信号和导航电文。伪随机测距码有军用、民用、精码、粗码等区别，信号调制方式有二进制相移键控 BPSK、正交相移键控 QPSK、二进制偏移载波 BOC 等。BDS 播发 $B1$、

$B2$、$B3$ 频点的信号，相应频谱如图 7.9 所示，其中横轴为频率，纵轴为功率密度。$B1$ 频点信号中 BPSK 信号随时间变化数学模型如下：

$$S_{B1}^{j}(t)=A_{B1I}C_{B1I}^{j}(t)D_{B1I}^{j}(t)\cos(2\pi f_{B1}t+\phi_{B1I}^{j})+A_{B1Q}C_{B1Q}^{j}(t)D_{B1Q}^{j}(t)\sin(2\pi f_{B1}t+\phi_{B1Q}^{j}) \tag{7.19}$$

式中：S 为信号；上标 j 为卫星编号；下标 $B1$ 为 $B1$ 频点；t 为时间；A 为振幅；下标 I、Q 为 I、Q 支路；C 为测距码；D 为导航电文码；f 为载波频率；ϕ 为载波信号初相。C_{B1I} 测距码的结构如 7.1.6 节所述。

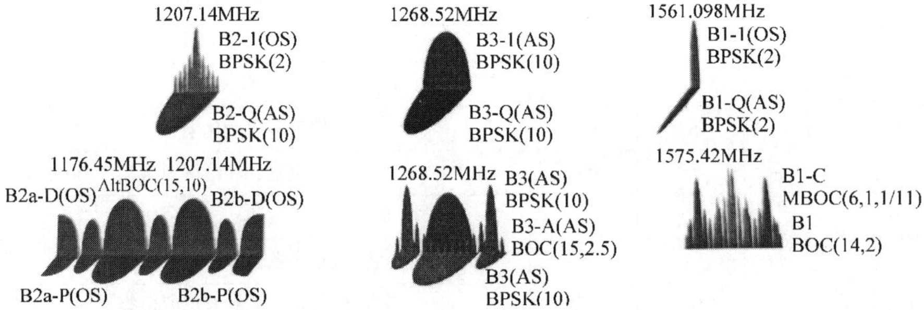

图 7.9 BDS 信号频谱图

GPS 目前仍在进行现代化改造。改造完成后，GPS 播发 L1、L2、L5 频点的信号。BDS 和 GPS 各频点载波频率如表 7.5 所列。GPS 调制信号如表 7.6 所列，其中伪随机测距码 C/A 码、C 码为民用码，码速率同为 1.023MHz，但是 C 码码长远大于 C/A 码码长；伪随机测距码 P(Y) 码、M 码为军用码；D 码为导航电文码。相对于原有导航信号，改造后的 GPS 导航信号拥有 3 个频点民用码，从而有利于改正电离层传播时延误差，提高民用导航定位精度；新增的 M 码具有较强发射功率，以及比 P(Y) 码更高的保密性和可靠性。

表 7.5 载波频率

BDS		GPS	
名　称	频率/MHz	名　称	频率/MHz
B1	1561.098	L1	1575.42
B2	1207.140	L2	1227.60
B3	1268.520	L5	1176.45

表 7.6　GPS 调制信号

载波名称	调制信号
L1	D 码、C/A 码、P (Y)码、M 码
L2	D 码、C 码、P (Y)码、M 码
L5	D 码、C 码

7.4　多普勒频移测量

1. 多普勒频移测量方法

为了测得载体的三维运动速度,首先需要测得载体、卫星在连线方向的相对速度,即距离变率。考虑到伪距测量精度偏低,因而不是通过不同时刻伪距差分来获得距离变率,而是通过卫星载波信号多普勒频移的测量来获取距离变率信息。

构造本地载波信号与接收载波信号的差频信号,然后测量差频信号累计相位变化率,从而得到多普勒频移。

如图 7.10 所示,接收载波信号频率为 f_s;本地载波信号频率为 f_g;差频载波信号频率为 f_D,也称多普勒频移测量值。设卫星导航接收机在时刻 t_i、t_{i+1} 分别测得差频信号累计相位为 N_i、N_{i+1},于是

$$f_D = \frac{N_{i+1} - N_i}{t_{i+1} - t_i} \tag{7.20}$$

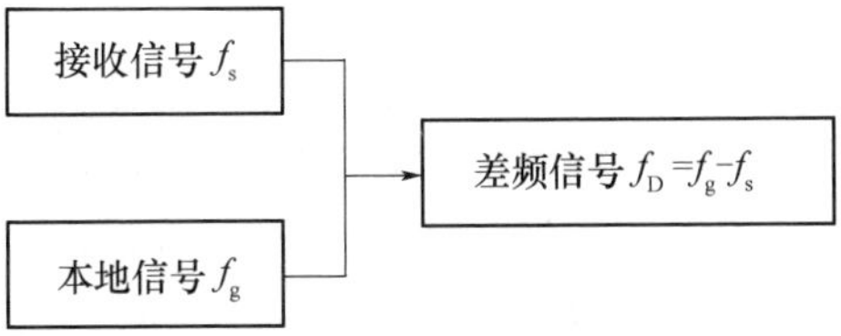

图 7.10　差频信号

记真实多普勒频移为 f_d,卫星发射载波信号频率为 f^j,则有

$$f_d = f^j - f_s = f^j - f_g + f_D \tag{7.21}$$

又记 f 为标称频率,δf^j 为卫星发射载波信号频率偏差,δf_g 为本地载波信号频率偏差,则有

$$\begin{cases} f^j = f + \delta f^j \\ f_g = f + \delta f_g \end{cases} \tag{7.22}$$

$$f_d = \delta f^j - \delta f_g + f_D \tag{7.23}$$

参照式(2.18)所述频率偏差与钟差变率的关系,有

$$f_d = f \cdot \delta \dot{t}^j - f \cdot \delta \dot{t}_g + f_D \tag{7.24}$$

式中:$\delta \dot{t}^j$ 为 j 号卫星钟差变率,可由导航电文中的钟差参数计算;$\delta \dot{t}_g$ 为接收机钟差变率,未知待求;f_D 为多普勒频移测量值。

2. 载波信号重建方法

导航卫星载波信号随时间、空间快速变化。为了在测站处在某一瞬间测得接收载波信号的相位和多普勒频移,就必须在测站处获得纯净的接收载波信号,如图 7.11所示。测站处接收到的 j 号卫星信号,除了载波信号外,还包括有导航电文码、伪随机测距码等调制信号。从接收信号中去除调制信号获取纯净载波信号,即载波信号重建。载波信号重建的常用方法有码相关法和平方法。

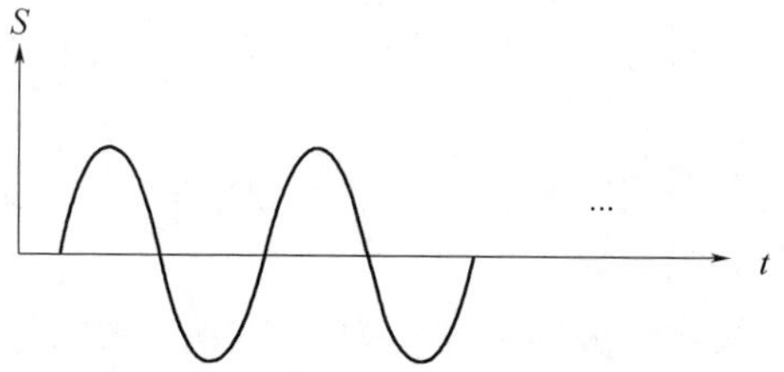

图 7.11　载波信号强度随时间变化

1）码相关法

设接收信号为 S,则

$$S = A \cdot C \cdot D \cdot \cos(\omega \cdot t + \phi_0) \tag{7.25}$$

式中:A 为信号振幅;C 为伪随机测距码信号,由+1、−1 组成;D 为导航电文码,由+1、−1 组成;ω、t、ϕ_0 分别为载波信号的角频率、时间和初始相位。

接收机产生与接收的伪随机测距码 C 和导航电文码 D 时间同步的码信号,然后将它们与接收信号相乘,即得到纯净载波信号 S',即

$$S' = C \cdot D \cdot S = A \cdot \cos(\omega \cdot t + \phi_0) \tag{7.26}$$

码相关法要求已知码信号的结构。

2）平方法

将接收信号与自身相乘,得

$$\begin{aligned} S' &= S \cdot S \\ &= A^2 \cdot \cos^2(\omega \cdot t + \phi_0) \\ &= \frac{A^2}{2} \cdot [1 + \cos(2\omega \cdot t + 2\phi_0)] \end{aligned} \tag{7.27}$$

滤去 S' 中的常值信号,即得到倍频载波信号 S'',即

$$S''=\frac{A^2}{2}\cdot\cos(2\omega\cdot t+2\phi_0) \tag{7.28}$$

平方法无需知道码信号的结构,因而对于非特许用户来说具有实用价值。

7.5 载波相位测量

1. 载波信号测距精度

在某一瞬间,卫星载波信号沿 j 号卫星至 k 号测站方向的强度及相位如图 7.12所示。其中 λ 为载波信号的波长;ϕ^j、ϕ_k 分别为 j 号卫星处、k 号测站处的载波信号相位。同一瞬间不同距离处,载波信号的相位不同。因此可以通过测量载波信号的相位,来敏感载体至卫星的距离。通常情况下测量载波相位的分辨率可达 1%波长。同样是 1%的码元或波长分辨率,GPS L1 频点的载波、C/A 码、P 码对应的测距精度如表 7.7 所列。可以看出,载波测距精度明显优于 C/A 码或 P 码,借助载波信号相位将可能达到毫米级的定位精度。

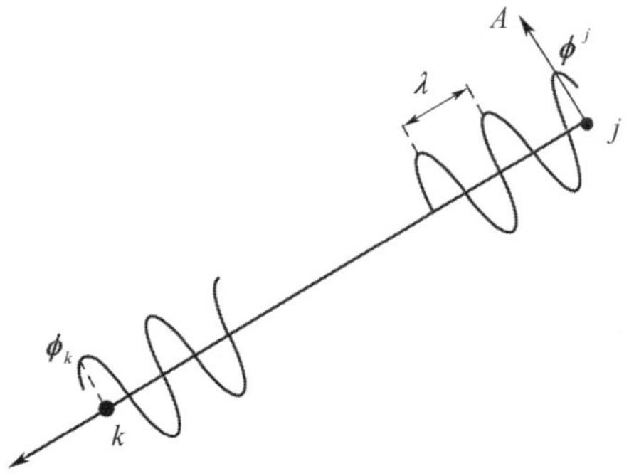

图 7.12　某瞬间载波信号沿卫星-测站方向的强度及相位

表 7.7　GPS L1 频点信号测距精度比较

信号	码元或波长/m	1%分辨率对应距离误差/m
载波	0.190	0.002
C/A 码	300	3
P 码	30	0.3

2. 载波相位测量

接收到的 GPS L1 载波信号的频率约为 1.6GHz。接收机难以测量如此快速变化信号的相位。为此,接收机产生频率略高于(或低于)卫星发射信号频率的本地载波信号，获取本地载波信号与接收载波信号的差频信号，并测量此差频信号的相位，如图 7.13 所示。此相位即为接收机载波相位测量值。

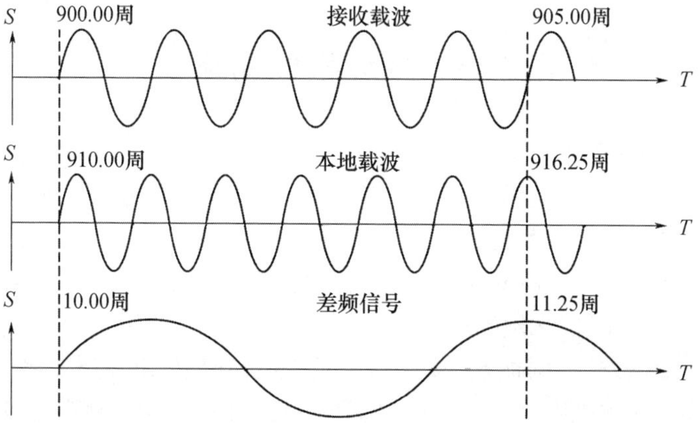

图 7.13　差频载波信号的相位

记 t 时刻接收、本地载波信号的相位分别为 ϕ^j、ϕ_k，如图 7.14 所示，接收机载波相位测量值为 ϕ_k^j。于是

$$\begin{cases}\phi^j=\omega^j\cdot(t-\tau)+\phi_0^j\\ \phi_k=\omega_k\cdot t+\phi_{k0}\end{cases}\tag{7.29}$$

$$\phi_k^j=\phi_k-\phi^j=(\omega_k\cdot t+\phi_{k0})-[\omega^j\cdot(t-\tau)+\phi_0^j]\tag{7.30}$$

式中：ω^j、ϕ_0^j 为发射载波信号的角频率、初始相位；τ 为信号传播时延；ω_k、ϕ_{k0} 为本地载波信号的角频率、初始相位。

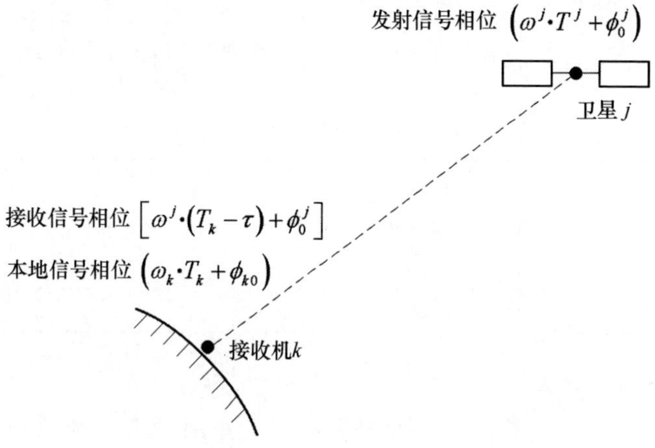

图 7.14　发射/接收/本地载波信号的相位

式(7.30)中,ϕ_k^j 以弧度为单位。等号两边同时除以 2π,则得到以周为单位的载波相位测量值,仍记为 ϕ_k^j,则

$$\phi_k^j = (f_k \cdot t + \phi_{k0}) - [f^j \cdot (t - \tau) + \phi_0^j] \tag{7.31}$$

式中:f_k、ϕ_{k0} 为本地载波信号的频率、初始相位,单位分别为周/秒、周;f^j、ϕ_0^j 为卫星发射载波信号的频率、初始相位,单位分别为周/秒、周。

如图 7.13 所示,差频载波信号为连续的余弦信号,没有明显的相位为零的起始位置。在实际测量过程中,接收机通常从准备就绪后遇到的第一个相位为零的位置开始,累积计数差频载波信号的相位。在任意测量时刻,此相位测量值比理想的相位测量值小一个整数,此整数即为整周模糊度,记作 N_k^j。于是式(7.31)变为

$$\phi_k^j = (f_k \cdot t + \phi_{k0}) - [f^j \cdot (t - \tau) + \phi_0^j] - N_k^j \tag{7.32}$$

在接收机正常测量过程中,整周模糊度始终保持不变。即不同时刻的载波相位测量值对应同一个整周模糊度,测量值与理想值相差同一个整数。只有当接收机出现信号失锁等异常情况时,才会出现新的整周模糊度。

思考题

1. 试述伪随机码的特点及其测距原理。

2. 列出观测时延 τ' 与实际传播时延 τ、卫星钟差 δt^j、测站钟差 δt_k 的关系式。

3. 伪随机码中的“伪”和伪距中的“伪”各是什么含义?

4. GPS L1 频点 C/A 码、P 码的码周期 T_p、码元时长 τ_0 各为多少?如何借助 C/A 码捕获 P 码?

5. 不同卫星的 C/A 码、P 码信号混在一起,为何利用仿 j 号卫星的本地 C/A码能测出 j 号卫星至载体的伪距?

6. 假设北斗 B1 频点 C_{B1I}码、载波相位的测量误差为 1%码元或波长,试计算对应的测距误差。

7. 试述载波相位测量过程中整周模糊度的含义。

第 8 章　卫星导航方法及精度分析

卫星导航方法相比于卫星导航基本原理更为贴近实际工程应用。本章将主要介绍卫星位置和速度计算方法、大气层传播延迟改正模型、伪距单点定位及精度分析方法、伪距变率单点定速及精度分析方法、差分相对定位定速方法、自主完好性监测方法等内容。

8.1　依据导航电文计算卫星位置、速度和钟差

参见“北斗卫星导航系统空间信号接口规范第 3 部分:公开服务信号 B1I”,本节给出了 BDS 卫星位置、速度和钟差的计算方法。GPS 卫星的计算方法与 BDS 卫星的相同,但是地球引力常数 μ 取值 $3.986005\times10^{14}(\mathrm{m}^3/\mathrm{s}^2)$,地球自转角速度 ω_e 取值 $7.292115\times10^{-5}\mathrm{rad/s}$。

8.1.1　倾斜轨道卫星位置计算

卫星绕地球的运动是在椭圆轨道运动的基础上叠加了较小量级复杂的摄动运动。此摄动运动主要由地球的非球形引力、光压、三体摄动力等所致。对 6 个开普勒轨道参数做适当的、较小量级的修正,然后利用修正后的参数计算卫星位置和速度,这样可以同时保证计算的精度和速度。

定义轨道坐标系如图 8.1 所示。其中原点为地球质心 O_e;x 轴指向升交点 N 方向;y 轴在轨道平面内与 x 轴垂直,在赤道面以北;$O_\mathrm{e}-xyz$ 构成右手直角坐标系。在图 8.1 中,$O_\mathrm{e}-XYZ$ 为协议地球坐标系(CGCS2000 或 WGS84);X_CIS 为协议惯性坐标系的 X 轴;γ 为春分点;GAST 为格林尼治真恒星时角;L 为升交点大地经度;i 为轨道倾角。

首先计算卫星在轨道坐标系中的位置和速度,然后将其转换至协议地球坐标系(CGCS2000 或 WGS84)。假设卫星轨道倾角远大于(或远小于)零,则依据广播星历参数计算卫星位置的步骤及公式如下。

1. 计算卫星运行的平均角速度 n

初始平均角速度为

$$n_0=\sqrt{\mu}/(\sqrt{a})^3 \tag{8.1}$$

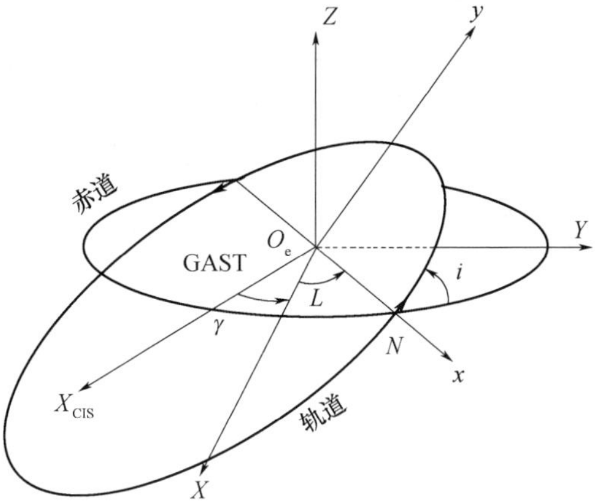

图 8.1　轨道坐标系

式中：μ 为地球引力常数，BDS 取 $\mu=3.986004418\times10^{14}(m^3/s^2)$。

平均角速度为

$$n=n_0+\Delta n \tag{8.2}$$

2. 计算归化测量时刻 t_k

$$t_k=t-t_{oe} \tag{8.3}$$

式中：t 为伪距测量时刻对应的卫星发射信号时刻，即需要计算卫星位置的时刻，从周六/周日零点起算，单位为 s。通常 t_k 小于 302400s（半周时间）。考虑周内时间的开始或结束两种情况，如果 t_k 大于 302400s，则将 t_k 减去 604800s；如果 t_k 小于 −302400s，则将 t_k 加上 604800s。

3. 计算测量时刻卫星平近点角 M_k

$$M_k=M_0+n\cdot t_k \tag{8.4}$$

4. 计算偏近点角 E_k

迭代解算下述开普勒方程

$$E_k=M_k+e\cdot\sin E_k \tag{8.5}$$

首先取 $E_{k0}=M_k$，然后代入方程右端计算得到 $E_{k1}, E_{k2}, \cdots$ 直至前后两个偏近点角的差异小于等于10^{-10}rad，即 $|E_{k,i+1}-E_{k,i}|\leqslant10^{-10}$rad。因为轨道偏心率 e 很小，所以迭代可以很快收敛。

5. 计算真近点角 f_k

$$f_k=2\arctan\left[\sqrt{\frac{1+e}{1-e}}\cdot\tan\left(\frac{E_k}{2}\right)\right] \tag{8.6}$$

6. 计算升交距角 Φ_k

$$\Phi_k=f_k+\omega \tag{8.7}$$

7. 计算摄动改正项 δu、δr、δi

$$\begin{cases}\delta u = C_{uc}\cos 2\Phi_k + C_{us}\sin 2\Phi_k \\ \delta r = C_{rc}\cos 2\Phi_k + C_{rs}\sin 2\Phi_k \\ \delta i = C_{ic}\cos 2\Phi_k + C_{is}\sin 2\Phi_k\end{cases} \tag{8.8}$$

8. 计算经过摄动改正的升交距角 u_k、轨道半径 r_k 和轨道倾角 i_k

$$\begin{cases}u_k = \Phi_k + \delta u \\ r_k = a(1-e\cdot\cos E_k) + \delta r \\ i_k = i_0 + \delta i + \dot{i}\cdot t_k\end{cases} \tag{8.9}$$

9. 计算卫星在轨道坐标系中的位置

$$\begin{bmatrix}x_k \\ y_k \\ z_k\end{bmatrix} = \begin{bmatrix}r_k\cos u_k \\ r_k\sin u_k \\ 0\end{bmatrix} \tag{8.10}$$

10. 计算测量时刻的升交点经度 L_k

如图 8.2 所示,升交点经度为

$$L_k = \Omega - \mathrm{GAST} \tag{8.11}$$

式中:Ω 为升交点赤经;GAST 为春分点与起始子午线之间的角距。图 8.2 中的 X 轴为 CGCS2000(或 WGS84)坐标系的 X 轴。

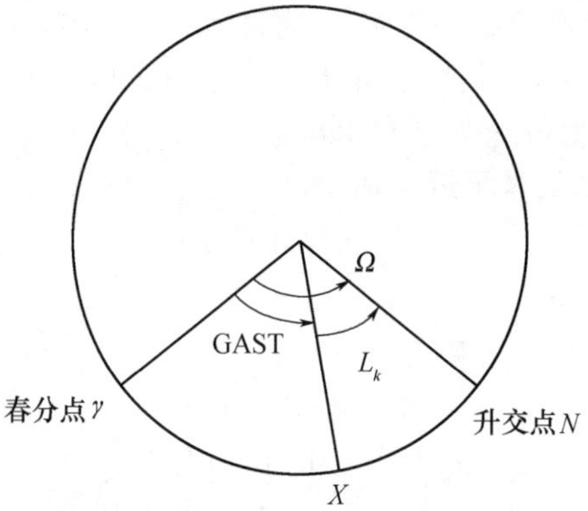

图 8.2　赤道平面上卫星升交点经度

考虑到

$$\begin{cases}\Omega = \Omega_{oe} + \dot{\Omega}\cdot t_k \\ \mathrm{GAST} = \mathrm{GAST}_w + \omega_e\cdot t\end{cases} \tag{8.12}$$

式中:Ω_{oe} 为星历参考时刻 t_{oe} 的升交点赤经;$\dot{\Omega}$ 为升交点赤经变化率;GAST_w 为

星期起始时刻的格林尼治恒星时角；ω_e 为地球自转角速度，BDS 取 $\omega_e=7.2921150\times10^{-5}$rad/s。

于是有

$$L_k=\Omega_{oe}+\dot{\Omega}\cdot t_k-\mathrm{GAST}_w-\omega_e\cdot t \tag{8.13}$$

记

$$\Omega_0=\Omega_{oe}-\mathrm{GAST}_w \tag{8.14}$$

Ω_0 即为导航电文中的准升交点赤经。于是

$$L_k=\Omega_0+\dot{\Omega}\cdot t_k-\omega_e\cdot t \tag{8.15}$$

因为 $t_k=t-t_{oe}$，所以有

$$L_k=\Omega_0+(\dot{\Omega}-\omega_e)\cdot t_k-\omega_e\cdot t_{oe} \tag{8.16}$$

11. 计算卫星在协议地球坐标系中的位置

$$\begin{bmatrix}X_k\\Y_k\\Z_k\end{bmatrix}=\boldsymbol{R}_z(-L_k)\cdot\boldsymbol{R}_x(-i_k)\cdot\begin{bmatrix}x_k\\y_k\\z_k\end{bmatrix} \tag{8.17}$$

式中：$\boldsymbol{R}_z$、$\boldsymbol{R}_x$ 为绕 Z 轴、X 轴的旋转矩阵。将 $\boldsymbol{R}_z$、$\boldsymbol{R}_x$ 的计算公式代入上式，可得

$$\begin{bmatrix}X_k\\Y_k\\Z_k\end{bmatrix}=\begin{bmatrix}x_k\cos L_k-y_k\cos i_k\sin L_k\\x_k\sin L_k+y_k\cos i_k\cos L_k\\y_k\sin i_k\end{bmatrix} \tag{8.18}$$

8.1.2 倾斜轨道卫星速度计算

对 8.1.1 节卫星位置计算公式中的相关参数求时间微分，可得卫星在轨道坐标系中的对地速度计算公式如下

$$\begin{cases}\dot{E}_k=(n_0+\Delta n)/(1-e\cdot\cos E_k)\\ \dot{\Phi}_k=\sqrt{\dfrac{1+e}{1-e}}\cdot\dfrac{\cos^2(f_k/2)}{\cos^2(E_k/2)}\cdot\dot{E}_k\\ \dot{r}_k=a\cdot e\cdot\sin E_k\cdot\dot{E}_k+2(C_{rs}\cos2\Phi_k-C_{rc}\sin2\Phi_k)\cdot\dot{\Phi}_k\\ \dot{u}_k=(1+2C_{us}\cos2\Phi_k-2C_{uc}\sin2\Phi_k)\cdot\dot{\Phi}_k\\ (i_k)'_t=2(C_{is}\cos2\Phi_k-C_{ic}\sin2\Phi_k)\cdot\dot{\Phi}_k+\dot{i}\\ \dot{L}_k=\dot{\Omega}-\omega_e\\ \dot{x}_k=\dot{r}_k\cos u_k-r_k\sin u_k\cdot\dot{u}_k\\ \dot{y}_k=\dot{r}_k\sin u_k+r_k\cos u_k\cdot\dot{u}_k\end{cases} \tag{8.19}$$

卫星在协议地球坐标系中的速度为

$$\begin{cases}\dot{X}_k=\dot{x}_k\cos L_k-\dot{y}_k\sin L_k\cos i_k+y_k\sin L_k\sin i_k(i_k)'_t\\ \qquad -(x_k\sin L_k+y_k\cos L_k\cos i_k)\dot{L}_k\\ \dot{Y}_k=\dot{x}_k\sin L_k+\dot{y}_k\cos L_k\cos i_k-y_k\cos L_k\sin i_k(i_k)'_t\\ \qquad +(x_k\cos L_k-y_k\sin L_k\cos i_k)\dot{L}_k\\ \dot{Z}_k=\dot{y}_k\sin i_k+y_k\cos i_k(i_k)'_t\end{cases} \tag{8.20}$$

8.1.3 静止地球轨道卫星位置计算

对于静止地球轨道 GEO 上的卫星而言，其升交点不确定。在摄动运动影响下，升交点赤经将发生较大的变化。为了保持广播星历参数的稳定，以便于 GEO 卫星位置和速度的计算，BDS 自定义了一个坐标系 GK，它由星历参考时间 t_{oe}的 CGCS2000 坐标系绕 X 轴旋转 5°得到。在约 1h 的广播星历有效时段内，自定义坐标系 GK 在惯性空间保持不变，是一个惯性坐标系。GEO 卫星的广播星历参数都是针对自定义坐标系 GK 设计并计算得到的。自定义坐标系 GK 绕 X 轴旋转−5°，绕 Z 轴旋转角度($\omega_e \cdot t_k$)，即得到测量时刻 CGCS2000 坐标系。

GEO 卫星在轨道坐标系中的位置$[x_k \quad y_k \quad z_k]^T$ 的 9 个计算步骤及公式同 8.1.1 节，后续在 CGCS2000 坐标系中的位置$[X_k \quad Y_K \quad Z_K]^T$ 的计算步骤及公式如下。

1. 计算测量时刻相对于自定义坐标系 GK 的升交点经度 L_k

$$L_k=\Omega_0+\dot{\Omega}t_k-\omega_e t_{oe} \tag{8.21}$$

2. 计算 GEO 卫星在自定义坐标系 GK 中的坐标

$$\begin{cases}X_{GK}=x_k\cos L_k-y_k\cos i_k\sin L_k\\ Y_{GK}=x_k\sin L_k+y_k\cos i_k\cos L_k\\ Z_{GK}=y_k\sin i_k\end{cases} \tag{8.22}$$

3. 计算 GEO 卫星在 CGCS2000 坐标系中的坐标

$$\begin{bmatrix}X_k\\ Y_K\\ Z_K\end{bmatrix}=\boldsymbol{R}_Z(\omega_e \cdot t_k)\cdot\boldsymbol{R}_X(-5°)\begin{bmatrix}X_{GK}\\ Y_{GK}\\ Z_{GK}\end{bmatrix} \tag{8.23}$$

其中

$$\boldsymbol{R}_X(\phi)=\begin{pmatrix}1 & 0 & 0\\ 0 & +\cos\phi & +\sin\phi\\ 0 & -\sin\phi & +\cos\phi\end{pmatrix} \tag{8.24}$$

$$
\boldsymbol{R}_Z(\phi)=\begin{pmatrix} +\cos\phi & +\sin\phi & 0 \\ -\sin\phi & +\cos\phi & 0 \\ 0 & 0 & 1 \end{pmatrix} \tag{8.25}
$$

8.1.4 静止地球轨道卫星速度计算

对 GEO 卫星位置计算公式中的相关参数求时间微分,可得 GEO 卫星对地速度计算公式。在轨道坐标系中 GEO 卫星速度的计算公式为

$$
\begin{cases}
\dot{E}_k=(n_0+\Delta n)/(1-e\cdot\cos E_k) \\
\dot{\Phi}_k=\sqrt{\dfrac{1+e}{1-e}}\cdot\dfrac{\cos^2(f_k/2)}{\cos^2(E_k/2)}\cdot\dot{E}_k \\
\dot{r}_k=a\cdot e\cdot\sin E_k\cdot\dot{E}_k+2(C_{rs}\cos2\Phi_k-C_{rc}\sin2\Phi_k)\cdot\dot{\Phi}_k \\
\dot{u}_k=(1+2C_{us}\cos2\Phi_k-2C_{uc}\sin2\Phi_k)\cdot\dot{\Phi}_k \\
(i_k)'_t=2(C_{is}\cos2\Phi_k-C_{ic}\sin2\Phi_k)\cdot\dot{\Phi}_k+\dot{i} \\
\dot{L}_k=\dot{\Omega} \\
\dot{x}_k=\dot{r}_k\cos u_k-r_k\sin u_k\cdot\dot{u}_k \\
\dot{y}_k=\dot{r}_k\sin u_k+r_k\cos u_k\cdot\dot{u}_k
\end{cases} \tag{8.26}
$$

在自定义坐标系 GK 中 GEO 卫星速度的计算公式为

$$
\begin{cases}
\dot{X}_{\mathrm{GK}}=\dot{x}_k\cos L_k-\dot{y}_k\sin L_k\cos i_k+y_k\sin L_k\sin i_k(i_k)'_t \\
\qquad -(x_k\sin L_k+y_k\cos L_k\cos i_k)\dot{L}_k \\
\dot{Y}_{\mathrm{GK}}=\dot{x}_k\sin L_k+\dot{y}_k\cos L_k\cos i_k-y_k\cos L_k\sin i_k(i_k)'_t \\
\qquad +(x_k\cos L_k-y_k\sin L_k\cos i_k)\dot{L}_k \\
\dot{Z}_{\mathrm{GK}}=\dot{y}_k\sin i_k+y_k\cos i_k(i_k)'_t
\end{cases} \tag{8.27}
$$

在协议地球坐标系中 GEO 卫星速度的计算公式为

$$
\begin{bmatrix} \dot{X}_k \\ \dot{Y}_K \\ \dot{Z}_K \end{bmatrix}=\boldsymbol{R}_Z(\omega_{\mathrm{e}}\cdot t_k)\cdot\boldsymbol{R}_X(-5^\circ)\begin{bmatrix} \dot{X}_{\mathrm{GK}} \\ \dot{Y}_{\mathrm{GK}} \\ \dot{Z}_{\mathrm{GK}} \end{bmatrix}+\dot{\boldsymbol{R}}_Z(\omega_{\mathrm{e}}\cdot t_k)\cdot\boldsymbol{R}_X(-5^\circ)\begin{bmatrix} X_{\mathrm{GK}} \\ Y_{\mathrm{GK}} \\ Z_{\mathrm{GK}} \end{bmatrix} \tag{8.28}
$$

其中

$$
\dot{\boldsymbol{R}}_Z(\omega_{\mathrm{e}}\cdot t_k)=\begin{bmatrix} -\omega_{\mathrm{e}}\cdot\sin(\omega_{\mathrm{e}}\cdot t_k) & +\omega_{\mathrm{e}}\cdot\cos(\omega_{\mathrm{e}}\cdot t_k) & 0 \\ -\omega_{\mathrm{e}}\cdot\cos(\omega_{\mathrm{e}}\cdot t_k) & -\omega_{\mathrm{e}}\cdot\sin(\omega_{\mathrm{e}}\cdot t_k) & 0 \\ 0 & 0 & 0 \end{bmatrix} \tag{8.29}
$$

8.1.5 卫星钟差计算

卫星钟差 δt 的计算式为

$$\delta t=a_0+a_1(t-t_{oc})+a_2(t-t_{oc})^2+\delta t_r \tag{8.30}$$

式中：a_0、a_1、a_2、t_{oc}为广播星历参数；δt_r 为相对论校正项。则

$$\delta t_r=F\cdot e\cdot\sqrt{a}\cdot\sin E_k \tag{8.31}$$

$$\begin{cases}F=-2\mu^{1/2}/c^2\\ \mu=3.986004418\times10^{14}(\mathrm{m^3/s^2})\\ c=2.99792458\times10^8(\mathrm{m/s})\end{cases} \tag{8.32}$$

式中：μ 为地球引力常数；c 为真空中的光速；$\sqrt{a}$、e 为广播星历参数；E_k 为偏近点角，按照式(8.5)计算。

北斗卫星不同频点信号在星上设备中的传播时延不同，因而具有不同的卫星钟差。北斗导航电文中的钟差参数对应 $B3$ 频点。记 δt_{B1}、δt_{B2}、δt_{B3}分别为 $B1$、$B2$、$B3$ 频点的卫星钟差，则

$$\begin{cases}\delta t_{B1}=\delta t_{B3}-T_{GD1}\\ \delta t_{B2}=\delta t_{B3}-T_{GD2}\end{cases} \tag{8.33}$$

式中：δt_{B3}按照式(8.30)计算；T_{GD1}、T_{GD2}为 $B1$ 与 $B3$、$B2$ 与 $B3$ 频点间的星上设备时延差，如表 7.4 最后 2 行所示。

8.2 大气层传播延迟误差模型

导航卫星播发的无线电导航信号穿过地球大气层时，相比于真空将产生额外的传播时间延迟。这部分额外的传播时延(对应距离)最大可达 60~70m。为了提高导航精度，必须在伪距测量值中扣除大气传播延迟误差。大气传播延迟误差通常分为电离层延迟误差 $\delta\rho_n$ 和对流层延迟误差 $\delta\rho_p$ 两项。此外，因为狭义和广义相对论效应，卫星时钟将产生与速度和引力位有关的频率偏差。在轨道偏心率为零的条件下，卫星时钟频率将增加(GPS 卫星时钟频率增加 $4.449\times10^{-10}\times f$，其中 f 为基准时钟频率)，从而导致随时间线性增加的卫星钟差。针对这项误差，所有卫星均系统性地调整时钟频率，使受相对论影响后的时钟频率达到标准值。

8.2.1 电离层延迟误差

电离层是高度在 50~1000km 的大气层。电磁波信号在穿越电离层时，其传播速度会略有减少，减少程度主要取决于电离层中的电子密度和信号频率；

其传播路径也会略微弯曲。传播路径弯曲导致的电离层延迟误差可以忽略不计。传播速度导致的电离层延迟误差达 9~45m。常用的误差模型有以下 3 种。

1. 地理位置及时间拟合误差模型

电离层延迟误差与用户上空的电子密度有关,电子密度与太阳光照有关,而太阳光照与用户地理经度、纬度、时间等因素有关。因此,可以将电离层延迟误差拟合为用户地理经度、纬度、时间等自变量的函数。BDS 采用北斗全球电离层延迟修正模型 BDGIM 模型,用于单频接收机的电离层延迟误差修正。BDGIM 包含由导航电文给出的 9 个参数,计算公式参见参考文献[41]。

2. 单频电子密度积分误差模型

考虑传播介质中电子密度及电磁波信号频率的电离层延迟误差模型为

$$\delta\rho_n = 40.28\frac{\int_S N_e \mathrm{d}s}{f^2} \tag{8.34}$$

式中:$\delta\rho_n$ 为电离层延迟误差(量纲为 m);$\int_S$ 表示沿传播路径积分,ds 为距离元(量纲为 m);N_e 为传播路径上的电子密度(量纲为 $1/\mathrm{m}^3$);f 为信号频率(量纲为 Hz)。

只要知道传播路径上的电子密度,即可精确计算出电离层延迟误差。然而,电子密度难以知道,所以无法利用上式计算电离层延迟误差。在卫星导航技术日益普及应用的现代社会,人们利用电离层延迟误差测量值来反推电子密度分布,进而探究电离层的变化规律。

3. 双频误差模型

由于电离层延迟误差和信号的频率有关,因此可以利用不同频率的信号进行伪距测量,然后进行伪距线性组合,以消去电离层的影响。假设同一导航卫星发出两个频率的导航信号,频率分别是 f_1 和 f_2。两个频率的信号可以粗略地认为沿同一路径传播。令

$$A = 40.28\int_S N_e \mathrm{d}s \tag{8.35}$$

则两个频率的信号具有相同的 A 值。设 ρ_0 为不受卫星钟差和电离层影响的伪距;ρ_1、ρ_2 为不受卫星钟差影响的 f_1、f_2 频点伪距,即原始伪距测量值加上光速与卫星钟差的乘积。于是有

$$\begin{cases} \rho_0 = \rho_1 - \dfrac{A}{f_1^2} \\ \rho_0 = \rho_2 - \dfrac{A}{f_2^2} \end{cases} \tag{8.36}$$

求解上式可得

$$\begin{cases}\rho_0=\dfrac{f_1^2}{f_1^2-f_2^2}\rho_1-\dfrac{f_2^2}{f_1^2-f_2^2}\rho_2\\ A=(\rho_1-\rho_2)\Big/\left(\dfrac{1}{f_1^2}-\dfrac{1}{f_2^2}\right)\end{cases}\tag{8.37}$$

对应频率 f_1 和 f_2 的电离层延迟误差为

$$\begin{cases}\delta\rho_1=\dfrac{A}{f_1^2}=\dfrac{f_2^2}{f_1^2-f_2^2}\cdot(\rho_2-\rho_1)\\ \delta\rho_2=\dfrac{A}{f_2^2}=\dfrac{f_1^2}{f_1^2-f_2^2}\cdot(\rho_2-\rho_1)\end{cases}\tag{8.38}$$

因为双频伪距测量值 ρ_1、ρ_2 包含不同的接收机钟差，所以式(8.37)中的 ρ_0 包含一个新的接收机钟差，不同于原有双频接收机钟差。

8.2.2 对流层延迟误差

对流层是 50km 高度以下的未被电离的中性大气层。对流层延迟误差达 2~13m，可分为干延迟(由干大气造成，主要成分是氧气和氮气)和湿延迟(由湿大气造成，主要成分是水气)。其中干延迟占总延迟的约 90%，并在时间和空间上变化平缓，在几个小时内的变化量小于 1%。干延迟误差模型在天顶方向可以达到 1%的精度。湿延迟很复杂，影响因素较多，变化较快，在几个小时内的变化量可达 10%~20%，所以用模型很难预测。

常用的对流层延迟误差模型是霍普菲尔德(Hopfield)模型，其计算公式如下：

$$\delta\rho_{\mathrm{p}}=\frac{K_{\mathrm{d}}}{\sin[(E^2+6.25)^{1/2}]}+\frac{K_{\mathrm{w}}}{\sin[(E^2+2.25)^{1/2}]}\tag{8.39}$$

式中

$$\begin{cases}K_{\mathrm{d}}=155.2\times10^{-7}\times\dfrac{P_0}{T}(h_{\mathrm{d}}-h_{\mathrm{s}})\\ K_{\mathrm{w}}=155.2\times10^{-7}\times\dfrac{4810}{T^2}e_0(h_{\mathrm{w}}-h_{\mathrm{s}})\\ h_{\mathrm{d}}=40136+148.72(T-273.16)\\ h_{\mathrm{w}}=11000\end{cases}\tag{8.40}$$

式中：E 为高度角，单位为(°)；h_{s} 为导航站的高程；P_0、e_0 和 T 分别为导航站的气压(mbar)、水气压(mbar)和干温(K)；$\delta\rho_{\mathrm{p}}$、h_{d} 和 h_{w} 的单位均为米(m)。

8.3 伪距单点定位及精度分析

8.3.1 伪距测量方程及其求解方法

1. 伪距测量方程

考虑测站钟差、卫星钟差和大气传播延迟误差的伪距测量方程为

$$\rho_k^j = |\boldsymbol{r}^j - \boldsymbol{r}_k| + c \cdot \delta t_k - c \cdot \delta t^j + \delta\rho_{kn}^j + \delta\rho_{kp}^j + \varepsilon_k^j \tag{8.41}$$

式中:上标 j 为卫星编号,$j=1,2,\cdots,4,\cdots n$,n 为可见卫星颗数,$n\geqslant 4$;下标 k 为测站编号;ρ_k^j 为 k 号测站至 j 号卫星的伪距测量值;$|\cdot|$表示 3×1 维矢量的长度;$\boldsymbol{r}^j$ 为 j 号卫星在发射信号时刻 T^j 在协议地球坐标系 CTS 中的位置矢量,由 T^j 及广播星历按照 8.1 节方法计算,并进行地球自转改正;$\boldsymbol{r}_k$ 为 k 号测站在协议地球坐标系 CTS 中的位置矢量,未知;c 为真空中的光速;δt_k 为 k 号测站钟差,未知;δt^j 为 j 号卫星钟差,按照式(8.30)计算;$\delta\rho_{kn}^j$ 为电离层延迟误差,按照 8.2.1 节中所述方法计算;$\delta\rho_{kp}^j$ 为对流层延迟误差,按照 8.2.2 节中所述方法计算;ε_k^j 为偶然测量误差。

采用双频伪距修正方法计算电离层延迟误差时,记 $\rho_{k,0}^j$ 为修正后不含卫星钟差和电离层延迟误差的伪距;$\rho_{k,B1}^j$、$\rho_{k,B2}^j$ 为 $B1$、$B2$ 频点伪距测量值;δt_{B1}^j、δt_{B2}^j 为按照 8.1.5 节方法计算所得 $B1$、$B2$ 频点卫星钟差;$\delta\rho_{kn,B1}^j$、$\delta\rho_{kn,B2}^j$ 为按照式(8.38)计算所得 $B1$、$B2$ 频点电离层延迟误差。可以推导得出如下等式

$$\rho_{k,B1}^j + c \cdot \delta t_{B1}^j - \delta\rho_{kn,B1}^j = \rho_{k,B2}^j + c \cdot \delta t_{B2}^j - \delta\rho_{kn,B2}^j = \rho_{k,0}^j \tag{8.42}$$

式(8.42)表明,采用双频伪距修正方法计算电离层延迟误差后,只能建立一个频点的伪距测量方程。另一个频点的伪距测量信息已经用于计算电离层延迟,不再具有有效测量信息,因此不能建立测量方程。

下面给出卫星发射信号时刻计算及卫星位置地球自转改正的方法。

(1) 卫星发射信号时刻计算方法。

记 T^j、t^j、δt^j 为 j 号卫星信号发射时刻的标准时、卫星钟面时、卫星钟差;T_k、t_k、δt_k 为 k 号测站测量时刻的标准时、测站钟面时、测站钟差;τ、τ'为卫星信号传播时延的真实值、测量值;ρ_k^j 为伪距测量值,$\rho_k^j = c \cdot \tau'$。考虑到 $T^j = T_k - \tau$,钟差为钟面时与标准时之差,并参见式(7.2),有

$$\begin{aligned} T^j &= (t_k - \delta t_k) - \tau \\ &= t_k - (\tau' + \delta t^j) \\ &= t_k - \frac{\rho_k^j}{c} - \delta t^j \end{aligned} \tag{8.43}$$

式中:卫星钟差 δt^j 按照 8.1.5 节方法计算。

考虑到星载原子钟钟差随时间变化缓慢,计算卫星钟差 δt^j 时可以近似取 $\left(t_k - \frac{\rho_k^j}{c}\right)$ 作为卫星发射信号时刻。

(2)卫星位置地球自转改正方法。

从卫星发射信号时刻 T^j 至伪距测量时刻 T_k,经历了卫星信号传播时延 τ,协议地球坐标系 CTS 绕 z 轴旋转了角度 $\Delta\alpha$,如图 8.3 所示。图中,O_e 为地球质心;X_{CIS}为协议天球坐标系 x 轴;$X_{CTS}(T^j)$、$X_{CTS}(T_k)$分别为 T^j、T_k 时刻协议地球坐标系 CTS 的 x 轴;$\boldsymbol{r}^j(T^j)$为 j 号卫星在 T^j 时刻的位置矢量。

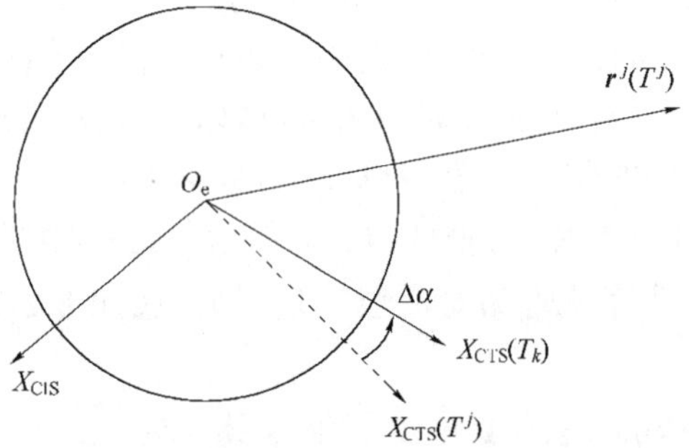

图 8.3 北极俯视地球自转示意图

记 $\boldsymbol{r}_0^j$ 为按照 8.1 节方法计算所得卫星位置矢量,它是 T^j 时刻 j 号卫星在 T^j 时刻协议地球坐标系中的位置矢量;$\boldsymbol{r}^j$ 为 T^j 时刻 j 号卫星在 T_k 时刻协议地球坐标系中的位置矢量。在伪距测量方程式(8.41)中,卫星位置矢量不是 $\boldsymbol{r}_0^j$,而应该是 $\boldsymbol{r}^j$。需要将 $\boldsymbol{r}_0^j$ 转换为 $\boldsymbol{r}^j$。

参见图 8.3,有

$$\Delta\alpha = \omega_e \cdot \tau \tag{8.44}$$

$$\tau = |\boldsymbol{r}^j - \boldsymbol{r}_k| / c \tag{8.45}$$

式中:ω_e 为地球自转角速度;$\boldsymbol{r}_k$ 为 k 号测站天线中心在 T_k 时刻协议地球坐标系中的位置矢量。

由 $\boldsymbol{r}_0^j$ 计算 $\boldsymbol{r}^j$ 的公式为

$$\boldsymbol{r}^j = \boldsymbol{R}_z(\Delta\alpha) \cdot \boldsymbol{r}_0^j \tag{8.46}$$

式中:$\boldsymbol{R}_z(\Delta\alpha)$为绕 z 轴旋转角度 $\Delta\alpha$ 对应的旋转变换矩阵。

记 $\boldsymbol{v}_0^j$ 为按照 8.1 节方法计算所得 T^j 时刻 j 号卫星在 T^j 时刻协议地球坐标系中的对地速度矢量;$\boldsymbol{v}^j$ 为 T^j 时刻 j 号卫星在 T_k 时刻协议地球坐标系中的对地速度矢量。$\boldsymbol{v}_0^j$ 至 $\boldsymbol{v}^j$ 的转换关系与式(8.46)类同,可得

$$\boldsymbol{v}^j=\boldsymbol{R}_z(\Delta\alpha)\cdot\boldsymbol{v}_0^j \tag{8.47}$$

计算 $\Delta\alpha$ 时,需要已知 $\boldsymbol{r}_k$ 和 $\boldsymbol{r}^j$,而 $\boldsymbol{r}_k$ 为伪距单点定位中待求的未知参数,$\boldsymbol{r}^j$ 也是未知的,因此需要采用本节最后所述迭代方法求解 $\boldsymbol{r}_k$、τ、$\Delta\alpha$ 和 $\boldsymbol{r}^j$。

2. 伪距测量方程线性化及方程组迭代求解方法

依据多个伪距,建立多个类似式(8.41)的伪距测量方程,构成方程组。采用最小二乘法求解方程组,即可得到测站位置矢量及测站钟差的估计值。为了应用最小二乘法求解伪距测量方程组,首先需要将方程组线性化。

设测站位置矢量初值为 $\boldsymbol{r}_{k0}$,将式在 $\boldsymbol{r}_{k0}$ 处进行泰勒级数展开,并取至一阶项,有

$$\rho_k^j=|\boldsymbol{r}^j-\boldsymbol{r}_{k0}|-\boldsymbol{r}_k^{j0}\cdot \mathrm{d}\boldsymbol{r}_k+c\cdot\delta t_k-c\cdot\delta t^j+\delta\rho_{kn}^j+\delta\rho_{kP}^j+\varepsilon_k^j \tag{8.48}$$

式中:$\mathrm{d}\boldsymbol{r}_k$ 为测站位置矢量的增量,未知;$\boldsymbol{r}_k^{j0}$ 为 k 测站至 j 卫星方向的单位矢量,$\boldsymbol{r}_k^{j0}=\dfrac{\boldsymbol{r}^j-\boldsymbol{r}_{k0}}{|\boldsymbol{r}^j-\boldsymbol{r}_{k0}|}$。

记

$$\boldsymbol{Y}_{n\times1}=\begin{bmatrix}\rho_k^1-|\boldsymbol{r}^1-\boldsymbol{r}_{k0}|+c\cdot\delta t^1-\delta\rho_{kn}^1-\delta\rho_{kP}^1\\ \vdots\\ \rho_k^n-|\boldsymbol{r}^n-\boldsymbol{r}_{k0}|+c\cdot\delta t^n-\delta\rho_{kn}^n-\delta\rho_{kP}^n\end{bmatrix},\boldsymbol{A}_{n\times4}=\begin{bmatrix}(-\boldsymbol{r}_k^{10})_{1\times3}^{\mathrm{T}} & 1\\ \vdots & \vdots\\ (-\boldsymbol{r}_k^{n0})_{1\times3}^{\mathrm{T}} & 1\end{bmatrix}$$

$$\boldsymbol{X}_{4\times1}=\begin{bmatrix}\mathrm{d}\boldsymbol{r}_k\\ c\cdot\delta t_k\end{bmatrix},\boldsymbol{E}_{n\times1}=\begin{bmatrix}\varepsilon_k^1\\ \vdots\\ \varepsilon_k^n\end{bmatrix}$$

式中:$\boldsymbol{E}$ 为测量误差矢量,相应期望和方差为

$$\begin{cases}\mathrm{Exp}\{\boldsymbol{E}\}=\boldsymbol{0}_{n\times1}\\ \mathrm{Cov}\{\boldsymbol{E}\}=\sigma_\rho^2\cdot\boldsymbol{I}_{n\times n}\end{cases} \tag{8.49}$$

式中:σ_ρ 为伪距测量标准差,并假设所有伪距测量误差独立、等精度;$\boldsymbol{I}_{n\times n}$ 为 $n\times n$ 维单位矩阵。

于是线性化后的矩阵形式伪距测量方程组为

$$\boldsymbol{Y}=\boldsymbol{A}\cdot\boldsymbol{X}+\boldsymbol{E} \tag{8.50}$$

按照最小二乘法求解式(8. 50),得未知参数的估计值及其方差阵为

$$\boldsymbol{X}=(\boldsymbol{A}^{\mathrm{T}}\boldsymbol{A})^{-1}\boldsymbol{A}^{\mathrm{T}}\boldsymbol{Y} \tag{8.51}$$

$$\boldsymbol{\Sigma}_{\boldsymbol{X}}=\sigma_\rho^2(\boldsymbol{A}^{\mathrm{T}}\boldsymbol{A})^{-1} \tag{8.52}$$

因为在伪距测量方程组的建立过程中需要已知测站位置,所以采用如下迭代方法计算测站位置:

(1) 首先假设测站在地心,取测站位置矢量初值为 $\boldsymbol{r}_{k0}^{(1)}=\boldsymbol{0}_{3\times1}$;

(2) 依据测站位置矢量初值 $\boldsymbol{r}_{k0}$ 建立线性化伪距测量方程组；

(3) 按照最小二乘方法求解伪距测量方程组，得测站位置矢量增量 $\mathrm{d}\boldsymbol{r}_k$；

(4) 计算新的测站位置矢量初值，$\boldsymbol{r}_{k0}=\boldsymbol{r}_{k0}+\mathrm{d}\boldsymbol{r}_k$；

重复步骤(2)～(4)，直至测站位置矢量增量的长度 $|\mathrm{d}\boldsymbol{r}_k|$ 小于预先给定门限。

8.3.2 伪距单点定位精度分析

1. 用户等效测距误差

伪距测量方程式(8.48)中的伪距测量误差 ε_k^j 包含了卫星星历误差、卫星钟差误差、电离层延迟模型误差、对流层延迟模型误差、多路径误差、接收机热噪声和分辨率误差等。这些误差也称为用户等效测距误差，通常相互独立。

卫星星历误差和卫星钟差误差受定轨方案、电离层和对流层延迟模型、地面监测站分布、监测接收机性能及测量环境、轨道和钟差参数外推时长等因素的影响。北斗卫星播发的 B1I 信号导航电文中有用户距离精度指数 URAI，不同指数对应不同用户等效测距误差精度，参见文献[9]。此指数最小值为 0，此时用户等效测距误差标准差最小，小于 2.4m。文献[42]的实测结果表明此项误差的标准差为 0.4m。

采用北斗全球电离层延迟修正模型 BDGIM 进行单频伪距电离层延迟修正时，电离层延迟模型误差通常小于真实延迟误差 $\delta\rho_n$ 的 25%，相应实验结果见文献[41]。在局部区域短时间内，电离层延迟误差呈现系统性，误差的系统性部分将被接收机钟差参数吸收，不影响接收机定位结果。认为电离层延迟模型误差服从期望为零的正态分布，相应标准差可以保守地取为 $0.1\delta\rho_n$，$\delta\rho_n$ 为 BDGIM 计算值。采用双频伪距修正方法时，电离层延迟模型误差为 0，但是扩大了接收机热噪声和分辨率误差。参见式(8.37)第一式，双频修正后伪距的接收机热噪声和分辨率误差标准差与单频伪距相应标准差之比为 2.9(B1、B2 双频修正)或 3.5(B1、B3 双频修正)，此比值可以近似取为 3.0。

对流层延迟模型误差与卫星方向仰角有关，仰角越低模型误差越大，相应标准差的经验计算公式为 $\dfrac{3}{1+10\sin\beta}$(m)，其中 β 为仰角。

多路径误差与用户测量环境、接收机天线是否具有多径信号抑制能力、接收机是否采用多路径抑制算法等因素有关。在接收机信号处理环节采用窄相关方法，在信息处理环节采用载波相位平滑伪距方法，可以抑制伪距多路径误差。载波相位测量值将在第 9 章中介绍。理论上，伪距多路径误差小于 λ_C，λ_C 为 1 个测距码码元时间长度对应距离，即 150m(B1I 信号)或 30m(B3I 信号)；

载波相位多路径误差小于 0.25 λ，λ 为载波信号波长。在多路径环境中，接收机天线至卫星方向的变化将导致多路径误差变化。伪距多路径误差变化周期通常是分钟量级，因此载波相位平滑伪距方法可以有效抑制伪距多路径误差。文献[42]的实测结果表明，未进行载波相位平滑处理的伪距多路径误差标准差小于 0.4m。

接收机热噪声和分辨率误差与卫星信号载噪比、码速率等因素有关，相应标准差通常为 0.01 λ_C。

综上所述，各项用户等效测距误差标准差的经验值或经验计算公式如表 8.1 所列。其中总误差标准差为 $\sigma=\sqrt{\sigma_1^2+\sigma_2^2+\sigma_3^2+\sigma_4^2+\sigma_5^2}$。表 8.1 中计算 σ 时，取 $\lambda_C=30\text{m}$，$\delta\rho_n=45\text{m}$，$\beta=15°$。

表 8.1　用户等效测距误差

序号	误差项		标准差/m	
1	空间卫星	卫星星历误差和卫星钟差误差	σ_1	0.4
2	信号传播	电离层延迟模型误差	σ_2	0.1$\delta\rho_n$(单频修正) 0(双频修正)
3		对流层延迟模型误差	σ_3	$\dfrac{3}{1+10\sin\beta}$
4		多路径误差	σ_4	0.4
5	接收机	热噪声和分辨率误差	σ_5	0.01 λ_C(单频修正) 0.03 λ_C(双频修正)
合计	—	总误差	σ	4.6(单频修正) 1.4(双频修正)

2. 几何精度衰减因子

式(8.52)给出了伪距定位授时的精度分析结果，即未知参数估计值方差阵。但是，方差阵描述的精度分析结果不够形象直观。通常情况下，人们希望了解的是三维空间定位精度、高程方向定位精度、水平方向定位精度、授时精度、总定位授时精度。为此，将线性化伪距测量方程式(8.48)中的 k 测站至 j 卫星方向的单位矢量 $\boldsymbol{r}_k^{j0}$，由协议地球坐标系(CGCS2000 或 WGS84)转换至当地北天东坐标系。于是式(8.48)中的 k 测站位置矢量增量 $\mathrm{d}\boldsymbol{r}_k$ 以及式(8.51)中的有关估计值，均为当地北天东坐标系中的值。式(8.52)中的方差阵对角线元素为当地北天东坐标系各轴向定位误差的方差。

定义

$$\boldsymbol{Q}_{4\times4}\triangleq(\boldsymbol{A}^{\mathrm{T}}\boldsymbol{A})^{-1} \tag{8.53}$$

式中：q_{11}、q_{22}、q_{33}、q_{44} 为矩阵 $\boldsymbol{Q}$ 的对角线元素。再定义

$$\begin{cases}\text{PDOP}\triangleq\sqrt{q_{11}+q_{22}+q_{33}}\\ \text{VDOP}\triangleq\sqrt{q_{22}}\\ \text{HDOP}\triangleq\sqrt{q_{11}+q_{33}}\\ \text{TDOP}\triangleq\sqrt{q_{44}}\\ \text{GDOP}\triangleq\sqrt{q_{11}+q_{22}+q_{33}+q_{44}}\end{cases} \tag{8.54}$$

式中:PDOP、VDOP、HDOP、TDOP、GDOP 分别称为定位几何精度衰减因子、高程几何精度衰减因子、水平几何精度衰减因子、时间几何精度衰减因子和总几何精度衰减因子。于是三维空间定位标准差为

$$\sigma_1\triangleq\sqrt{\sigma_x^2+\sigma_y^2+\sigma_z^2}=\text{PDOP}\cdot\sigma_\rho \tag{8.55}$$

高程方向定位标准差为

$$\sigma_2\triangleq\sqrt{\sigma_y^2}=\text{VDOP}\cdot\sigma_\rho \tag{8.56}$$

水平方向定位标准差为

$$\sigma_3\triangleq\sqrt{\sigma_x^2+\sigma_z^2}=\text{HDOP}\cdot\sigma_\rho \tag{8.57}$$

授时标准差(量纲:m)为

$$\sigma_4=\text{TDOP}\cdot\sigma_\rho \tag{8.58}$$

总定位授时标准差为

$$\sigma_5\triangleq\sqrt{\sigma_x^2+\sigma_y^2+\sigma_z^2+\sigma_{c\cdot\delta t_k}^2}=\text{GDOP}\cdot\sigma_\rho \tag{8.59}$$

BDS 公开服务信号设计的伪距单点定位精度为 5m(1σ,水平方向,高程方向)。某试验结果表明,BDS 伪距单点定位三维标准差为 2.0m(单频)、1.6m(双频)。

8.4 伪距变率单点定速及精度分析

8.4.1 伪距变率测量方程及其求解方法

忽略相对论效应,伪距变率测量值 $\dot{\rho}$ 与多普勒频移测量值 f_D 的关系为

$$\dot{\rho}=c\cdot\frac{f_D}{f-f_D}\approx c\cdot\frac{f_D}{f} \tag{8.60}$$

式中:c 为真空中的光速;f 为导航卫星播发信号的载波频率。参见式(7.24),伪距变率测量方程为

$$\dot{\rho}_k^j=\boldsymbol{r}_k^{j0}\cdot(v^j-v_k)+c\cdot\delta\dot{t}_k-c\cdot\delta\dot{t}^j+\varepsilon_k^j \tag{8.61}$$

式中:上标 j 为卫星编号,$j=1,2,3,4,\cdots,n$,n 为可见卫星颗数,$n\geqslant4$;下标 k 为

测站编号；$\dot{\rho}^j$ 为对应 j 号卫星的伪距变率测量值；$\boldsymbol{r}_k^{j0}$ 为 k 号测站至 j 号卫星方向的单位矢量，由卫星定位所得测站位置及已知卫星位置计算；$\boldsymbol{v}^j$ 为 j 号卫星的已知对地速度矢量，由星历参数及卫星发射信号时刻计算；$\boldsymbol{v}_k$ 为未知的测站对地速度矢量；c 为真空中光速；$\delta\dot{t}_k$ 为未知的测站钟差变率；$\delta\dot{t}^j$ 为 j 号卫星的已知钟差变率，由卫星钟差参数及卫星发射信号时刻计算；ε_k^j 为偶然测量误差。

记

$$\boldsymbol{Y}_{n\times1}=\begin{bmatrix}\dot{\rho}_k^1-\boldsymbol{r}_k^{10}\cdot\boldsymbol{v}^1+c\cdot\delta\dot{t}^1\\ \vdots\\ \dot{\rho}_k^n-\boldsymbol{r}_k^{n0}\cdot\boldsymbol{v}^n+c\cdot\delta\dot{t}^n\end{bmatrix},\ \boldsymbol{A}_{n\times4}=\begin{bmatrix}(-\boldsymbol{r}_k^{10})_{1\times3}^{\mathrm{T}} & 1\\ \vdots & \vdots\\ (-\boldsymbol{r}_k^{n0})_{1\times3}^{\mathrm{T}} & 1\end{bmatrix}$$

$$\boldsymbol{X}_{4\times1}=\begin{bmatrix}\boldsymbol{v}_k\\ c\cdot\delta\dot{t}_k\end{bmatrix},\boldsymbol{E}_{n\times1}=\begin{bmatrix}\varepsilon_k^1\\ \vdots\\ \varepsilon_k^n\end{bmatrix}$$

式中：$\boldsymbol{E}$ 为伪距变率测量误差矢量，相应期望和方差为

$$\begin{cases}\mathrm{Exp}\{\boldsymbol{E}\}=0_{n\times1}\\ \mathrm{Cov}\{\boldsymbol{E}\}=\sigma_{\dot{\rho}}^2\cdot\boldsymbol{I}_{n\times n}\end{cases}\tag{8.62}$$

式中：$\sigma_{\dot{\rho}}$ 为伪距变率测量标准差，并假设所有伪距变率测量误差独立、等精度；$\boldsymbol{I}_{n\times n}$ 为 $n\times n$ 维单位矩阵。于是类似式(8.61)的测量方程组可以化为矩阵形式

$$\boldsymbol{Y}_{n\times1}=\boldsymbol{A}_{n\times4}\cdot\boldsymbol{X}_{4\times1}+\boldsymbol{E}_{n\times1}\tag{8.63}$$

按照最小二乘法求解上式，得未知参数的估计值及其方差阵为

$$\boldsymbol{X}=(\boldsymbol{A}^{\mathrm{T}}\boldsymbol{A})^{-1}\boldsymbol{A}^{\mathrm{T}}\boldsymbol{Y}\tag{8.64}$$

$$\boldsymbol{\Sigma}_{\boldsymbol{X}}=\sigma_{\dot{\rho}}^2\ (\boldsymbol{A}^{\mathrm{T}}\boldsymbol{A})^{-1}\tag{8.65}$$

8.4.2 伪距变率单点定速精度分析

式(8.65)中的矩阵 $\boldsymbol{\Sigma}_{\boldsymbol{X}}$ 全面描述了定速精度，但是不够直观。考虑到式(8.65)中的矩阵 $\boldsymbol{A}$ 与式(8.52)中的完全一样，所以三维空间定速标准差为

$$\sigma_1\triangleq\sqrt{\sigma_{\dot{x}}^2+\sigma_{\dot{y}}^2+\sigma_{\dot{z}}^2}=\mathrm{PDOP}\cdot\sigma_{\dot{\rho}}\tag{8.66}$$

高程方向定速标准差为

$$\sigma_2\triangleq\sqrt{\sigma_{\dot{y}}^2}=\mathrm{VDOP}\cdot\sigma_{\dot{\rho}}\tag{8.67}$$

水平方向定速标准差为

$$\sigma_3\triangleq\sqrt{\sigma_{\dot{x}}^2+\sigma_{\dot{z}}^2}=\mathrm{HDOP}\cdot\sigma_{\dot{\rho}}\tag{8.68}$$

钟差变率估计值标准差(量纲：m/s)为

$$\sigma_4\triangleq\sqrt{\sigma_{c\cdot\delta\dot{t}_k}^2}=\mathrm{TDOP}\cdot\sigma_{\dot{\rho}}\tag{8.69}$$

总定速定钟差变率标准差为

$$\sigma_5 \triangleq \sqrt{\sigma_{\dot{x}}^2+\sigma_{\dot{y}}^2+\sigma_{\dot{z}}^2+\sigma_{c\cdot\delta\dot{i}_k}^2}=\mathrm{GDOP}\cdot\sigma_{\dot{\rho}} \tag{8.70}$$

式(8.61)中的偶然测量误差 ε_k^j 包括卫星钟差变率误差、卫星星历误差、接收机测量白噪声误差等误差源的影响。电离层延迟误差、对流层延迟误差、多路径误差等,在 1s 时间内可以被认为是常量,而伪距变率测量时间远小于 1s,所以它们对伪距变率测量值无影响。

试验结果表明 BDS 或 GPS 伪距变率单点定速精度可达 0.02m/s(1σ)。

8.5 位置与伪距差分相对定位

典型条件下卫星导航伪距单点定位标准差为 5m(1σ)。若 GPS 施加选择可用性(Selective Availability,SA)政策,则定位精度将更低。伪距单点定位精度远不能满足航天器空间交会对接、飞机进近着陆等对导航精度的要求。为此可以应用各种差分相对定位定速方法。8.5 节~8.7 节将介绍常用的位置/伪距差分相对定位方法,速度/伪距变率差分定速方法,以及局域、广域差分增强系统。

8.5.1 位置差分相对定位

如图 8.4 所示,在基准站 1 号点、移动站 2 号点上同时进行伪距单点定位,基准站的位置精确已知,两点距离小于 100km。伪距单点定位结果中包含有近似相同的卫星钟差、卫星星历误差、电离层/对流层传播延迟误差模型残差等误差源的影响。基准站可以基于精确已知位置计算得到伪距单点定位误差,并将其通过数据通信链路播发给移动站。根据基准站伪距单点定位误差对移动站伪距单点定位结果进行修正,从而得到更为精确的移动站位置。这就是位置差分相对定位的基本原理。

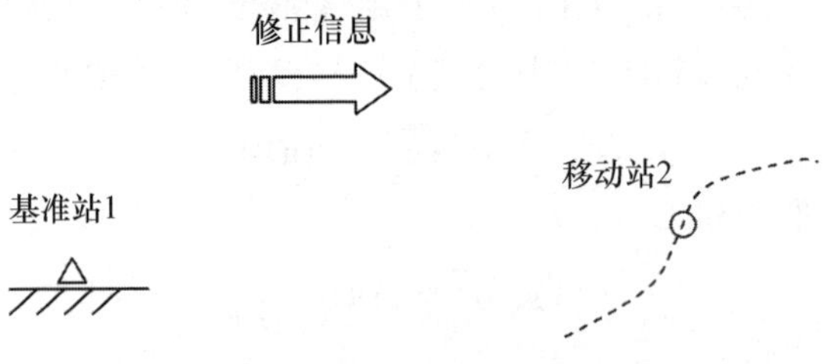

图 8.4 位置差分示意图

位置差分相对定位的计算模型为

$$\boldsymbol{r}_2'=\boldsymbol{r}_2-(\boldsymbol{r}_1-\boldsymbol{r}_{10}) \tag{8.71}$$

其中 $\boldsymbol{r}'_2$ 为移动站位置差分相对定位结果；$\boldsymbol{r}_2$、$\boldsymbol{r}_1$ 为移动站、基准站伪距单点定位结果；$\boldsymbol{r}_{10}$为基准站已知位置矢量；$(\boldsymbol{r}_1-\boldsymbol{r}_{10})$为基准站伪距单点定位误差矢量。

从式(8.71)可以看出，相比于伪距单点定位，位置差分相对定位方法显著削弱了卫星星历误差、卫星钟差、电离层/对流层传播延迟模型误差的影响，但是扩大了多路径误差、接收机热噪声和分辨率误差的影响。前三项误差是影响伪距单点定位精度的主要因素。因此当移动站与基准站相距较近时，位置差分相对定位精度明显优于伪距单点定位精度。

参见式(8.71)，$\boldsymbol{r}'_2=\boldsymbol{r}_{10}+(\boldsymbol{r}_2-\boldsymbol{r}_1)$。基准站已知位置的误差直接构成移动站位置误差的一部分。$(\boldsymbol{r}_2-\boldsymbol{r}_1)$为相对位置，精度较高。因此，称位置差分方法为相对定位方法。

8.5.2 伪距差分相对定位

1. 定位方案及测量方程

如图 8.4 所示，基准站 1 号点、移动站 2 号点同时测量至卫星的伪距，两点间距离小于 100km。基准站通过数据通信链路将基准站的伪距测量值及基准站已知坐标播发给移动站，移动站依据两点间伪距差分进行定位。

参照伪距测量方程式(8.41)，伪距差分测量方程为

$$\begin{aligned}\rho_{12}^j=&|\boldsymbol{r}_2^j-\boldsymbol{r}_2|+c\cdot\delta t_2+\delta\rho_{2n}^j+\delta\rho_{2p}^j+\varepsilon_2^j\\&-|\boldsymbol{r}_1^j-\boldsymbol{r}_1|-c\cdot\delta t_1-\delta\rho_{1n}^j-\delta\rho_{1p}^j-\varepsilon_1^j\end{aligned}\tag{8.72}$$

式中：下标 1、2 为基准站、移动站；上标 j 为 j 号卫星；ρ_{12}^j为卫星钟差补偿后的伪距差分测量值。

$$\rho_{12}^j=(\rho_2^j+c\cdot\delta t_2^j)-(\rho_1^j+c\cdot\delta t_1^j)\tag{8.73}$$

ρ_2^j、ρ_1^j 分别为移动站、基准站至 j 号卫星的伪距测量值，$(\rho_2^j+c\cdot\delta t_2^j)$、$(\rho_1^j+c\cdot\delta t_1^j)$为卫星钟差补偿后的伪距测量值；$\delta t_2^j$、$\delta t_1^j$ 分别为 j 号卫星在 T_2^j、T_1^j 时刻的钟差，T_2^j、T_1^j 分别为移动站、基准站对应的 j 号卫星发射信号时刻，按照 8.3.1 节所述方法计算得到；$\boldsymbol{r}_2^j$、$\boldsymbol{r}_1^j$ 分别为 j 号卫星在 T_2^j、T_1^j 时刻的位置矢量，按照 8.1 节、8.3.1 节所述方法计算得到；$\boldsymbol{r}_2$ 为未知的移动站位置矢量；$\boldsymbol{r}_1$ 为已知的基准站位置矢量；其他符号与式(8.41)表述一致。

令

$$\begin{cases}\delta t_{12}\triangleq(\delta t_2-\delta t_1)\\\rho'^j_2\triangleq\rho_2^j-(\rho_1^j-|\boldsymbol{r}_1^j-\boldsymbol{r}_1|)-(\delta\rho_{2n}^j-\delta\rho_{1n}^j)-(\delta\rho_{2p}^j-\delta\rho_{1p}^j)\\\varepsilon_{12}^j\triangleq\varepsilon_2^j-\varepsilon_1^j\end{cases}\tag{8.74}$$

式中：ρ_2^j、ρ_1^j 为卫星钟差补偿后的伪距测量值。通常忽略电离层、对流层传播延

迟误差的站间差异($\delta\rho_{2n}^j-\delta\rho_{1n}^j$)、($\delta\rho_{2p}^j-\delta\rho_{1p}^j$),即相应误差项取0。于是伪距差分测量方程式(8.72)转化为

$$\rho'^j_2=|\boldsymbol{r}_2^j-\boldsymbol{r}_2|+c\cdot\delta t_{12}+\varepsilon_{12}^j \tag{8.75}$$

伪距差分测量方程式(8.75)与伪距测量方程式(8.41)具有完全相同的形式。

2. 最小二乘求解及精度分析

记$\boldsymbol{r}_2$、$\boldsymbol{r}_{20}$、$\mathrm{d}\boldsymbol{r}_2$分别为移动站的位置、位置初值和位置增量,$\boldsymbol{r}_2=\boldsymbol{r}_{20}+\mathrm{d}\boldsymbol{r}_2$。又记

$$\boldsymbol{Y}_{n\times1}=\begin{bmatrix}\rho'^1_2-|\boldsymbol{r}_2^1-\boldsymbol{r}_{20}|\\ \vdots\\ \rho'^n_2-|\boldsymbol{r}_2^n-\boldsymbol{r}_{20}|\end{bmatrix},\boldsymbol{A}_{n\times4}=\begin{bmatrix}(-\boldsymbol{r}_2^{j0})_{1\times3}^{\mathrm{T}} & 1\\ \vdots & \vdots\\ (-\boldsymbol{r}_2^{n0})_{1\times3}^{\mathrm{T}} & 1\end{bmatrix}$$

$$\boldsymbol{X}_{4\times1}=\begin{bmatrix}\mathrm{d}\boldsymbol{r}_2\\ c\cdot\delta t_{12}\end{bmatrix},\boldsymbol{E}_{n\times1}=\begin{bmatrix}\varepsilon_{12}^1\\ \vdots\\ \varepsilon_{12}^n\end{bmatrix}$$

式中:$\boldsymbol{r}_2^{j0}$为移动站初始位置至j号卫星方向的单位矢量,

$$\boldsymbol{r}_2^{j0}=\frac{\boldsymbol{r}_2^j-\boldsymbol{r}_{20}}{|\boldsymbol{r}_2^j-\boldsymbol{r}_{20}|},\ j=1,2,\cdots,n$$

于是线性化伪距差分测量方程组为

$$\boldsymbol{Y}_{n\times1}=\boldsymbol{A}_{n\times4}\cdot\boldsymbol{X}_{4\times1}+\boldsymbol{E}_{n\times1} \tag{8.76}$$

按照最小二乘法,未知参数的估计值及其方差阵为

$$\boldsymbol{X}=(\boldsymbol{A}^{\mathrm{T}}\boldsymbol{A})^{-1}\boldsymbol{A}^{\mathrm{T}}\boldsymbol{Y} \tag{8.77}$$

$$\boldsymbol{\Sigma}_X=\sigma_{\Delta\rho}^2\cdot(\boldsymbol{A}^{\mathrm{T}}\boldsymbol{A})^{-1} \tag{8.78}$$

式中:$\sigma_{\Delta\rho}$为伪距差分测量标准差。

式(8.78)中的矩阵$\boldsymbol{A}$与式(8.52)中的完全相同,因此伪距差分相对定位的三维空间定位标准差、高程方向定位标准差、水平方向定位标准差为

$$\begin{cases}\sigma_1=\mathrm{PDOP}\cdot\sigma_{\Delta\rho}\\ \sigma_2=\mathrm{VDOP}\cdot\sigma_{\Delta\rho}\\ \sigma_3=\mathrm{HDOP}\cdot\sigma_{\Delta\rho}\end{cases} \tag{8.79}$$

3. 卫星星历误差影响分析

设卫星位置存在误差$\delta\boldsymbol{r}^j$,$\delta\boldsymbol{r}^j=\boldsymbol{r}^{j'}-\boldsymbol{r}^j$,其中$\boldsymbol{r}^{j'}$、$\boldsymbol{r}^j$分别为$j$号卫星位置矢量的计算值、真值。从式(8.72)可以看出,卫星位置误差$\delta\boldsymbol{r}^j$导致的等效伪距差分误差为$\varepsilon=(-\boldsymbol{r}_2^{j0}+\boldsymbol{r}_1^{j0})\cdot\delta\boldsymbol{r}^j$。于是有

$$|\varepsilon|\leqslant\frac{D_{12}}{r_2^j}\cdot|\delta\boldsymbol{r}^j| \tag{8.80}$$

式中:D_{12}为基准站、移动站之间的距离;r_2^j为移动站至j号卫星的距离。

当基准站、移动站两点间的距离小于 100km 时，针对中高轨道卫星有$\frac{D_{12}}{r_2^j} \leqslant \frac{10^5}{2\times10^7}=0.005$，即 100m 的卫星位置误差导致的用户等效测距误差差分值小于 0.5m。

4. 与伪距单点定位方法的比较分析

在式(8.72)中对伪距差分测量值进行了卫星钟差补偿。星载原子钟的钟差随时间变化很小，因为导航电文钟差参数不准导致的星载原子钟钟差计算值误差随时间变化就更小，约为 2×10^{-12}s/s 。移动站、基准站对应 j 号卫星的发射信号时刻之差远小于 0.1s。在此两个发射信号时刻之间，星载原子钟钟差计算值误差导致的伪距差分误差远小于 0.06mm，认为被完全消除。

由于移动站至基准站的距离小于 100km，所以在伪距差分测量值中，卫星星历误差、电离层/对流层传播延迟误差的影响得到明显削弱。伪距差分前后，各误差源对测量方程误差项的影响如表 8.2 所列。因为表 8.2 中的前 4 项为主要误差源，所以，伪距差分测量标准差 $\sigma_{\Delta\rho}$ 远小于伪距测量标准差 σ_ρ，伪距差分相对定位精度明显优于伪距单点定位精度。GPS 伪距差分相对定位精度优于 GPS 伪距单点定位精度，在 GPS 施加选择可用性 SA 政策条件下更是如此。SA 政策通常是增大民用用户所不知道的卫星星历误差及卫星钟差。

表 8.2　定位误差源的差分效果

序号	项目	差分效果	序号	项目	差分效果
1	星历误差	削弱	4	对流层延迟	削弱
2	卫星钟差	完全消除	5	多路径误差	增加
3	电离层延迟	削弱	6	接收机热噪声和分辨误差	增加

从式(8.72)不难看出，基准站已知位置的误差直接构成移动站位置误差的一部分。伪距差分方法所得相对位置，精度较高，但是绝对位置精度受制于基准站绝对位置精度。因此称伪距差分方法为相对定位方法。

与伪距单点定位相比，伪距差分相对定位方法要求建立基准站，并在基准站与移动站之间建立数据通信链路，这无疑增加了导航系统的成本。只有基准站、移动站同时测量的卫星才可参与导航，单一测站测量的卫星被舍弃，因而可能存在测量信息的损失。

在航天器交会对接、飞机进近着陆等应用中，采用伪距差分相对定位方法，在适当提高系统成本的条件下可以显著提高导航精度。

5. 差分信息播发内容的改进

为了进行伪距差分相对定位，需要基准站在每一个历元时刻播发伪距测量

信息 $\rho_1^1,\rho_1^2,\cdots,\rho_1^n$,以及已知坐标信息 $\boldsymbol{r}_1$。这些信息随时间快速变化,影响伪距差分相对定位方法的实时性。为此,基准站可以将播发信息由伪距改为伪距误差或伪距误差的时间多项式系数。伪距误差 $\Delta\rho_1^j(t_i)$ 定义如下

$$\Delta\rho_1^j(t_i)\triangleq\rho_1^j(t_i)-|\boldsymbol{r}_1^j-\boldsymbol{r}_1| \tag{8.81}$$

式中:$\rho_1^j(t_i)$ 为卫星钟差补偿后的伪距测量值。$\Delta\rho_1^j(t_i)$ 随时间缓慢变化。将 $\Delta\rho_1^j(t_i)$ 拟合成时间三阶多项式,有

$$\Delta\rho_1^j(t_i)=a_0+a_1\cdot(t_i-t_{oe})+a_2\cdot(t_i-t_{oe})^2+a_3\cdot(t_i-t_{oe})^3 \tag{8.82}$$

式中:a_0,a_1,a_2,a_3 为多项式系数;t_{oe}为参考时刻。

基准站只需播发多项式系数 a_0、a_1、a_2、a_3 和参考时刻 t_{oe}。移动站接收此信息后,按照时间多项式计算出 $\Delta\rho_1^j(t_i)$,然后进行伪距差分相对定位。因为 $\Delta\rho_1^j(t_i)$ 随时间缓慢变化,所以可在较短时间内对其进行预报,从而解决了伪距差分相对定位的实时性问题。

8.6 速度与伪距变率差分定速

8.6.1 速度差分定速

如图 8.4 所示,在基准站 1 号点、移动站 2 号点上同时进行伪距变率单点定速,基准站的速度为零,两点距离小于 100km。伪距变率单点定速结果中包含有近似相同的卫星钟差变率误差、卫星星历误差的影响。基准站基于数值为零的准确已知速度可以计算得到伪距变率单点定速误差,并将其通过数据通信链路播发给移动站。根据基准站伪距变率单点定速误差对移动站伪距变率单点定速结果进行修正,从而得到更为精确的移动站定速结果。这就是速度差分定速的基本原理。

速度差分定速的计算模型为

$$\boldsymbol{v}_2'=\boldsymbol{v}_2-(\boldsymbol{v}_1-\boldsymbol{v}_{10}) \tag{8.83}$$

式中:$\boldsymbol{v}_2'$ 为移动站速度差分定速结果;$\boldsymbol{v}_2$、$\boldsymbol{v}_1$ 为移动站、基准站伪距变率单点定速结果;$\boldsymbol{v}_{10}$为基准站已知速度矢量,$\boldsymbol{v}_{10}=\boldsymbol{0}_{3\times1}$,$(\boldsymbol{v}_1-\boldsymbol{v}_{10})$为基准站伪距变率单点定速误差矢量。

当移动站与基准站相距较近时,相比于伪距变率单点定速,速度差分定速方法显著削弱了卫星星历误差和卫星钟差变率误差的影响,但是扩大了接收机热噪声及分辨率误差的影响,前两项误差是影响伪距变率单点定速精度的主要因素。因此当移动站与基准站相距较近时,速度差分定速精度优于伪距变率单点定速精度。

8.6.2 伪距变率差分定速

如图 8.4 所示,基准站 1 号点、移动站 2 号点同时测量至卫星的伪距变率,两点间距离小于 100km。基准站通过数据通信链路将基准站的伪距变率测量值播发给移动站,移动站依据两点间伪距变率差分进行定速。

参照伪距变率测量方程式(8.61),并考虑到基准站的真实速度为零,伪距变率差分测量方程为

$$\Delta\dot{\rho}_{12}^{j}=\boldsymbol{r}_{2}^{j0}\cdot(\boldsymbol{v}^{j}-\boldsymbol{v}_{2})-\boldsymbol{r}_{1}^{j0}\cdot\boldsymbol{v}^{j}+c\cdot\delta\dot{t}_{12}+\varepsilon_{12}^{j} \tag{8.84}$$

式中:下标 1、2 表示基准站、移动站;$\Delta\dot{\rho}_{12}^{j}$为伪距变率差分测量值,$\Delta\dot{\rho}_{12}^{j}\triangleq\dot{\rho}_{2}^{j}-\dot{\rho}_{1}^{j}$,$\dot{\rho}_{2}^{j}$、$\dot{\rho}_{1}^{j}$ 为卫星钟差变率补偿后的伪距变率测量值;$\delta\dot{t}_{12}$为接收机钟差变率之差,$\delta\dot{t}_{12}\triangleq\delta\dot{t}_{2}-\delta\dot{t}_{1}$;$\varepsilon_{12}^{j}\triangleq\varepsilon_{2}^{j}-\varepsilon_{1}^{j}$;其他符号的含义与式(8.61)的相同。

设测量了 n 颗卫星,并记

$$\boldsymbol{Y}_{n\times1}=\begin{bmatrix}\Delta\dot{\rho}_{12}^{1}-(\boldsymbol{r}_{2}^{10}-\boldsymbol{r}_{1}^{10})\cdot\boldsymbol{v}^{1}\\ \vdots\\ \Delta\dot{\rho}_{12}^{n}-(\boldsymbol{r}_{2}^{n0}-\boldsymbol{r}_{1}^{n0})\cdot\boldsymbol{v}^{n}\end{bmatrix},\boldsymbol{A}_{n\times4}=\begin{bmatrix}(-\boldsymbol{r}_{2}^{10})_{1\times3}^{\mathrm{T}} & 1\\ \vdots & \vdots\\ (-\boldsymbol{r}_{2}^{n0})_{1\times3}^{\mathrm{T}} & 1\end{bmatrix}$$

$$\boldsymbol{X}_{4\times1}=\begin{bmatrix}\boldsymbol{v}_{2}\\ c\cdot\delta\dot{t}_{12}\end{bmatrix},\boldsymbol{E}_{n\times1}=\begin{bmatrix}\varepsilon_{12}^{1}\\ \vdots\\ \varepsilon_{12}^{n}\end{bmatrix}$$

式中:$\boldsymbol{E}$ 为伪距变率差分测量误差矢量,相应期望和方差为

$$\begin{cases}\mathrm{Exp}\{\boldsymbol{E}\}=0_{n\times1}\\ \mathrm{Cov}\{\boldsymbol{E}\}=\sigma_{\Delta\dot{\rho}}^{2}\cdot\boldsymbol{I}_{n\times n}\end{cases}$$

式中:$\sigma_{\Delta\dot{\rho}}$ 为伪距变率差分测量标准差,并假设所有伪距变率差分测量误差独立、等精度。

于是伪距变率差分测量方程组的矩阵形式为

$$\boldsymbol{Y}_{n\times1}=\boldsymbol{A}_{n\times4}\cdot\boldsymbol{X}_{4\times1}+\boldsymbol{E}_{n\times1} \tag{8.85}$$

按照最小二乘法求解上式,得未知参数的估计值及其方差阵为

$$\boldsymbol{X}-(\boldsymbol{A}^{\mathrm{T}}\boldsymbol{A})^{-1}\boldsymbol{A}^{\mathrm{T}}\boldsymbol{Y} \tag{8.86}$$

$$\boldsymbol{\Sigma}_{X}=\sigma_{\Delta\dot{\rho}}^{2}(\boldsymbol{A}^{\mathrm{T}}A)^{-1} \tag{8.87}$$

考虑到式(8.87)中的矩阵 $\boldsymbol{A}$ 与式(8.52)中的完全一样,所以三维空间、高程方向、水平方向的伪距变率差分定速标准差分别为

$$\begin{cases}\sigma_{1}=\mathrm{PDOP}\cdot\sigma_{\Delta\dot{\rho}}\\ \sigma_{2}=\mathrm{VDOP}\cdot\sigma_{\Delta\dot{\rho}}\\ \sigma_{3}=\mathrm{HDOP}\cdot\sigma_{\Delta\dot{\rho}}\end{cases} \tag{8.88}$$

星载原子钟的频率偏差在短时间内基本恒定,即卫星钟差变率基本恒定。因此,在式(8.84)等号左侧的卫星钟差变率补偿后伪距变率差分测量值中,很好地消除了卫星钟差变率误差的影响。由于移动站至基准站的距离小于100km,所以卫星速度误差乘因子0.005后影响到伪距变率差分测量误差中。伪距变率差分扩大了伪距变率测量白噪声误差。卫星钟差变率、卫星星历误差是伪距变率单点定速的主要误差源,通常情况下伪距变率差分测量标准差 $\sigma_{\Delta\dot{\rho}}$ 小于伪距变率测量标准差 $\sigma_{\dot{\rho}}$,伪距变率差分定速精度优于伪距变率单点定速精度。

8.7 局域与广域差分相对定位系统

1. 局域差分相对定位系统

伪距差分相对定位的精度与移动站、基准站之间的距离紧密相关。移动站距离基准站愈近,则伪距差分相对定位精度愈高;距离愈远则相对定位精度愈低。当移动站在1000km左右范围内运动时,例如飞机飞行、船舶航行,依靠单一基准站就难以达到理想的相对定位精度。因此需要在移动站运动范围内建立多个基准站。这些在局部区域建立的多个基准站,相应的通信链路,以及原有卫星导航系统,即构成了一个卫星导航局域差分相对定位系统。

卫星导航局域差分相对定位系统可以有两类工作模式。

1) 基准站独立工作模式

各基准站按照标准格式发布各自的改正信息,移动站接收到多个基准站改正信息时,取加权平均值,然后进行伪距差分相对定位。其中的权值可根据移动站至相应基准站的距离来确定。这种工作模式在移动站处应用了多个高速的基准站差分数据流,需要移动站的通信设备具有较宽的带宽,因而实用性较差。

2) 基准站统一工作模式

以移动站相对基准站的位置为自变量,构造改正数模型。将所有基准站测量信息做统一处理,求得改正数模型的参数,然后将其统一发布。移动站接收此参数,然后进行伪距差分相对定位。此模式对移动站通信设备的要求较低,因而实用性较强,但是要求基准站组网工作,增加了基准站的工作难度。

2. 广域差分相对定位系统

当局域差分相对定位系统的覆盖区域大到一定程度时,所需基准站数量将大得惊人。例如在中国、美国这样的大国,建立统一局域差分相对定位系统将需要数百个基准站,这将是一个沉重的负担。另一方面,在沙漠、山区等偏远地域将难以建立基准站。为此,人们提出了广域差分相对定位系统。

在较大区域范围内($\geqslant 1000\mathrm{km}\times 1000\mathrm{km}$),建立若干基准站($\leqslant 100$ 个)。各基准站测得伪距等信息后,将其发送给主站。主站统一处理所有基准站的测量信息,对卫星星历误差、卫星钟差、电离层/对流层传播延迟误差等进行模型化估计,将估计参数发布给所有移动站(用户)。移动站接收此参数,然后进行伪距差分相对定位。这些基准站,相应通信链路,以及原有卫星导航系统,即构成了卫星导航广域差分相对定位系统。

卫星导航广域差分相对定位系统分为地基和星基两类。前者利用地面通信设备播发差分信息。相比于星基卫星导航广域差分相对定位系统,地基卫星导航广域差分相对定位系统可以容纳更多的地面基准站,采用更为复杂的数据处理方法,不但可以进行较高精度的伪距差分相对定位,还可以进行高精度的载波相位差分相对定位。星基卫星导航广域差分相对定位系统,借助静止地球轨道卫星播发差分信息和伪随机测距码信号,也称卫星导航星基广域增强系统。

卫星导航星基广域增强系统改善了原有星座构型,并通过导航电文播发差分信息,因而省去了移动站的通信接收设备,具有极佳的实用性。已建成并投入运行的卫星导航星基广域增强系统有美国的 WAAS(Wide Area Augmentation System)、欧洲的 EGNOS(European Geostationary Navigation Overlay Service)、中国的北斗星基增强系统等。美国的 WAAS 如图 8.5 所示。

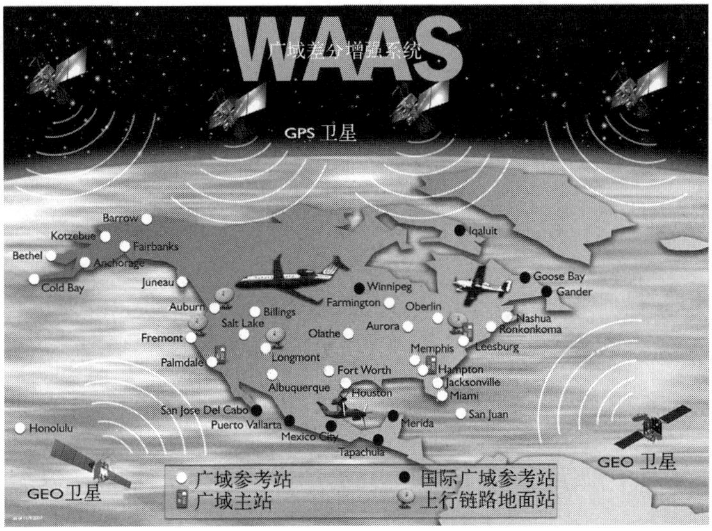

图 8.5　美国 WAAS 的组成

8.8　自主完好性监测

1. 完好性监测的概念及必要性

卫星导航系统给出的导航信息中不可避免地包含各种误差,甚至粗差。因为粗差的存在,导航信息将变得极不可靠。在飞机导航、导弹制导等应用中应该及时发现这种异常情况,并给出告警,以便及时采取相应措施,避免灾难事故的发生。及时发现异常并给出告警,即完好性监测。

导致粗差出现的原因可能是卫星故障、强电磁干扰、接收机故障等。多测站、多卫星、多时刻测量信息的统一处理,容易发现并定位粗差,但是难以做到及时。卫星导航系统依靠地面监控站发现故障,并通过卫星导航电文播发给用户,需要15min到几个小时。这显然不能满足飞机导航、导弹制导等应用的需要。及时发现粗差的较好方法是单一卫星导航接收机进行自主完好性监测(Receiver Automatic Integrity Monitoring,RAIM)。下面针对伪距定位,介绍一种常用的基于奇偶空间矢量的完好性监测方法。

2. 奇偶空间矢量

设某一时刻伪距测量方程组的矩阵形式为

$$\boldsymbol{Y}=\boldsymbol{A}\boldsymbol{X}+\boldsymbol{E} \tag{8.89}$$

式中:各符号的含义同式(8.50)。对矩阵 $\boldsymbol{A}$ 进行 $\boldsymbol{QR}$ 分解,并记

$$\boldsymbol{A}_{n\times 4}=\boldsymbol{Q}_{n\times n}\cdot\boldsymbol{R}_{n\times 4} \tag{8.90}$$

式中:$\boldsymbol{Q}$ 为正交矩阵;$\boldsymbol{R}$ 为上三角矩阵。伪距测量方程组等号两边同时乘 $\boldsymbol{Q}^{\mathrm{T}}$,并忽略测量误差矢量 $\boldsymbol{E}$,有 $\boldsymbol{Q}^{\mathrm{T}}\boldsymbol{Y}=\boldsymbol{R}\boldsymbol{X}$。又记 $\boldsymbol{Q}^{\mathrm{T}}=\begin{bmatrix}(\boldsymbol{Q}_X)_{4\times n}\\(\boldsymbol{Q}_p)_{(n-4)\times n}\end{bmatrix}$,$\boldsymbol{R}=\begin{bmatrix}(\boldsymbol{R}_X)_{4\times 4}\\\boldsymbol{0}_{(n-4)\times 4}\end{bmatrix}$,于是有

$$\boldsymbol{X}=\boldsymbol{R}_X^{-1}\boldsymbol{Q}_X\boldsymbol{Y} \tag{8.91}$$

$$\boldsymbol{Q}_p\boldsymbol{Y}=\boldsymbol{0}_{(n-4)\times 1} \tag{8.92}$$

考虑到 $\boldsymbol{Y}$ 中含有测量误差,因此($\boldsymbol{Q}_p\boldsymbol{Y}$)中的元素不会完全为0。记

$$\boldsymbol{p}=\boldsymbol{Q}_p\boldsymbol{Y} \tag{8.93}$$

于是有

$$\boldsymbol{p}=\boldsymbol{Q}_p\boldsymbol{E} \tag{8.94}$$

式中:$\boldsymbol{Q}_p$ 为奇偶空间矩阵;$\boldsymbol{p}$ 为奇偶空间矢量,它是伪距测量误差矢量在奇偶空间的投影。

3. 故障监测统计量与误警率

奇偶空间矢量 $\boldsymbol{p}$ 可以计算得到,它反映了所有伪距测量误差的大小,因而

可以基于它进行故障监测。设可见卫星数为 $n=6$;伪距测量误差矢量 $\boldsymbol{E}$ 的第 i 个元素含有粗差 b_i,其他元素为0,则有

$$\begin{bmatrix} p_1 \\ p_2 \end{bmatrix} = \boldsymbol{Q}_{p,i} \cdot b_i \tag{8.95}$$

式中:p_1、p_2 为 $\boldsymbol{p}$ 的分量;$\boldsymbol{Q}_{p,i}$ 为 $\boldsymbol{Q}_p$ 的第 i 列。式(8.95)决定了一条直线,如图8.6所示的第 i 条直线,$i=1,2,\cdots,6$。若按照式(8.93)计算的 $\boldsymbol{p}$ 落在第 i 条直线上,则说明第 i 颗卫星对应的伪距含有粗差。

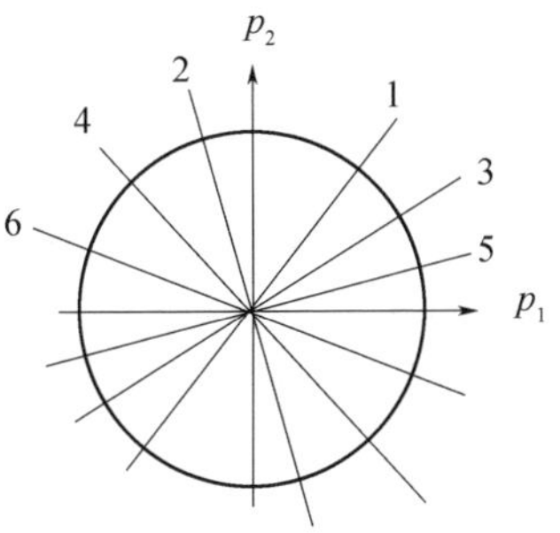

图8.6　两维奇偶空间

定义

$$\xi_i \triangleq \frac{\boldsymbol{Q}_{p,i}^{\mathrm{T}} \cdot \boldsymbol{p}}{|\boldsymbol{Q}_{p,i}|} \tag{8.96}$$

式中:$|\boldsymbol{Q}_{p,i}| = \sqrt{\boldsymbol{Q}_{p,i}^{\mathrm{T}} \cdot \boldsymbol{Q}_{p,i}}$。因为误差矢量 $\boldsymbol{E}$ 的期望和方差分别为 $\boldsymbol{0}_{n\times1}$ 和 $\sigma_\rho^2 \cdot \boldsymbol{I}_{n\times n}$,所以

$$\mathrm{Exp}\{\xi_i\} = \mathrm{Exp}\left\{\frac{\boldsymbol{Q}_{p,i}^{\mathrm{T}} \cdot \boldsymbol{Q}_p \cdot \boldsymbol{E}}{|\boldsymbol{Q}_{p,i}|}\right\} = 0 \tag{8.97}$$

$$\sigma_{\xi_i}{}^2 = \boldsymbol{Q}_{p,i}^{\mathrm{T}} \cdot \boldsymbol{Q}_p \cdot (\sigma_\rho^2 \cdot \boldsymbol{I}_{n\times n}) \cdot \boldsymbol{Q}_p{}^{\mathrm{T}} \cdot \boldsymbol{Q}_{p,i} / |\boldsymbol{Q}_{p,i}|^2 = \sigma_\rho^2 \tag{8.98}$$

也即,在仅有偶然测量误差没有粗差的条件下,ξ_i 服从正态分布 $N(0,\sigma_\rho^2)$,其中 σ_ρ 为伪距测量标准差。

取误警率为 P_{FA},并记 n 颗可见卫星条件下单一卫星误警率为 P'_{FA}。整个导航系统没有报警,等同于每一颗卫星没有报警,所以有 $(1-P_{\mathrm{FA}}) = (1-P'_{\mathrm{FA}})^n$,也即 $P'_{\mathrm{FA}} \approx P_{\mathrm{FA}}/n$。设 ξ_i 的故障监测门限 T_ξ 满足误警率为 P'_{FA} 的要求,则有

$$P\{|\xi_i| > T_\xi\} = 2\int_{T_\xi}^{\infty} \frac{1}{\sqrt{2\pi}\,\sigma_\rho} \mathrm{e}^{-\frac{x^2}{2\sigma_\rho^2}} \mathrm{d}x = P_{\mathrm{FA}}/n \tag{8.99}$$

记积分函数 $\mathrm{erf}(z)$ 为

$$\mathrm{erf}(z)=\int_{z}^{\infty}\frac{1}{\sqrt{2\pi}}\mathrm{e}^{-\frac{t^2}{2}}\mathrm{d}t \tag{8.100}$$

于是有

$$2\mathrm{erf}\left(\frac{T_\xi}{\sigma_\rho}\right)=P_{\mathrm{FA}}/n \tag{8.101}$$

$$T_\xi=\sigma_\rho\cdot\mathrm{erf}^{-1}\left(\frac{P_{\mathrm{FA}}}{2n}\right) \tag{8.102}$$

在导航过程中,若 $|\xi_i|>T_\xi$,则判断第 i 颗卫星对应伪距测量值出现粗差;若 $|\xi_i|\leqslant T_\xi$,则没有粗差。

4. 水平定位误差保护限与漏警率

上述监测方法既可能误警,也可能漏警。在伪距测量误差矢量 $\boldsymbol{E}$ 的第 i 个元素含有粗差 b_i 的条件下,ξ_i 的期望为

$$\mu_i=|\boldsymbol{Q}_{p,i}|\cdot b_i \tag{8.103}$$

给定漏警率 P_{MD},有

$$\begin{aligned}P_{\mathrm{MD}}&=P\{|\xi_i|\leqslant T_\xi\}\\&=\int_{-T_\xi}^{T_\xi}\frac{1}{\sqrt{2\pi}\,\sigma_\rho}\mathrm{e}^{\frac{-(x-\mu_i)^2}{2\sigma_\rho^2}}\mathrm{d}x\\&\approx\int_{-\infty}^{T_\xi}\frac{1}{\sqrt{2\pi}\,\sigma_\rho}\mathrm{e}^{\frac{-(x-\mu_i)^2}{2\sigma_\rho^2}}\mathrm{d}x\\&=\mathrm{erf}\left(\frac{\mu_i-T_\xi}{\sigma_\rho}\right)\end{aligned} \tag{8.104}$$

于是

$$\mu_i=T_\xi+\sigma_\rho\cdot\mathrm{erf}^{-1}(P_{\mathrm{MD}}) \tag{8.105}$$

式中:μ_i 为在漏警率 P_{MD} 条件下可以监测出的正态分布统计量 ξ_i 的最小非中心化偏差。μ_i 对应粗差为

$$b_i=\mu_i/|\boldsymbol{Q}_{p,i}| \tag{8.106}$$

相应定位误差矢量为

$$\begin{bmatrix}\delta x_i\\\delta y_i\\\delta z_i\end{bmatrix}=\boldsymbol{R}_X^{-1}\cdot\boldsymbol{Q}_{X,i}\cdot b_i \tag{8.107}$$

式中:δx_i、δy_i、δz_i 分别为北、天、东方向的定位误差;$\boldsymbol{Q}_{X,i}$ 为 $\boldsymbol{Q}_X$ 的第 i 列。

于是水平方向定位误差为 $\sqrt{\delta x_i^2+\delta z_i^2}$。取水平定位误差保护限(Horizontal

Protection Level, HPL)为

$$\mathrm{HPL}=\max_i\left(\sqrt{\delta x_i^2+\delta z_i^2}\right) \tag{8.108}$$

式中:HPL 为在漏警率 P_{MD} 条件下可以监测出的水平定位误差,若实际水平定位误差大于 HPL,则漏警率将小于 P_{MD}。

HPL 与误警率 P_{FA}、漏警率 P_{MD}、伪距测量标准差 σ_ρ、卫星颗数 n 以及卫星构形有关。针对应用于特定背景的特定卫星导航接收机,误警率 P_{FA}、漏警率 P_{MD}、伪距测量标准差 σ_ρ 通常是给定的,只有卫星颗数 n 和卫星构形在导航过程中发生变化。在导航过程中,实时计算 HPL,并与事先给定的水平定位误差告警限(Horizontal Alarm Level, HAL)比较。若 HPL<HAL,则判断导航系统可用;若 HPL≥HAL,则判断导航系统不可用。

思考题

1. 试述由广播星历计算北斗倾斜轨道卫星位置、速度的计算步骤及公式。

2. 试述伪距单点定位、位置差分相对定位、伪距差分相对定位的基本原理,并比较它们的定位精度。

3. 试写出伪距差分测量方程,解释方程中各符号的含义,并指明未知参数。

4. 伪距变率单点定速、伪距变率差分定速中主要误差源有哪些?

5. 伪距差分相对定位中如何解决通信数据量大和通信时间延迟的问题?

6. 试述卫星导航定位中精度衰减因子 PDOP、VDOP、HDOP、TDOP、GDOP 的概念及作用。

7. 若伪距测量标准差为 $\sigma_\rho=\pm 4\mathrm{m}$, PDOP = 5, VDOP = 4, HDOP = 3,则伪距单点定位三维空间定位精度、高程方向定位精度、水平方向定位精度各为多少?

8. 设定位精度衰减因子 PDOP = 2.5,包括各种误差源影响的伪距测量标准差为 $\sigma_\rho=\pm 2\mathrm{m}$,伪距差分、伪距变率、伪距变率差分标准差分别为 $\sigma_{\Delta\rho}=\pm 0.5\mathrm{m}$、$\sigma_{\dot\rho}\ \pm 0.1(\mathrm{m/s})$、$\sigma_{\Delta\dot\rho}=\pm 0.05(\mathrm{m/s})$,则三维空间中伪距单点定位、伪距差分相对定位、伪距变率单点定速、伪距变率差分定速精度各为多少?

9. 利用 f_1、f_2 频点导航信号测得的伪距分别为 ρ_1、ρ_2,试给出电离层延迟误差双频修正后的伪距计算公式。

10. 何谓卫星导航星基广域增强系统?

11. 试解释接收机自主完好性监测中水平定位误差保护限 HPL 的含义。若漏警率增加,则 HPL 如何变化?

第 9 章　卫星导航精密相对定位

卫星导航粗码伪距单点定位精度约为 5m(1σ),精码伪距单点定位精度约为 2m(1σ),局域、广域差分定位精度可达 1m(1σ)。对于航天器空间交会对接靠拢段制导、飞机三类精密进近着陆导航、飞行器定姿等应用来说,这些导航方法的精度均不能满足要求。为了进一步提高定位精度,就必须应用基于卫星载波信号相位测量值的精密相对定位技术。本章将介绍载波相位双差的测量值模型、相对定位及精度分析方法、整周模糊度求解方法以及周跳探测与修复方法。

9.1　载波相位测量数学模型

9.1.1　载波相位测量方程

记 f_0 为标准频率;f^j、δf^j 为卫星发射载波信号的频率及频率偏差;f_k、δf_k 为本地载波信号的频率及频率偏差。于是

$$\begin{cases} f_k = f_0 + \delta f_k \\ f^j = f_0 + \delta f^j \end{cases} \tag{9.1}$$

由式(7.32)可得,k 号接收机测量 j 号卫星的载波相位测量值为

$$\phi_k^j = f_0 \cdot \tau + (\delta f_k \cdot T_k + \phi_{k0}) - (\delta f^j \cdot T^j + \phi_0^j) - N_k^j \tag{9.2}$$

式中:T_k 为接收机载波相位测量时刻,GNSS 标准时(GPS 时或北斗时,量纲为 s);T^j 为 j 号卫星发射载波信号时刻,GNSS 标准时(量纲为 s),且

$$T^j = T_k - \tau \tag{9.3}$$

其他符号的含义同式(7.32)。记

$$\begin{cases} \delta t_k \triangleq (\delta f_k \cdot T_k + \phi_{k0}) / f_0 \\ \delta t^j \triangleq (\delta f^j \cdot T^j + \phi_0^j) / f_0 \end{cases} \tag{9.4}$$

并记 t_k 为测量时刻接收机钟面时,t^j 为发射时刻卫星钟面时。于是 T_k、t_k、δt_k 分别为测量时刻的 GNSS 标准时、接收机钟面时、接收机钟差;T^j、t^j、δt^j 分别为发射时刻 GNSS 标准时、卫星钟面时、卫星钟差,并有

$$\begin{cases} T_k = t_k - \delta t_k \\ T^j = t^j - \delta t^j \end{cases} \tag{9.5}$$

考虑到 $c = f_0 \cdot \lambda$，以及测量误差 ε_k^j，于是式(9.2)转化为

$$\phi_k^j = \frac{1}{\lambda} | \boldsymbol{r}^j(T^j) - \boldsymbol{r}_k(T_k) | + f_0 \cdot \delta t_k - f_0 \cdot \delta t^j - N_k^j + \varepsilon_k^j \tag{9.6}$$

式中：λ 为载波波长；$\boldsymbol{r}^j(T^j)$ 为 j 号卫星在发射时刻 T^j 的位置矢量；$\boldsymbol{r}_k(T_k)$ 为 k 号接收机在测量时刻 T_k 的位置矢量。

式(9.6)即为载波相位测量方程，也称载波相位非差测量方程。正常情况下载波相位测量误差 ε_k^j 的标准差为0.01~0.02周。对于不同时刻的载波相位测量值，相应整周模糊度为一常值。当短时间内出现卫星信号被遮挡、强电磁干扰等意外故障时，接收机载波信号锁相环路可能短暂失锁，然后恢复正常。在此情况下，整周模糊度变为另外一个常值。相对于前一时刻，载波相位测量值出现一个异常的整数跳变，称为周跳。

在载波相位非差测量方程式(9.6)中，接收机位置矢量、接收机钟差为未知参数，卫星位置矢量、卫星钟差也应该作为未知参数，卫星发射信号时刻需要迭代求解。

1. 卫星位置矢量 $\boldsymbol{r}^j$ 作为未知参数

由导航电文提供的星历参数，可以计算得到卫星位置，但是标准差约为0.4m，相当于2周的载波相位测量误差（对应GPS L1频点），严重损害了载波相位非差测量方程的精度。因此，卫星位置矢量 $\boldsymbol{r}^j$ 不能由导航电文参数计算，而必须作为未知参数求解。

2. 卫星钟差 δt^j 作为未知参数

由导航电文提供的卫星钟差模型参数，可以计算得到卫星钟差，但是精度只有约 10^{-8}s(1σ)，相当于16周的载波相位测量误差（对应GPS L1频点），严重损害了载波相位测量方程的精度。因此，卫星钟差 δt^j 不能按导航电文参数计算，而必须作为未知参数求解。

3. 卫星发射信号时刻 T^j 的获取

接收机在实际测量过程中可以获得测量时刻的接收机钟面时 t_k，但是不知道 T_k、T^j。δt_k、δt^j 为未知参数。为了尽量减少未知参数的个数，需要用其他未知参数来计算 T^j，并使测量方程不至于太复杂。为此可以采用下述迭代计算方法。

步骤1：取接收机钟差为 $\delta t_k = 0$，卫星钟差为 $\delta t^j = 0$，传播时延为 $\tau = 0$，卫星发射信号时刻为 $T^j = t_k$，由卫星星历计算卫星位置矢量 $\boldsymbol{r}^j(T^j)$。

步骤2：将 $\boldsymbol{r}^j(T^j)$ 代入载波相位测量方程，并应用最小二乘法求解载波相位

测量方程组，得 $\boldsymbol{r}_k(T_k)$、δt_k、δt^j 等未知参数。

步骤 3：由 $\boldsymbol{r}^j(T^j)$、$\boldsymbol{r}_k(T_k)$、δt_k、δt^j 计算新的 τ、T^j、$\boldsymbol{r}^j(T^j)$。

重复步骤 2、3，直至 $\boldsymbol{r}^j(T^j)$ 的变化小于预定门限。

9.1.2 考虑电离层、对流层传播时延误差的载波相位测量方程

卫星信号穿越地球电离层时，其传播速度相对于真空中的传播速度将有所减慢，传播时间相对于真空中同样距离的传播时间将有所增加。记时间增加量为 $\delta t_{k,\mathrm{Ion}}^{j}=\dfrac{A}{f^{2}}$，其中 A 与传播路径上的电子密度有关；f 为信号频率。卫星信号为扩频调制信号，具有不同频率，相应傅里叶变换（频谱函数）对称于中心频率 f_0，如图 9.1所示。记 $S_{\mathrm{Ion}}(f)$ 为穿越电离层后卫星信号的傅里叶变换，$S(f)$ 为穿越同样距离真空后卫星信号的傅里叶变换。

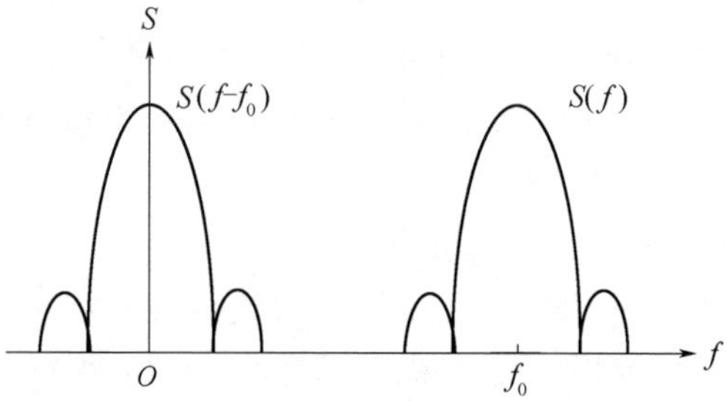

图 9.1　卫星信号傅里叶变换曲线示意图

$$
\begin{aligned}
S_{\mathrm{Ion}}(f) &= S(f)\cdot \mathrm{e}^{-\mathrm{j}2\pi f\cdot\frac{A}{f^{2}}} \\
&= S(f-f_0)\cdot \mathrm{e}^{-\mathrm{j}2\pi\cdot\frac{A}{f}} \\
&\approx S(f-f_0)\cdot \mathrm{e}^{-\mathrm{j}2\pi\cdot A\left(\frac{1}{f_0}-\frac{f-f_0}{f_0^{2}}\right)} \\
&= S(f-f_0)\cdot \mathrm{e}^{-\mathrm{j}2\pi\cdot A\frac{1}{f_0}}\cdot \mathrm{e}^{\mathrm{j}2\pi\cdot A\frac{f-f_0}{f_0^{2}}}
\end{aligned}
\tag{9.7}
$$

式中：j 为虚数单位，$\mathrm{j}=\sqrt{-1}$。

记

$$
\begin{cases}
\theta_0 \triangleq A\dfrac{1}{f_0} \\
\tau_0 \triangleq A\dfrac{1}{f_0^{2}}
\end{cases}
\tag{9.8}
$$

则

$$S_{\mathrm{Ion}}(f)=S(f-f_0)\cdot \mathrm{e}^{-\mathrm{j}2\pi\cdot\theta_0}\cdot \mathrm{e}^{\mathrm{j}2\pi\cdot(f-f_0)\tau_0} \tag{9.9}$$

式中：θ_0 为载波相位增加量；τ_0 为不同频率信号的群时延误差。

对 $S_{\mathrm{Ion}}(f)$ 进行傅里叶逆变换，可得穿越电离层后卫星信号，它相对于穿越同样距离真空后卫星信号，时间提前 τ_0，信号相位减少 θ_0。到达时间提前这一现象似乎表示卫星信号传播速度大于真空中光速，但是从式(9.7)第一个等式可以看出，卫星信号实际上是延迟到达。

记群时延误差 τ_0 对应的距离误差为 $\delta\rho_{k,\mathrm{Ion}}^{j}$，$\delta\rho_{k,\mathrm{Ion}}^{j}=c\cdot\tau_0$，其中 c 为真空中的光速。卫星信号穿越地球对流层时，其传播时延与信号频率无关。记对流层传播时延增加量为 $\delta t_{k,\mathrm{Trop}}^{j}$，对应的距离误差为 $\delta\rho_{k,\mathrm{Trop}}^{j}=c\cdot\delta t_{k,\mathrm{Trop}}^{j}$。于是在考虑电离层、对流层传播时延误差条件下，参见式(9.6)，非差载波相位测量方程变为

$$\begin{aligned}\phi_k^j=&\frac{1}{\lambda}\left|\boldsymbol{r}^j(T^j)-\boldsymbol{r}_k(T_k)\right|+f_0\cdot\delta t_k-f_0\cdot\delta t^j\\&-\frac{1}{\lambda}\delta\rho_{k,\mathrm{Ion}}^{j}+\frac{1}{\lambda}\delta\rho_{k,\mathrm{Trop}}^{j}-N_k^j+\varepsilon_k^j\end{aligned} \tag{9.10}$$

9.1.3 载波相位差分测量方程

定义卫星钟差补偿后的载波相位单差 ϕ_{12}^{j}、双差 ϕ_{12}^{jk}、三差 $\phi_{12}^{jk}(t_i,t_{i+1})$ 如下

$$\begin{cases}\phi_{12}^{j}\triangleq(\phi_2^j+f_0\cdot\delta t_2^j)-(\phi_1^j+f_0\cdot\delta t_1^j)\\ \phi_{12}^{jk}\triangleq\phi_{12}^{k}-\phi_{12}^{j}\\ \phi_{12}^{jk}(t_i,t_{i+1})\triangleq\phi_{12}^{jk}(t_{i+1})-\phi_{12}^{jk}(t_i)\end{cases} \tag{9.11}$$

式中：下标 1、2 为接收机编号；上标 j、k 为卫星编号；t_i、t_{i+1} 为前后不同时刻；δt_2^j、δt_1^j 分别为 j 号卫星在 T_2^j、T_1^j 时刻的钟差，T_2^j、T_1^j 分别为接收机 2、1 对应的 j 号卫星发射信号时刻，按照 8.3.1 节所述方法计算得到。

参照载波相位测量方程式(9.6)，不考虑电离层、对流层传播时延误差，载波相位单差测量方程为

$$\phi_{12}^{j}=\frac{1}{\lambda}\left(\left|\boldsymbol{r}_2^j-\boldsymbol{r}_2\right|-\left|\boldsymbol{r}_1^j-\boldsymbol{r}_1\right|\right)+f_0\cdot\delta t_{12}-N_{12}^{j}+\varepsilon_{12}^{j} \tag{9.12}$$

式中：$\boldsymbol{r}_2^j$、$\boldsymbol{r}_1^j$ 分别为 j 号卫星在 T_2^j、T_1^j 时刻的位置矢量，按照 8.1 节、8.3.1 节所述方法计算得到；$\boldsymbol{r}_2$、$\boldsymbol{r}_1$ 为接收机 2、1 位置矢量。

$$\delta t_{12}=(\delta t_2-\delta t_1),N_{12}^{j}=(N_2^j-N_1^j),\varepsilon_{12}^{j}=\varepsilon_2^j-\varepsilon_1^j$$

载波相位双差测量方程为

$$\phi_{12}^{jk}=\frac{1}{\lambda}\left(\left|\boldsymbol{r}_2^k-\boldsymbol{r}_2\right|-\left|\boldsymbol{r}_1^k-\boldsymbol{r}_1\right|\right)-\frac{1}{\lambda}\left(\left|\boldsymbol{r}_2^j-\boldsymbol{r}_2\right|-\left|\boldsymbol{r}_1^j-\boldsymbol{r}_1\right|\right)-N_{12}^{jk}+\varepsilon_{12}^{jk} \tag{9.13}$$

式中：

$$N_{12}^{jk}=(N_{12}^{k}-N_{12}^{j}),\varepsilon_{12}^{jk}=\varepsilon_{12}^{k}-\varepsilon_{12}^{j}$$

载波相位三差测量方程为

$$\begin{aligned}\phi_{12}^{jk}(t_i,t_{i+1})=&\frac{1}{\lambda}[(|\boldsymbol{r}_2^k-\boldsymbol{r}_2|-|\boldsymbol{r}_1^k-\boldsymbol{r}_1|)-(|\boldsymbol{r}_2^j-\boldsymbol{r}_2|-|\boldsymbol{r}_1^j-\boldsymbol{r}_1|)]_{t_{i+1}}\\&-\frac{1}{\lambda}[(|\boldsymbol{r}_2^k-\boldsymbol{r}_2|-|\boldsymbol{r}_1^k-\boldsymbol{r}_1|)-(|\boldsymbol{r}_2^j-\boldsymbol{r}_2|-|\boldsymbol{r}_1^j-\boldsymbol{r}_1|)]_{t_i}\\&+\varepsilon_{12}^{jk}(t_i,t_{i+1})\end{aligned}\tag{9.14}$$

式中：$[\ ]_{t_i}$、$[\ ]_{t_{i+1}}$分别为 t_i、t_{i+1}时刻的值；$\varepsilon_{12}^{jk}(t_i,t_{i+1})=\varepsilon_{12}^{jk}(t_{i+1})-\varepsilon_{12}^{jk}(t_i)$。

记 $\boldsymbol{r}_{12}\triangleq\boldsymbol{r}_2-\boldsymbol{r}_1$，$\boldsymbol{r}_{12}$称为基线矢量。于是载波相位单差测量方程式(9.12)可以转化为

$$\phi_{12}^{j}=\frac{1}{\lambda}(|\boldsymbol{r}_2^j-(\boldsymbol{r}_1+\boldsymbol{r}_{12})|-|\boldsymbol{r}_1^j-\boldsymbol{r}_1|)+f_0\cdot\delta t_{12}-N_{12}^{j}+\varepsilon_{12}^{j}\tag{9.15}$$

下面讨论接收机 1 位置矢量误差 $\delta\boldsymbol{r}_1$、卫星位置矢量误差 $\delta\boldsymbol{r}^j$ 以及卫星钟差残差导致的载波相位单差误差。

1. 接收机 1 位置矢量误差

接收机 1 位置可以通过伪距单点定位得到，或者接收机 1 作为基准站相应位置精确已知。接收机 1 位置矢量误差 $\delta\boldsymbol{r}_1$ 导致的载波相位单差误差为

$$\begin{aligned}\varepsilon&=\frac{1}{\lambda}(-\boldsymbol{r}_2^{j0}+\boldsymbol{r}_1^{j0})\cdot\delta\boldsymbol{r}_1\\&\leqslant\frac{1}{\lambda}\cdot\frac{D_{12}}{r_2^j}\cdot|\delta\boldsymbol{r}_1|\end{aligned}\tag{9.16}$$

式中：$\boldsymbol{r}_2^{j0}$、$\boldsymbol{r}_1^{j0}$ 分别为接收机 2、1 至 j 号卫星方向的单位矢量；D_{12}为接收机 2、1 之间的距离；r_2^j 为接收机 2 至 j 号卫星的距离。

北斗伪距单点定位水平、高程方向标准差通常小于 5m。当接收机 2、1 间距小于 5km 时，对应 BDS B1 频点，ε 小于 0.007 周，小于载波相位测量标准差 0.01 周，ε 可以忽略不计。

在载波相位单差测量方程中，接收机 1 的位置矢量 $\boldsymbol{r}_1$ 采用伪距单点定位结果。载波相位单差测量方程主要用于求解基线矢量 $\boldsymbol{r}_{12}$。类似的，载波相位双差、三差测量方程也是主要用于求解基线矢量。在飞机着陆最后阶段导航、飞行器定姿等应用中，接收机 2、1 间距小于 1km，此时接收机 1 位置矢量误差导致的载波相位单差误差更小，更是可以忽略不计。

2. 卫星位置矢量误差

卫星位置按照 8.1 节、8.3.1 节所述方法计算。接收机 2、1 至 j 号卫星距离不同，接收机 2、1 测量时刻并不完全相等，因此在式(9.15)中，接收机 2、1 对应

卫星位置不是同一时刻位置,需要分别计算。卫星位置矢量误差由导航电文星历参数误差导致,在短时间内为常值,相应标准差通常为 0.4m。卫星位置矢量误差导致的载波相位单差误差,与接收机 1 的类似,当接收机 2、1 间距小于 5km 时可以忽略不计。因此,在载波相位单差测量方程中,卫星位置可以由广播星历计算,无需作为未知参数。

3. 卫星钟差残差

接收机 2、1 对应 j 号卫星的钟差不是同一时刻钟差,需要分别计算。卫星钟差包括不同频点信号星上设备时延差,按照 8.1.5 节所述方法计算,所需卫星发射信号时刻近似取为 $(t-\rho/c)$,其中:t 为伪距测量时刻接收机钟面时;ρ 为伪距测量值;c 为光速。在载波相位非差测量方程式(9.6)中,卫星钟差项 $f_0 \cdot \delta t^j$ 应该移至等号左侧,补偿到载波相位非差测量值中。由卫星钟差补偿后的载波相位非差测量值,计算载波相位单差、双差、三差测量值。

星载原子钟的钟差随时间变化很小,因为导航电文钟差参数不准导致的星载原子钟钟差计算值误差随时间变化就更小,约为 2×10^{-12} s/s 。接收机 2、1 对应 j 号卫星的发射信号时刻之差远小于 0.1s。在此两个发射信号时刻之间,星载原子钟钟差计算值误差导致的载波相位单差误差(乘波长转化为距离误差)远小于 0.06mm,认为被完全消除。

相对于载波相位非差测量方程,载波相位单差测量方程消去了卫星位置矢量、卫星钟差未知参数,卫星位置矢量和卫星钟差可以由导航电文计算得到;载波相位双差测量方程进一步消去了接收机钟差未知参数;载波相位三差测量方程又进一步消去了整周模糊度未知参数。另外,在各种载波相位差分测量方程中,电离层、对流层传播时延误差均得到了削弱。

在组成载波相位差分测量信息的过程中,仅被一个接收机测量的信息将被舍弃,前后时刻相距较近将导致三差测量值接近于零。因此,差分层次越多则有效信息损失越大。三差差分层次最多,双差次之。载波相位双差测量值因为未知参数较少、有效信息损失较小,所以较为常用。

9.2 载波相位双差相对定位及精度分析

1. 载波相位双差线性化测量方程组

与载波相位双差 ϕ_{12}^{jk} 对应的卫星位置、接收机位置如图 9.2 所示。取基线矢量初值 $\boldsymbol{r}_{120}$,记 $\delta\boldsymbol{r}_{12}$、$\boldsymbol{r}_{12}$ 为基线矢量增量、真值,于是有 $\delta\boldsymbol{r}_{12}=\boldsymbol{r}_{12}-\boldsymbol{r}_{120}$。将载波相位双差测量方程式(9.13)线性化,得

$$\underset{(n-1)\times1}{\boldsymbol{Y}} = \underset{(n-1)\times3}{\boldsymbol{A}} \cdot \underset{3\times1}{\boldsymbol{X}} - \underset{3\times1}{\boldsymbol{N}} + \underset{(n-1)\times1}{\boldsymbol{E}} \tag{9.17}$$

式中：n 为测量卫星颗数。

$$\underset{3\times1}{\boldsymbol{X}}=\delta\boldsymbol{r}_{12},\ \underset{(n-1)\times1}{\boldsymbol{N}}=\begin{bmatrix}\cdots\\N_{12}^{jk}\\\cdots\end{bmatrix},\ \underset{(n-1)\times1}{\boldsymbol{E}}=\begin{bmatrix}\cdots\\\varepsilon_{12}^{jk}\\\cdots\end{bmatrix}$$

$$\underset{(n-1)\times1}{\boldsymbol{Y}}=\begin{bmatrix}\cdots\\\phi_{12}^{jk}-\dfrac{1}{\lambda}\{[\,|\boldsymbol{r}_2^k-(\boldsymbol{r}_1+\boldsymbol{r}_{120})|-|\boldsymbol{r}_1^k-\boldsymbol{r}_1|\,]-[\,|\boldsymbol{r}_2^j-(\boldsymbol{r}_1+\boldsymbol{r}_{120})|-|\boldsymbol{r}_1^j-\boldsymbol{r}_1|\,]\}\\\cdots\end{bmatrix}\tag{9.18}$$

$$\underset{(n-1)\times3}{\boldsymbol{A}}=\begin{bmatrix}\cdots\\-\dfrac{1}{\lambda}(\boldsymbol{r}_2^{k0}-\boldsymbol{r}_2^{j0})_{1\times3}^{\mathrm{T}}\\\cdots\end{bmatrix}\tag{9.19}$$

式中：j 为参考卫星编号；$k=1,2,\cdots,n,k\neq j$；$\boldsymbol{r}_2^{k0}$、$\boldsymbol{r}_2^{j0}$ 分别为接收机 2 初始位置至 k、j 号卫星方向单位矢量，$\boldsymbol{r}_2^{k0}=\dfrac{\boldsymbol{r}_2^k-(\boldsymbol{r}_1+\boldsymbol{r}_{120})}{|\boldsymbol{r}_2^k-(\boldsymbol{r}_1+\boldsymbol{r}_{120})|}$，$\boldsymbol{r}_2^{j0}=\dfrac{\boldsymbol{r}_2^j-(\boldsymbol{r}_1+\boldsymbol{r}_{120})}{|\boldsymbol{r}_2^j-(\boldsymbol{r}_1+\boldsymbol{r}_{120})|}$。

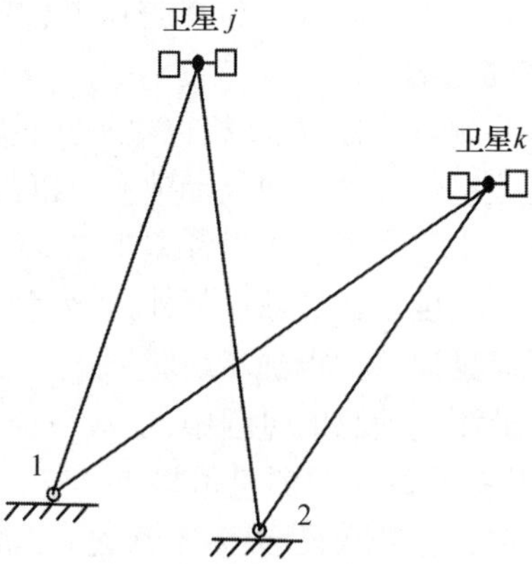

图 9.2　接收机至卫星的距离

通常假设载波相位非差测量误差为白噪声，相互独立、等精度，且标准差为 σ_ϕ，于是载波相位双差测量误差矢量 $\boldsymbol{E}$ 的期望和方差阵为

$$\begin{cases}\mathrm{Exp}\{\boldsymbol{E}\}=0_{(n-1)\times1}\\\mathrm{Cov}\{\boldsymbol{E}\}=\boldsymbol{\Sigma}_{(n-1)\times(n-1)}=\sigma_{\Delta\phi}^2\cdot\boldsymbol{D}\end{cases}\tag{9.20}$$

式中：$\sigma_{\Delta\phi}$ 为载波相位单差测量误差标准差，$\sigma_{\Delta\phi}=\sqrt{2}\sigma_\phi$；$\boldsymbol{D}=\begin{bmatrix}2&1&\cdots&1\\1&\ddots&\ddots&\vdots\\\vdots&\ddots&\ddots&1\\1&\cdots&1&2\end{bmatrix}$。

2. 双差相对定位解算及精度分析

假设整周模糊度 $\boldsymbol{N}$ 已经按照 9.3 节所述方法求得，并在式(9.17)中将 $\boldsymbol{N}$ 归入 $\boldsymbol{Y}$。按照最小二乘法求解式(9.17)，得参数估计值及其方差阵为

$$\boldsymbol{X}=(\boldsymbol{A}^{\mathrm{T}}\boldsymbol{D}^{-1}\boldsymbol{A})^{-1}\boldsymbol{A}^{\mathrm{T}}\boldsymbol{D}^{-1}\boldsymbol{Y} \tag{9.21}$$

$$\boldsymbol{\Sigma}_{X}=\sigma_{\Delta\phi}^{2}(\boldsymbol{A}^{\mathrm{T}}\boldsymbol{D}^{-1}\boldsymbol{A})^{-1} \tag{9.22}$$

载波相位双差测量方程式(9.17)中的基线矢量增量、接收机至卫星方向单位矢量分别取当地北东地坐标系中的值。记

$$\begin{bmatrix} q_{11} & & \cdots \\ & q_{22} & \\ \cdots & & q_{33} \end{bmatrix}=(\boldsymbol{A}^{\mathrm{T}}\boldsymbol{D}^{-1}\boldsymbol{A})^{-1} \tag{9.23}$$

定义位置、水平、高程几何精度衰减因子分别为

$$\begin{cases} \mathrm{PDOP} \triangleq \sqrt{q_{11}+q_{22}+q_{33}} \\ \mathrm{HDOP} \triangleq \sqrt{q_{11}+q_{22}} \\ \mathrm{VDOP} \triangleq \sqrt{q_{33}} \end{cases} \tag{9.24}$$

于是载波相位双差精密相对定位在三维空间、水平面内、高程方向的定位标准差分别为

$$\begin{cases} \sigma_1=\sigma_{\Delta\phi} \cdot \mathrm{PDOP} \\ \sigma_2=\sigma_{\Delta\phi} \cdot \mathrm{HDOP} \\ \sigma_3=\sigma_{\Delta\phi} \cdot \mathrm{VDOP} \end{cases} \tag{9.25}$$

载波相位双差测量方程式(9.13)、式(9.17)中未考虑 1 号接收机位置误差、卫星星历误差、电离层/对流层传播延迟改正等。当接收机 1、2 相距很近时，这些误差都得到了很好的削弱，可以忽略不计。

由导航电文星历参数和发射时刻近似值 T^j 计算卫星位置

$$T^j=t_k-\frac{\rho_k^j}{c}-\delta t^j$$

式中：t_k 为测量时刻接收机钟面时；ρ_k^j 为伪距测量值；c 为真空中的光速；δt^j 为卫星钟差，由导航电文计算。

在载波相位双差相对定位计算之初，基线矢量初值 $\boldsymbol{r}_{120}$ 可以按照如下方法计算：①根据接收机 1、2 伪距定位（或伪距差分定位）结果计算；②采用迭代方法计算，首先取基线矢量初值 $\boldsymbol{r}_{120}=0$，求得基线矢量增量 $\delta\boldsymbol{r}_{12}$，然后取($\boldsymbol{r}_{120}+\delta\boldsymbol{r}_{12}$)作为新的基线矢量初值，再求得新的 $\delta\boldsymbol{r}_{12}$，如此循环，直至 $|\delta\boldsymbol{r}_{12}|$ 小于预定的门限。

3. 飞行器三维姿态确定

如图 9.3 所示,在飞行器上安置三个天线(对应三个卫星导航接收机):天线 1、2、3,组成基线 1—2、1—3。与基线固连的飞行器体坐标系 $o\text{-}x_b y_b z_b$ 为:原点 o 在天线 2、3 中点;x_b 轴为 o—1 方向;y_b 轴在 1、2、3 所在平面,垂直于 x_b 轴,指向 3 点一侧;$o\text{-}x_b y_b z_b$ 构成右手直角坐标系。

天线 1、2、3 分别测量各颗卫星的载波相位,组成载波相位双差,进行载波相位双差相对定位,得基线矢量,然后将其转换至当地北东地坐标系,记为 $\boldsymbol{r}_{12}$、$\boldsymbol{r}_{13}$。

1) 偏航角 ψ 和俯仰角 ϕ

参照图 9.3,基线 o-1 在北东地坐标系中的矢量为

$$\boldsymbol{r}_{o1} = -\frac{1}{2}(\boldsymbol{r}_{12}+\boldsymbol{r}_{13}) \tag{9.26}$$

于是

$$\begin{cases}\psi = \arctan(y_{o1}/x_{o1}), & \psi \in [-\pi,\pi] \\ \phi = \arctan\left(-z_{o1}/\sqrt{x_{o1}^2+y_{o1}^2}\right), & \phi \in \left[-\dfrac{\pi}{2},\dfrac{\pi}{2}\right]\end{cases} \tag{9.27}$$

式中:x_{o1}、y_{o1}、z_{o1} 为 $\boldsymbol{r}_{o1}$ 的三个分量。

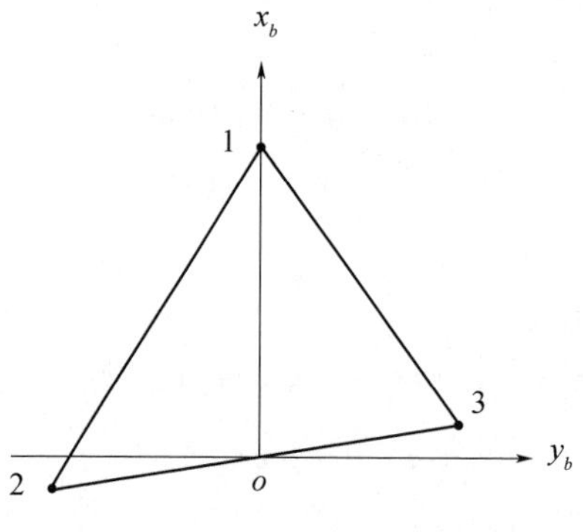

图 9.3　三天线与体坐标系

2) 滚动角 γ

北东地坐标系 o-NED 绕 z 轴旋转 ψ,然后绕新的 y 轴旋转 ϕ,得到过渡坐标系 $o\text{-}x'y'z'$。定义

$$\boldsymbol{F} \triangleq \boldsymbol{r}_{12}\times\boldsymbol{r}_{13} \tag{9.28}$$

于是,矢量 $\boldsymbol{F}$ 在辅助坐标系 $o\text{-}x'y'z'$ 中的值为

$$\boldsymbol{F}' = \boldsymbol{R}_y(\phi)\cdot\boldsymbol{R}_z(\psi)\cdot\boldsymbol{F} \tag{9.29}$$

式中:$\boldsymbol{R}_z(\ )$、$\boldsymbol{R}_y(\ )$ 分别为绕 z、y 轴的旋转矩阵。

于是滚动角 γ 为

$$\gamma=\arctan\left(\frac{y'}{-z'}\right),\quad \gamma\in[-\pi,\pi] \tag{9.30}$$

式中：x'、y'、z'为$\boldsymbol{F}'$的三个分量。

载波相位双差相对定位精度近似地不受基线长度的影响，所以基线越长，定姿精度越高。若载波相位双差相对定位精度为5mm(1σ)，基线长度为1m，则定姿精度约为5×10^{-3} rad(1σ)；若基线长度变为10m，则定姿精度约为5×10^{-4}rad(1σ)。

9.3 载波相位双差整周模糊度求解

载波相位双差相对定位精度可达毫米量级。如何快速、准确地求解出载波相位双差整周模糊度却是一个难题，解决这一难题的总体思路是采用整数约束最小二乘法，求解联立的多个历元伪距双差、载波相位双差测量方程组。伪距双差越准确、历元个数越多，则求解得到的整周模糊度越可靠。参照附录B，多历元伪距双差、载波相位双差的加权残差平方和最小，等价于模糊度浮点解的残差二次型最小。于是可以采用卡尔曼滤波方法，逐一历元求解模糊度浮点解，然后采用整数搜索方法求解整周模糊度，使模糊度浮点解的残差二次型达到最小。卡尔曼滤波方法可以极大地压缩测量信息存储空间，并提高运算速度。

遵循上述总体思路求解整周模糊度的具体方法有很多，其中理论基础最为坚实、效果最好、应用最为广泛的是基于浮点解的降相关整周搜索方法，它适用于飞行器动态定姿及精密相对定位。其求解思路是在当前历元对伪距双差、载波相位双差测量信息进行滤波，求解模糊度浮点解，然后对模糊度浮点解进行降相关整数变换、去相关浮点变换，在变换后的模糊度空间内进行整数搜索，使模糊度浮点解残差的二次型达到最小，最后对搜索结果进行正确性检验，若检验通过则将搜索结果作为整周模糊度的解，否则延续至下一历元继续求解。

9.3.1 由伪距及载波相位求解模糊度浮点解

定义伪距双差为

$$\rho_{12}^{jk}\triangleq(\rho_2^k-\rho_1^k)-(\rho_2^j-\rho_1^j) \tag{9.31}$$

式中：下标1、2为接收机编号；上标j、k为卫星编号；ρ_2^k、ρ_1^k、ρ_2^j、ρ_1^j为卫星钟差补偿后的伪距测量值。

参照伪距测量方程，并忽略电离层、对流层传播延迟改正，可得伪距双差测量方程如下

$$\rho_{12}^{jk}=(|\boldsymbol{r}_2^k-(\boldsymbol{r}_1+\boldsymbol{r}_{12})|-|\boldsymbol{r}_1^k-\boldsymbol{r}_1|)-(|\boldsymbol{r}_2^j-(\boldsymbol{r}_1+\boldsymbol{r}_{12})|-|\boldsymbol{r}_1^j-\boldsymbol{r}_1|)+\varepsilon_{\rho12}^{jk} \tag{9.32}$$

式中：ρ_{12}^{jk}为伪距双差测量值；$\varepsilon_{\rho12}^{jk}$为伪距双差测量误差，$\varepsilon_{\rho12}^{jk}=(\varepsilon_{\rho2}^{k}-\varepsilon_{\rho1}^{k})-(\varepsilon_{\rho2}^{j}-\varepsilon_{\rho1}^{j})$，$\varepsilon_{\rho2}^{k}$、$\varepsilon_{\rho1}^{k}$、$\varepsilon_{\rho2}^{j}$、$\varepsilon_{\rho1}^{j}$为伪距测量误差；其他符号的含义与式(9.13)相同。

取基线矢量初值$\boldsymbol{r}_{120}$，将载波相位双差测量方程、伪距双差测量方程线性化，得

$$\begin{cases}\underset{(n-1)\times1}{\boldsymbol{Y}}=\underset{(n-1)\times3}{\boldsymbol{A}}\cdot\underset{3\times1}{\boldsymbol{X}}-\underset{(n-1)\times1}{\boldsymbol{N}}+\underset{(n-1)\times1}{\boldsymbol{E}}\\ \underset{(n-1)\times1}{\boldsymbol{Y}_\rho}=\underset{(n-1)\times3}{\boldsymbol{A}_\rho}\cdot\underset{3\times1}{\boldsymbol{X}}+\underset{(n-1)\times1}{\boldsymbol{E}_\rho}\end{cases}\tag{9.33}$$

式中：n为测量卫星颗数。

$$\underset{(n-1)\times1}{\boldsymbol{E}_\rho}=\begin{bmatrix}\cdots\\ \varepsilon_{\rho12}^{jk}\\ \cdots\end{bmatrix}$$

$$\underset{(n-1)\times1}{\boldsymbol{Y}_\rho}=\begin{bmatrix}\cdots\\ \rho_{12}^{jk}-\{[\,|\boldsymbol{r}_2^k-(\boldsymbol{r}_1+\boldsymbol{r}_{120})|-|\boldsymbol{r}_1^k-\boldsymbol{r}_1|\,]-[\,|\boldsymbol{r}_2^j-(\boldsymbol{r}_1+\boldsymbol{r}_{120})|-|\boldsymbol{r}_1^j-\boldsymbol{r}_1|\,]\}\\ \cdots\end{bmatrix}\tag{9.34}$$

$$\underset{(n-1)\times3}{\boldsymbol{A}_\rho}=\lambda\cdot\underset{(n-1)\times3}{\boldsymbol{A}}=\begin{bmatrix}\cdots\\ -(\boldsymbol{r}_2^{k0}-\boldsymbol{r}_2^{j0})_{1\times3}^{\mathrm{T}}\\ \cdots\end{bmatrix}\tag{9.35}$$

其他符号的含义与式(9.17)相同。

假设$\boldsymbol{E}$的方差阵为$\boldsymbol{\Sigma}=\sigma_{\Delta\phi}^2\cdot\boldsymbol{D}$，$\boldsymbol{E}_\rho$的方差阵为$\boldsymbol{\Sigma}_\rho=\sigma_{\Delta\rho}^2\cdot\boldsymbol{D}$，其中$\sigma_{\Delta\phi}$为载波相位单差测量标准差，约为0.02周；$\sigma_{\Delta\rho}$为伪距单差测量标准差，约为0.5m(C/A码)。记上一历元模糊度浮点解及其方差阵为$\boldsymbol{N}_{\mathrm{F0}}$、$\boldsymbol{\Sigma}_{\mathrm{F0}}$，则可列出下述测量方程

$$\boldsymbol{D}=\begin{bmatrix}2&1&\cdots&1\\1&\ddots&&\vdots\\ \vdots&\ddots&\ddots&1\\1&\cdots&1&2\end{bmatrix}$$

$$\underset{(n-1)\times1}{\boldsymbol{N}_{\mathrm{F0}}}=\underset{(n-1)\times1}{\boldsymbol{N}}+\underset{(n-1)\times1}{\boldsymbol{E}_{\mathrm{F0}}}\tag{9.36}$$

式中：$\boldsymbol{E}_{\mathrm{F0}}$为上一历元模糊度浮点解$\boldsymbol{N}_{\mathrm{F0}}$的误差矢量，相应期望为零，方差阵为$\boldsymbol{\Sigma}_{\mathrm{F0}}$。

按照最小二乘法联立求解式(9.33)和式(9.36)，若当前历元为第一个历元则没有式(9.36)，可得当前历元基线矢量增量、模糊度浮点解，以及相应的方差阵。将模糊度浮点解及其方差阵记为$\boldsymbol{N}_{\mathrm{F}}$、$\boldsymbol{\Sigma}_{\mathrm{F}}$。因为$\boldsymbol{N}_{\mathrm{F}}$可能包含小数，所以称$\boldsymbol{N}_{\mathrm{F}}$为模糊度浮点解。

9.3.2 最小二乘降相关整周搜索

1. 降相关整数变换

定义如下目标函数

$$J(\boldsymbol{N})\triangleq(\boldsymbol{N}-\boldsymbol{N}_{\mathrm{F}})^{\mathrm{T}}\boldsymbol{\Sigma}_{\mathrm{F}}^{-1}(\boldsymbol{N}-\boldsymbol{N}_{\mathrm{F}})\tag{9.37}$$

式中:$\boldsymbol{N}$ 为可能的模糊度整数解矢量。

模糊度整数解$\boldsymbol{N}^*$应使目标函数 $J(\boldsymbol{N})$ 达到最小,即

$$J(\boldsymbol{N}^*)=\min_{\boldsymbol{N}} J(\boldsymbol{N}) \tag{9.38}$$

可以在$(n-1)$维实数空间中,搜索所有的$(n-1)$维整数矢量,以得到模糊度整数解。其中 n 为接收机 1、2 共视卫星颗数。如此一来搜索计算量为无穷大,不可实现。通常的做法是基于模糊度浮点解$\boldsymbol{N}_{\mathrm{F}}$及其方差阵$\boldsymbol{\Sigma}_{\mathrm{F}}$,分析模糊度整数解$\boldsymbol{N}^*$的概率为 99.7%的分布范围,然后在此范围内进行整数搜索求解。

某两维模糊度整数解分量 N_1^*、N_2^* 的概率为 99.7%的分布范围通常为一个椭圆,如图 9.4(a)所示。相应搜索范围的面积为$(N_{1\max}-N_{1\min})\cdot(N_{2\max}-N_{2\min})$,此搜索范围包括许多空白区域,搜索效率偏低。若对模糊度及模糊度浮点解进行降相关整数变换,使得变换后模糊度整数解概率为 99.7%的分布范围为接近于一个圆的椭圆,且椭圆长、短轴接近于平行各个坐标轴,如图 9.4(b)所示,则可缩小搜索范围,提高搜索效率。

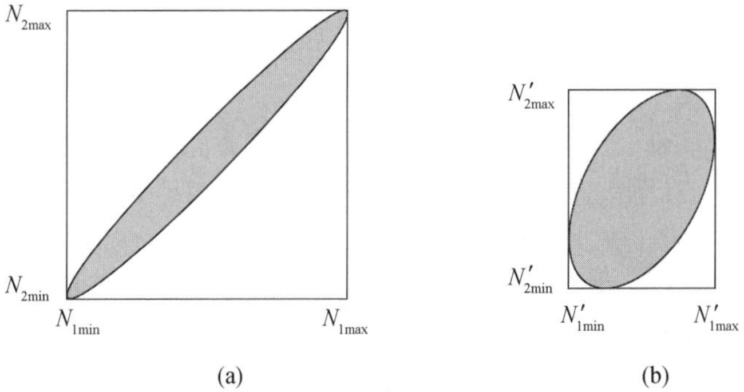

图 9.4 整数搜索范围

(a) 变换前;(b) 整数变换后。

要求整数变换的逆变换也应该是整数变换。整数变换矩阵通常记为 $\boldsymbol{Z}$,并可按照如下方法计算得到。

对模糊度浮点解方差阵$\boldsymbol{\Sigma}_{\mathrm{F}}$进行 Cholesky 分解,得到下三角矩阵 $\boldsymbol{L}$,使得下式成立

$$\boldsymbol{\Sigma}_{\mathrm{F}}=\boldsymbol{L}^{-1}\cdot\boldsymbol{D}\cdot(\boldsymbol{L}^{-1})^{\mathrm{T}} \tag{9.39}$$

其中

$$\boldsymbol{L}=\begin{bmatrix}1 & & & 0\\ l_{21} & 1 & & \\ \vdots & \vdots & \ddots & \\ l_{m1} & l_{m2} & \cdots & 1\end{bmatrix},\boldsymbol{D}=\begin{bmatrix}d_1^2 & & & 0\\ & d_2^2 & & \\ & & \ddots & \\ 0 & & & d_m^2\end{bmatrix},d_1\geqslant d_2\geqslant\cdots\geqslant d_m\geqslant 0$$

由线性代数理论可证矩阵 $\boldsymbol{L}$、$\boldsymbol{L}^{-1}$均为下三角阵,且对角线元素为 1。取

$$
\boldsymbol{Z}=\text{int}(\boldsymbol{L})=\begin{bmatrix} 1 & & & 0 \\ \text{int}(l_{21}) & 1 & & \\ \vdots & \vdots & \ddots & \\ \text{int}(l_{m1}) & \text{int}(l_{m2}) & \cdots & 1 \end{bmatrix} \tag{9.40}
$$

式中：int(·)表示四舍五入取整，$m=(n-1)$。

于是整数变换后的模糊度整数解 $\boldsymbol{N}'^{*}$ 及模糊度浮点解 $\boldsymbol{N}'_{\text{F}}$ 分别为

$$
\begin{cases} \boldsymbol{N}'^{*}=\boldsymbol{Z}\cdot\boldsymbol{N}^{*} \\ \boldsymbol{N}'_{\text{F}}=\boldsymbol{Z}\cdot\boldsymbol{N}_{\text{F}} \end{cases} \tag{9.41}
$$

整数变换后的模糊度浮点解 $\boldsymbol{N}'_{\text{F}}$ 的方差阵为

$$
\boldsymbol{\Sigma}'_{\text{F}}=(\boldsymbol{Z}\cdot\boldsymbol{L}^{-1})\cdot\boldsymbol{D}\cdot(\boldsymbol{Z}\cdot\boldsymbol{L}^{-1})^{\text{T}}
$$

因为矩阵 $\boldsymbol{Z}$ 为下三角整数矩阵，且对角线元素为 1，所以逆矩阵 $\boldsymbol{Z}^{-1}$ 也为下三角整数矩阵，且对角线元素为 1。因为矩阵 $\boldsymbol{Z}$ 接近于矩阵 $\boldsymbol{L}$，所以矩阵 $\boldsymbol{\Sigma}'_{\text{F}}$ 比矩阵 $\boldsymbol{\Sigma}_{\text{F}}$ 更为接近于一个对角阵，也即 $\boldsymbol{N}'_{\text{F}}$ 中的各个元素接近于独立，$\boldsymbol{N}'^{*}$ 概率为 99.7%的分布椭球的各个轴接近于平行各个坐标轴，从而可以压缩搜索范围，提高搜索效率。

在上述 Cholesky 分解中可以选择上三角矩阵 $\boldsymbol{L}$，以及相应的上三角整数矩阵 $\boldsymbol{Z}$，也可以对 $\boldsymbol{\Sigma}'_{\text{F}}$ 再次进行 Cholesky 分解，也即对 $\boldsymbol{N}'^{*}$、$\boldsymbol{N}'_{\text{F}}$ 再次进行整数变换，得到 $\boldsymbol{N}''^{*}$、$\boldsymbol{N}''_{\text{F}}$。如此循环直至新的整数变换矩阵为单位阵，使得整数变换后的模糊度浮点解方差阵尽可能接近对角阵，且对角线元素接近相等，从而最大限度地压缩搜索范围，提高搜索效率。

反复进行 Cholesky 分解，计算量偏大。为此可以采用如下方法进行整数变换：针对 $\boldsymbol{\Sigma}_{\text{F}}$ 对角线倒数第 1、第 2 两个元素，进行整数变换，以使相应协方差减小，并使方差较大的模糊度浮点解分量靠前排序；然后对倒数第 2、第 3 两个元素进行整数变换，直至倒数第 m 个元素。如此一来，尽管整数变换不是最佳，但是获取整数变换矩阵的计算量较小，有利于实时导航计算。Teunissen(1993)提出的最小二乘模糊度降相关平差方法(Least-squares AMBiguity Decorrelation Adjustment，LAMBDA)，即采用了这种降相关整数变换矩阵的选取方法。

例如，某两维模糊度浮点解的方差阵为 $\boldsymbol{\Sigma}_{\text{F}}=\begin{bmatrix} 4.9718 & 3.8733 \\ 3.8733 & 3.0188 \end{bmatrix}$，分别进行 $\boldsymbol{Z}_1$、$\boldsymbol{Z}_2$、$\boldsymbol{Z}_3$ 三次整数变换，相当于进行 $\boldsymbol{Z}$ 一次整数变换，其中 $\boldsymbol{Z}_1=\begin{bmatrix} 1 & 0 \\ -1 & 1 \end{bmatrix}$，$\boldsymbol{Z}_2=\begin{bmatrix} 1 & 5 \\ 0 & 1 \end{bmatrix}$，$\boldsymbol{Z}_3=\begin{bmatrix} 1 & 0 \\ -1 & 1 \end{bmatrix}$，$\boldsymbol{Z}=\boldsymbol{Z}_3\cdot\boldsymbol{Z}_2\cdot\boldsymbol{Z}_1=\begin{bmatrix} -4 & 5 \\ 3 & -4 \end{bmatrix}$。进行 $\boldsymbol{Z}$ 一次整数变换后浮

点解方差阵变为$\boldsymbol{\Sigma}'_{\mathrm{F}}=\boldsymbol{Z}\cdot\boldsymbol{\Sigma}_{\mathrm{F}}\cdot\boldsymbol{Z}^{\mathrm{T}}=\begin{bmatrix}0.0868 & 0.0347\\ 0.0347 & 0.0878\end{bmatrix}$。相比于$\boldsymbol{\Sigma}_{\mathrm{F}}$，$\boldsymbol{\Sigma}'_{\mathrm{F}}$更接近等方差对角阵，且对角线元素显著减小，表明整数变换后模糊度整数解的概率为99.7%的分布范围更加接近圆形，且搜索范围显著减小。

2. 整数搜索

经过整数变换以后，原整周模糊度求解问题转化为求解$\boldsymbol{N}'^{*}$，使得

$$J(\boldsymbol{N}'^{*})=\min_{\boldsymbol{N}'}J(\boldsymbol{N}')=\min_{\boldsymbol{N}'}(\boldsymbol{N}'-\boldsymbol{N}'_{\mathrm{F}})^{\mathrm{T}}\boldsymbol{\Sigma}'^{-1}_{\mathrm{F}}(\boldsymbol{N}'-\boldsymbol{N}'_{\mathrm{F}}) \tag{9.42}$$

对$\boldsymbol{N}'^{*}$进行整数逆变换，即得到整周模糊度$\boldsymbol{N}^{*}$：

$$\boldsymbol{N}^{*}=\boldsymbol{Z}^{-1}\cdot\boldsymbol{N}'^{*} \tag{9.43}$$

为了叙述方便起见，将$\boldsymbol{N}'^{*}$、$\boldsymbol{N}'_{\mathrm{F}}$、$\boldsymbol{\Sigma}'_{\mathrm{F}}$简记为$\boldsymbol{N}^{*}$、$\boldsymbol{N}_{\mathrm{F}}$、$\boldsymbol{\Sigma}_{\mathrm{F}}$。于是式(9.42)变为

$$J(\boldsymbol{N}^{*})=\min_{\boldsymbol{N}}J(\boldsymbol{N})=\min_{\boldsymbol{N}}(\boldsymbol{N}-\boldsymbol{N}_{\mathrm{F}})^{\mathrm{T}}\boldsymbol{\Sigma}_{\mathrm{F}}^{-1}(\boldsymbol{N}-\boldsymbol{N}_{\mathrm{F}}) \tag{9.44}$$

若$\boldsymbol{\Sigma}_{\mathrm{F}}$为对角阵，$\boldsymbol{\Sigma}_{\mathrm{F}}=\mathrm{diag}(d_1^2,\cdots,d_m^2)$，则上式转化为

$$J(\boldsymbol{N}^{*})=\min_{\boldsymbol{N}}\left(\frac{(N_1-N_{\mathrm{F1}})^2}{d_1^2}+\cdots+\frac{(N_m-N_{\mathrm{F}m})^2}{d_m^2}\right) \tag{9.45}$$

此时，将模糊度浮点解四舍五入取整，即可得到模糊度整数解：

$$\begin{bmatrix}N_1^{*}\\ \vdots\\ N_m^{*}\end{bmatrix}=\begin{bmatrix}\mathrm{int}(N_{\mathrm{F1}})\\ \vdots\\ \mathrm{int}(N_{\mathrm{F}m})\end{bmatrix} \tag{9.46}$$

若$\boldsymbol{\Sigma}_{\mathrm{F}}$不是对角阵，则需要采用整数搜索方法求解式(9.44)。为了缩小搜索范围，需要在整数变换降相关的基础上，进一步对矩阵$\boldsymbol{\Sigma}_{\mathrm{F}}$进行浮点数变换去相关。对$\boldsymbol{\Sigma}_{\mathrm{F}}$进行 Cholesky 分解，得下三角矩阵$\boldsymbol{L}$，使得下式成立，即

$$\boldsymbol{\Sigma}_{\mathrm{F}}=\boldsymbol{L}^{-1}\cdot\boldsymbol{D}\cdot(\boldsymbol{L}^{-1})^{\mathrm{T}} \tag{9.47}$$

其中

$$\boldsymbol{L}=\begin{bmatrix}1 & & & 0\\ l_{21} & 1 & & \\ \vdots & \vdots & \ddots & \\ l_{m1} & l_{m2} & \cdots & 1\end{bmatrix},\boldsymbol{D}=\begin{bmatrix}d_1^2 & & & 0\\ & d_2^2 & & \\ & & \ddots & \\ 0 & & & d_m^2\end{bmatrix},d_1\geqslant d_2\geqslant\cdots\geqslant d_m\geqslant 0$$

将式(9.47)代入式(9.44)，得

$$J(\boldsymbol{N}^{*})=\min_{\boldsymbol{N}}[\boldsymbol{L}(\boldsymbol{N}-\boldsymbol{N}_{\mathrm{F}})]^{\mathrm{T}}\boldsymbol{D}^{-1}[\boldsymbol{L}(\boldsymbol{N}-\boldsymbol{N}_{\mathrm{F}})] \tag{9.48}$$

其中矢量$[\boldsymbol{L}(\boldsymbol{N}-\boldsymbol{N}_{\mathrm{F}})]$的第$i$个元素为

$$[\boldsymbol{L}(\boldsymbol{N}-\boldsymbol{N}_{\mathrm{F}})]_i=l_{i1}(N_1-N_{\mathrm{F1}})+\cdots+l_{i(i-1)}(N_{(i-1)}-N_{\mathrm{F}(i-1)})+(N_i-N_{\mathrm{F}i}) \tag{9.49}$$

令

$$N_{\mathrm{F}i/(i-1)} \triangleq N_{\mathrm{F}i} - [l_{i1}(N_1 - N_{\mathrm{F}1}) + \cdots + l_{i(i-1)}(N_{(i-1)} - N_{\mathrm{F}(i-1)})], i=2,3,\cdots,m \tag{9.50}$$

于是

$$[\boldsymbol{L}(\boldsymbol{N}-\boldsymbol{N}_{\mathrm{F}})]_i = (N_i - N_{\mathrm{F}i/(i-1)}) \tag{9.51}$$

式(9.48)转化为

$$J(\boldsymbol{N}^*) = \min_{N}\left(\frac{(N_1-N_{\mathrm{F}1})^2}{d_1^2} + \cdots \frac{(N_i - N_{\mathrm{F}i/(i-1)})^2}{d_i^2} \cdots + \frac{(N_m - N_{\mathrm{F}m/(m-1)})^2}{d_m^2}\right) \tag{9.52}$$

为了求解上式，需要确定一个搜索范围，然后在此范围内搜索求解整数矢量，使得目标函数达到最小。搜索范围可以选取如下超椭球：

$$\Omega:\quad \frac{(N_1-N_{\mathrm{F}1})^2}{d_1^2} + \cdots + \frac{(N_i - N_{\mathrm{F}i/(i-1)})^2}{d_i^2} + \cdots + \frac{(N_m - N_{\mathrm{F}m/(m-1)})^2}{d_m^2} \leqslant J_0 \tag{9.53}$$

其中

$$J_0 = \frac{(\mathrm{int}(N_{\mathrm{F}1}) - N_{\mathrm{F}1})^2}{d_1^2} + \cdots + \frac{(\mathrm{int}(N_{\mathrm{F}m/(m-1)}) - N_{\mathrm{F}m/(m-1)})^2}{d_m^2} \tag{9.54}$$

为了便于软件实现，将搜索范围 Ω 保守地改为搜索范围 Ω'，$\Omega \subseteq \Omega'$，

$$\Omega':\quad \begin{cases} \dfrac{(N_1 - N_{\mathrm{F}1})^2}{d_1^2} \leqslant J_0 \\ \cdots \\ \dfrac{(N_i - N_{\mathrm{F}i/(i-1)})^2}{d_i^2} \leqslant J_0 - \displaystyle\sum_{j=1}^{i-1} \dfrac{(N_j - N_{\mathrm{F}j/(j-1)})^2}{d_j^2} \\ \cdots \\ \dfrac{(N_m - N_{\mathrm{F}m/(m-1)})^2}{d_m^2} \leqslant J_0 - \displaystyle\sum_{j=1}^{m-1} \dfrac{(N_j - N_{\mathrm{F}j/(j-1)})^2}{d_j^2} \end{cases} \tag{9.55}$$

在搜索范围 Ω' 中，第 i 维搜索范围与前 $1\sim(i-1)$ 维的模糊度整数搜索值有关。这样做的目的是利用方差阵 $\boldsymbol{\Sigma}_{\mathrm{F}}$ 的信息尽量压缩搜索范围。在每搜索到一个整数矢量 $\boldsymbol{N}$ 以后，即可计算出相应的目标函数值 $J(\boldsymbol{N})$，即

$$J(\boldsymbol{N}) = \frac{(N_1-N_{\mathrm{F}1})^2}{d_1^2} + \cdots + \frac{(N_i - N_{\mathrm{F}i/(i-1)})^2}{d_i^2} + \cdots + \frac{(N_m - N_{\mathrm{F}m/(m-1)})^2}{d_m^2} \tag{9.56}$$

若 $J(\boldsymbol{N}) < J_0$，则选取新的超椭球边界 $J_0 = J(\boldsymbol{N})$，这样就可以迅速缩小搜索范围。

上述整数变换降相关、浮点数变换去相关方法，可以有效地缩小搜索范围，提高计算效率。然而当可见卫星颗数增加到 20～100、每颗卫星频点数为 2～3 时，待求整周模糊度的维数达到 40～300，现有 LAMBDA 方法等存在计算量偏

大、影响导航实时性的问题,现有方法仍然有待改进。

3. 正确性检验

可以通过比例检验、χ^2 检验等,来验证整数搜索解的正确性。

1) 比例检验

将次最小目标函数值 $J_{\text{second-min}}$ 与最小目标函数值 $J_{\min}$ 之比 Ratio 设为检验统计量,即

$$\text{Ratio} \triangleq \frac{J_{\text{second-min}}}{J_{\min}} \tag{9.57}$$

当整数搜索解正确时,Ratio 近似服从 $F(m,m)$ 分布。设对应显著水平 α 的分位值为 $F_\alpha(m,m)$。比例检验如下:

$$\begin{cases} \text{若 Ratio} > F_\alpha(m,m), & \text{则整数搜索解正确} \\ \text{若 Ratio} \leqslant F_\alpha(m,m), & \text{则整数搜索解错误} \end{cases} \tag{9.58}$$

2) χ^2 检验

当整数搜索解正确时,最小目标函数值 $J_{\min}$ 服从 $\chi^2(m)$ 分布。设对应显著水平 α 的分位值为 $\chi^2_\alpha(m)$。χ^2 检验如下:

$$\begin{cases} \text{若 } J_{\min} \leqslant \chi^2_\alpha(m), & \text{则整数搜索解正确} \\ \text{若 } J_{\min} > \chi^2_\alpha(m), & \text{则整数搜索解错误} \end{cases} \tag{9.59}$$

提高模糊度整数搜索解正确性的有效途径是提高伪距、载波相位测量精度,增加测量历元个数。测量精度越高、历元个数越多,则通过检验的可能性越高、整数搜索解越可靠。

9.3.3 双频或多频载波相位双差整周模糊度求解

同时测量北斗 B1、B3(或 GPS L1、L2)频点的导航信号,得到对应两个频点的载波相位双差 $\phi^{jk}_{12,\text{B1}}$、$\phi^{jk}_{12,\text{B3}}$,可列测量方程如下

$$\begin{cases} \phi^{jk}_{12,\text{B1}} = \dfrac{1}{\lambda_{\text{B1}}} R^{jk}_{12} - N^{jk}_{12,\text{B1}} + \varepsilon^{jk}_{12,\text{B1}} \\ \phi^{jk}_{12,\text{B3}} = \dfrac{1}{\lambda_{\text{B3}}} R^{jk}_{12} - N^{jk}_{12,\text{B3}} + \varepsilon^{jk}_{12,\text{B3}} \end{cases} \tag{9.60}$$

式中:下标 B1、B3 为频点代号;R^{jk}_{12} 为接收机间卫星间距离双差,且

$$R^{jk}_{12} = [(|\boldsymbol{r}^k_2 - \boldsymbol{r}_2| - |\boldsymbol{r}^k_1 - \boldsymbol{r}_1|) - (|\boldsymbol{r}^j_2 - \boldsymbol{r}_2| - |\boldsymbol{r}^j_1 - \boldsymbol{r}_1|)] \tag{9.61}$$

其他符号的含义同式(9.13)。

定义宽巷载波相位双差测量值为 $\phi^{jk}_{12,\text{W}} \triangleq \phi^{jk}_{12,\text{B1}} - \phi^{jk}_{12,\text{B3}}$,于是相应测量方程为

$$\phi_{12,\mathrm{W}}^{jk}=\frac{1}{\lambda_{\mathrm{W}}}R_{12}^{jk}-N_{12,\mathrm{W}}^{jk}+\varepsilon_{12,\mathrm{W}}^{jk} \tag{9.62}$$

式中：λ_{W}、$N_{12,\mathrm{W}}^{jk}$、$\varepsilon_{12,\mathrm{W}}^{jk}$分别为宽巷载波相位双差的波长、整周模糊度和测量误差，$\frac{1}{\lambda_{\mathrm{W}}}=\frac{1}{\lambda_{\mathrm{B1}}}-\frac{1}{\lambda_{\mathrm{B3}}}$，$N_{12,\mathrm{W}}^{jk}=N_{12,\mathrm{B1}}^{jk}-N_{12,\mathrm{B3}}^{jk}$，$\varepsilon_{12,\mathrm{W}}^{jk}=\varepsilon_{12,\mathrm{B1}}^{jk}-\varepsilon_{12,\mathrm{B3}}^{jk}$。

按照求解单频整周模糊度的方法，求解宽巷载波相位双差整周模糊度 $N_{12,\mathrm{W}}^{jk}$。

按照如下方法简要分析载波相位双差整周模糊度的求解精度。伪距双差 ρ、伪距双差测量误差 ε_{ρ}、载波相位双差 ϕ、载波相位双差测量误差 ε_{ϕ}、双差整周模糊度 N 及载波波长 λ 满足约束

$$\rho-\varepsilon_{\rho}=\lambda(\phi-\varepsilon_{\phi}+N) \tag{9.63}$$

因为 λ_{W} 远大于 λ_{B1}，所以伪距测量误差导致的 $N_{12,\mathrm{W}}^{jk}$ 求解误差较小。当利用多历元多卫星测量信息时，相比于单频载波相位双差整周模糊度求解，宽巷载波相位双差整周模糊度求解所需测量信息的历元个数更少，结果更为可靠。

忽略测量误差，B1 频点载波相位双差整周模糊度与宽巷载波相位双差整周模糊度存在如下联系：

$$\lambda_{\mathrm{B1}}(\phi_{12,\mathrm{B1}}^{jk}+N_{12,\mathrm{B1}}^{jk})=\lambda_{\mathrm{W}}(\phi_{12,\mathrm{W}}^{jk}+N_{12,\mathrm{W}}^{jk}) \tag{9.64}$$

于是可以由此计算得到 B1 频点载波相位双差整周模糊度 $N_{12,\mathrm{B1}}^{jk}$，即

$$N_{12,\mathrm{B1}}^{jk}=\frac{\lambda_{\mathrm{W}}}{\lambda_{\mathrm{B1}}}(\phi_{12,\mathrm{W}}^{jk}+N_{12,\mathrm{W}}^{jk})-\phi_{12,\mathrm{B1}}^{jk} \tag{9.65}$$

同样方法可以计算得到 B3 频点载波相位双差整周模糊度 $N_{12,\mathrm{B3}}^{jk}$。

将多频测量信息视作不同卫星的单频测量信息，采用单频载波相位双差整周模糊度求解方法，同样可以求解多频载波相位双差整周模糊度。但是，这样一来将显著增加模糊度未知参数个数，从而增加整数变换降相关、去相关整数搜索的难度。如果采用上述先求宽巷整周模糊度再求单频整周模糊度的方法，将更为简便。

9.4 周跳探测与修复

载波相位测量值对应的整周模糊度在不同历元应该不变。然而因为卫星信号被短暂遮挡、多径信号干扰等原因，接收机载波信号锁相环可能失锁，然后又重新捕获并跟踪，从而导致载波相位测量值出现整数跳变，也即整周模糊度出现跳变，此现象称为周跳。周跳现象的发生将导致以前所求整周模糊度不再有效，需要重新求解整周模糊度。因而需要进行周跳探测与修复。

当接收机 1、2 处于静止状态时，载波相位双差测量值随时间缓慢变化。通

过时间多项式拟合，计算得到当前历元的载波相位双差测量值与预报值之差，根据此差值可以很方便地判断出周跳是否发生以及周跳大小，然后计算得到新的整周模糊度。当接收机1、2处于运动状态时，载波相位双差的周跳与正常变化混在一起，难以进行周跳探测与修复。通常，对应所有可见卫星的载波相位双差测量值不会同时发生周跳，因此不必重新求解所有的整周模糊度，只需探测并修复那些发生了周跳的整周模糊度。

9.4.1 周跳探测方法

1. 无几何约束方法

为简洁起见，用 ϕ 表示载波相位双差测量值 ϕ_{12}^{jk}。基于北斗B1、B3频点载波相位双差测量值 ϕ_{B1}、ϕ_{B3}，构建无几何约束(Geometry Free)载波相位双差测量值 ϕ_{GF}，即

$$\phi_{GF} \triangleq \lambda_{B1}\phi_{B1} - \lambda_{B3}\phi_{B3} \tag{9.66}$$

式中：λ_{B1}、λ_{B3}分别为B1、B3频点的波长。

参见载波相位非差测量方程式(9.10)和载波相位双差测量方程式(9.13)，有

$$\phi_{GF} = -\lambda_{B1}N_{B1} + \lambda_{B3}N_{B3} - \left(1 - \frac{f_{B1}^2}{f_{B3}^2}\right)\delta\rho_{Ion,B1} + \varepsilon_{GF} \tag{9.67}$$

式中：$\delta\rho_{Ion,B1}$为B1频点电离层传播延迟误差导致距离误差双差；ε_{GF}为无几何约束载波相位双差测量误差，$\varepsilon_{GF} = \lambda_{B1}\varepsilon_{B1} - \lambda_{B3}\varepsilon_{B3}$，$\varepsilon_{B1}$、$\varepsilon_{B3}$分别为B1、B3频点载波相位双差测量误差。在没有周跳的条件下，忽略电离层传播延迟误差变化及测量误差，ϕ_{GF}应为常量。因此设立检验统计量 T_1，

$$T_1 = \phi_{GF}(t_{i+1}) - \phi_{GF}(t_i) \tag{9.68}$$

式中：t_i、t_{i+1}为前后两个时刻。

$$\begin{cases} \text{若 } T_1 \leqslant \varepsilon_{1,\max}\text{，则判断无周跳} \\ \text{若 } T_1 > \varepsilon_{1,\max}\text{，则判断有周跳} \end{cases} \tag{9.69}$$

式中：$\varepsilon_{1,\max}$为判断门限，可以取

$$\varepsilon_{1,\max} = 3\left((\lambda_{B1}\sigma_{B1})^2 + (\lambda_{B3}\sigma_{B3})^2\right)^{1/2} \tag{9.70}$$

式中：σ_{B1}、σ_{B3}为B1、B3频点载波相位双差测量标准差。

2. 双频码相组合方法

参见载波相位非差测量方程式(9.10)，忽略测量误差，省略部分下标接收机编号和上标卫星编号，B1、B3频点载波相位非差测量值 ϕ_{B1}、ϕ_{B3} 的测量方程为

$$\phi_{B1}=\frac{f_{B1}}{c}R-N_{B1}+\frac{f_{B1}}{c}\delta\rho_T-\frac{A}{c\cdot f_{B1}}+f_{B1}\cdot(\delta t_R-\delta t_{B1}^S) \tag{9.71}$$

$$\phi_{B3}=\frac{f_{B3}}{c}R-N_{B3}+\frac{f_{B3}}{c}\delta\rho_T-\frac{A}{c\cdot f_{B3}}+f_{B3}\cdot(\delta t_R-\delta t_{B3}^S) \tag{9.72}$$

式中：R 为接收机至卫星的距离；$\delta\rho_T$ 为对流层传播延迟距离误差；A 为与电离层电子密度有关的常数；δt_R 为接收机钟差；δt_{B1}^S、δt_{B3}^S 为 B1、B3 频点卫星钟差，按照 8.1.5 节所述方法计算得到。

参见伪距测量方程式(8.41)，忽略测量误差，省略部分下标接收机编号和上标卫星编号，B1、B3 频点伪距测量值 ρ_{B1}、ρ_{B3} 的测量方程为

$$\rho_{B1}=R+\delta\rho_T+\frac{A}{f_{B1}^2}+c\cdot(\delta t_R-\delta t_{B1}^S) \tag{9.73}$$

$$\rho_{B3}=R+\delta\rho_T+\frac{A}{f_{B3}^2}+c\cdot(\delta t_R-\delta t_{B3}^S) \tag{9.74}$$

将卫星钟差计入载波相位和伪距测量值中，不再顾及 δt_{B1}^S、δt_{B3}^S。由上述两式可以求解得到 A，即

$$A=\frac{f_{B1}^2 f_{B3}^2}{f_{B3}^2-f_{B1}^2}(\rho_{B1}-\rho_{B3}) \tag{9.75}$$

由式(9.71)和式(9.73)，得

$$N_{B1}=\frac{f_{B1}^2+f_{B3}^2}{f_{B1}^2-f_{B3}^2}\frac{\rho_{B1}}{\lambda_{B1}}-\frac{2f_{B1}f_{B3}}{f_{B1}^2-f_{B3}^2}\frac{\rho_{B3}}{\lambda_{B3}}-\phi_{B1} \tag{9.76}$$

由式(9.72)和式(9.74)，得

$$N_{B3}=\frac{2f_{B1}f_{B3}}{f_{B1}^2-f_{B3}^2}\frac{\rho_{B1}}{\lambda_{B1}}-\frac{f_{B1}^2+f_{B3}^2}{f_{B1}^2-f_{B3}^2}\frac{\rho_{B3}}{\lambda_{B3}}-\phi_{B3} \tag{9.77}$$

上述两式相减即可得到宽巷载波相位模糊度估计值 N_W，即

$$N_W=N_{B1}-N_{B3}=\frac{f_{B1}-f_{B3}}{f_{B1}+f_{B3}}\left(\frac{\rho_{B1}}{\lambda_{B1}}+\frac{\rho_{B3}}{\lambda_{B3}}\right)-(\phi_{B1}-\phi_{B3}) \tag{9.78}$$

将双频伪距双差、载波相位双差代入上式，可得宽巷载波相位双差模糊度估计值，仍记为 N_W。在没有周跳的条件下，忽略伪距和载波相位的测量误差，N_W 应为常量。因此设立检验统计量 T_2，

$$T_2=N_W(t_{i+1})-N_W(t_i) \tag{9.79}$$

式中：N_W 为宽巷载波相位双差模糊度估计值，由当前时刻双频伪距双差、载波相位双差按照式(9.78)计算。

$$\begin{cases}若\ T_2 \leqslant \varepsilon_{2,\max}, 则判断无周跳 \\ 若\ T_2 > \varepsilon_{2,\max}, 则判断有周跳\end{cases} \tag{9.80}$$

式中：$\varepsilon_{2,\max}$为判断门限，可以取

$$\varepsilon_{2,\max} = 3\sqrt{2}\left[\left(\frac{f_{B1}-f_{B3}}{f_{B1}+f_{B3}}\right)^2\left(\frac{1}{\lambda_{B1}^2}+\frac{1}{\lambda_{B3}^2}\right)\sigma_{\nabla\Delta\rho}^2 + 2\sigma_{\nabla\Delta\phi}^2\right]^{1/2} \tag{9.81}$$

式中：$\sigma_{\nabla\Delta\rho}$、$\sigma_{\nabla\Delta\phi}$分别为单频伪距和载波相位的双差测量标准差。

式(9.80)所示周跳探测方法最早由 Melbourne 和 Wübbena 两位学者提出，所以也称为 Melbourne-Wübbena 方法，简称 M-W 方法。该方法同样适用于非差、单差宽巷载波相位的周跳探测。

令 $k_1 \triangleq \frac{f_{B1}^2+f_{B3}^2}{f_{B1}^2-f_{B3}^2}$，$k_2 \triangleq \frac{2f_{B1}f_{B3}}{f_{B1}^2-f_{B3}^2}$，$k_3 \triangleq \frac{f_{B1}-f_{B3}}{f_{B1}+f_{B3}}$。显然有 $k_1>1$，$k_2>1$，$0<k_3<1$。参见式(9.76)~式(9.78)，伪距误差在 N_{B1}、N_{B3}中被放大，在 N_W 中被缩小。所以，通常不采用 M-W 方法进行单频载波相位周跳探测，只进行宽巷载波相位周跳探测。

3. 多普勒频移方法

在没有周跳的条件下，假设载波相位双差随时间匀加速变化，忽略测量误差，则有

$$\phi(t_{i+1})-\phi(t_i)-(t_{i+1}-t_i)\cdot\frac{1}{2}(\dot{\phi}(t_{i+1})+\dot{\phi}(t_i))=0 \tag{9.82}$$

式中：ϕ 为载波相位双差测量值；$\dot{\phi}$为载波相位变化率双差测量值；t_i、t_{i+1}表示前后历元时刻。

因此设立检验统计量 T_3，有

$$T_3=\phi(t_{i+1})-\phi(t_i)-(t_{i+1}-t_i)\cdot\frac{1}{2}(\dot{\phi}(t_{i+1})+\dot{\phi}(t_i)) \tag{9.83}$$

$$\begin{cases}若\ T_3 \leqslant \varepsilon_{3,\max}, 则判断无周跳 \\ 若\ T_3 > \varepsilon_{3,\max}, 则判断有周跳\end{cases} \tag{9.84}$$

式中：$\varepsilon_{3,\max}$为判断门限，可以取

$$\varepsilon_{3,\max} = 3\left(2\sigma_{\nabla\Delta\phi}^2+\frac{1}{2}(t_{i+1}-t_i)^2\sigma_{\nabla\Delta\dot{\phi}}^2\right)^{1/2} \tag{9.85}$$

式中：$\sigma_{\nabla\Delta\phi}$、$\sigma_{\nabla\Delta\dot{\phi}}$ 分别为载波相位和载波相位变化率的双差测量标准差。

9.4.2 周跳修复方法

假设当前时刻有 m 个载波相位双差测量值，其中有 m_1 个双差没有周跳，对

应整周模糊度$\underset{m_1\times 1}{\boldsymbol{N}_1}$已知;有 m_2 个双差有周跳,对应整周模糊度$\underset{m_2\times 1}{\boldsymbol{N}_2}$需要重新求解。没有周跳和有周跳的载波相位双差测量方程记为

$$\underset{m_1\times 1}{\boldsymbol{Y}_1}=\underset{m_1\times 3}{\boldsymbol{A}_1}\cdot\underset{3\times 1}{\boldsymbol{X}}-\underset{m_1\times 1}{\boldsymbol{N}_1}+\underset{m_1\times 1}{\boldsymbol{E}_1} \tag{9.86}$$

$$\underset{m_2\times 1}{\boldsymbol{Y}_2}=\underset{m_2\times 3}{\boldsymbol{A}_2}\cdot\underset{3\times 1}{\boldsymbol{X}}-\underset{m_2\times 1}{\boldsymbol{N}_2}+\underset{m_2\times 1}{\boldsymbol{E}_2} \tag{9.87}$$

其中,$m_1+m_2=m$,其他各符号含义同式(9.17)。在上述两式中,基线矢量增量 $\boldsymbol{X}$ 和整周模糊度矢量$\boldsymbol{N}_2$ 为未知数。采用最小二乘法联立求解上述两式,得到$\boldsymbol{N}_2$ 的浮点解,然后四舍五入取整即可得到$\boldsymbol{N}_2$ 的解。

思 考 题

1. 写出当基线长度小于 1km 时的载波相位单差、双差、三差测量方程,并说明其中各符号的含义。

2. 试述载波相位单差、双差、三差测量方程各自的特点。

3. 试述载波相位双差精密相对定位的基本原理。

4. 如果在两个测站上同步测量 8 颗卫星,共测量 240 个历元的单频载波相位,则可以组成多少个单差、双差、三差测量方程?它们又各含有多少个未知参数?

5. 实时动态 RTK 载波相位差分相对定位中,基准站需要播发哪些信息?

6. 假设模糊度浮点解及其方差阵为$\boldsymbol{N}_{\mathrm{F}}$、$\boldsymbol{\Sigma}_{\mathrm{F}}$,试述模糊度整数搜索求解方法。

7. 在模糊度整数搜索求解方法中为何要分别进行整数降相关变换和浮点数去相关变换?

8. 何谓周跳?为什么要进行周跳探测与修复?

9. 在舰船头、尾各安置一个 GNSS 天线,构成一条长 100m 的基线,以测定舰船偏航、俯仰姿态角。若 C/A 码伪距单点定位精度为 10m(1σ),载波相位双差相对定位精度为 10^{-2}m(1σ),则定姿精度为多少弧度量级?

第 10 章　机载捷联惯性/卫星组合导航

各导航方法都有其优缺点，采用组合的方式可以取长补短，使得组合导航系统相对于单一导航系统精度更高、可靠性更好、成本更低、体积更小。本章将介绍小型无人机机载捷联惯性/卫星组合高精度导航技术，包括系统总体方案、捷联惯导子系统动态初始粗对准方法、状态参数动力学及时间更新模型、误差状态参数时间更新模型、卫星导航测量方程、状态参数测量更新模型、实验结果等内容。

10.1　组合导航的必要性及其分类

任何一种导航方法都有优缺点。以惯性导航、卫星导航、天文导航为例，其优缺点如表 10.1 所列。

表 10.1　不同导航方法的优缺点

方法	优　点	缺　点
惯性导航	① 完全自主，保密性强，可靠性高；无需通视，无电磁波传播。 ② 多功能，可实时连续提供位置、速度、加速度、姿态、角速度等信息。 ③ 全天候。 ④ 机动灵活	① 需要初始化（加温，初始对准）。 ② 导航误差随时间急剧增加。 ③ 高精度惯导系统功耗大、体积大、成本高
卫星导航	① 高精度，且导航精度几乎不受时间的影响。 ② 多功能，可实时提供时间、位置、速度、姿态等信息。 ③ 全球、全天候。 ④ 成本低、体积小	① 易受电磁干扰。 ② 导航信号易受遮挡，水下、地下用户不可用。 ③ 不能连续导航
天文导航	① 完全自主，可靠性高。 ② 定姿精度高。 ③ 多功能，可提供位置、姿态等信息	① 受气候及太阳光照的影响。 ② 不能连续导航

将不同的导航系统组合在一起，可以取长补短。在同样用户导航精度需求条件下，组合导航系统中的子导航系统，与单一导航系统相比，可以采用精度更低、成本更低、体积更小的元器件，所以组合导航系统可以做到比单一导航系统成本更低、体积更小，并保持原有导航精度水平。

按照参与组合的子导航系统的不同，组合导航可以分为惯性/卫星组合导航、惯性/天文组合导航、惯性/卫星/天文组合导航等。按照子导航系统组合程度的不同，组合导航可以分为松散组合、紧密组合、深度紧密组合等。以 INS/GNSS 组合导航系统为例，图 10.1～图 10.3 给出了松散、紧密、深度紧密组合方式下的组合导航系统结构及信息流程，表 10.2 给出了各组合方式的优缺点。

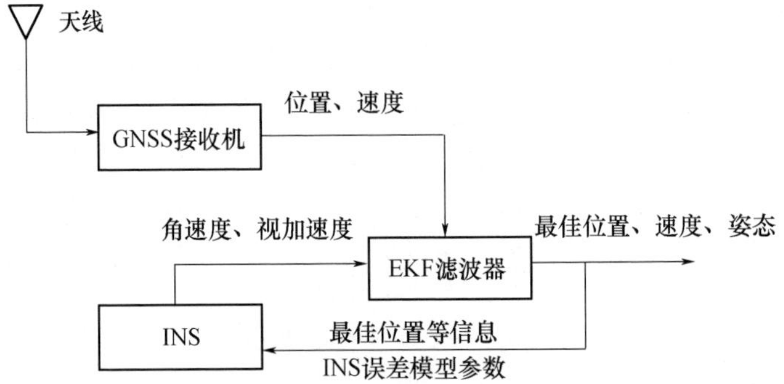

图 10.1　INS/GNSS 松散组合导航系统的组成及信息流程

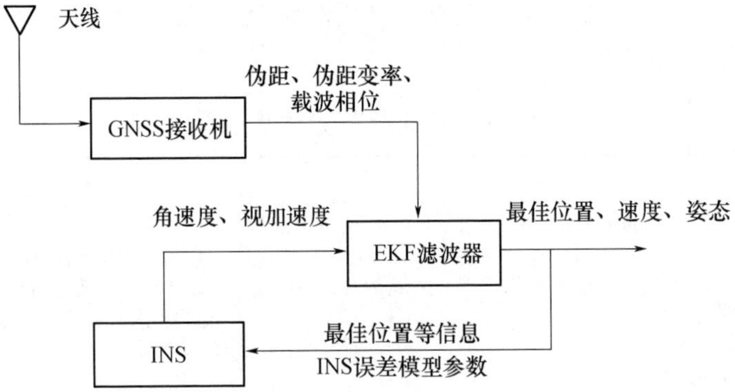

图 10.2　INS/GNSS 紧密组合导航系统的组成及信息流程

表 10.2　不同 INS/GNSS 组合方式的比较

类型	松散组合	紧密组合	深度紧密组合
优点	可靠性高；计算简单；子导航系统独立工作，便于相互检核	测量量独立；子导航系统无需完整独立工作	测量量独立；子导航系统无需完整独立工作；GNSS 接收机动态性能获改善
缺点	子导航系统必须完整独立工作，GNSS 接收机测量 4 颗以上卫星；位置、速度信息统计相关，作为独立测量量处理时将损失导航精度	数学模型及计算方法复杂	系统结构、数学模型及计算方法复杂

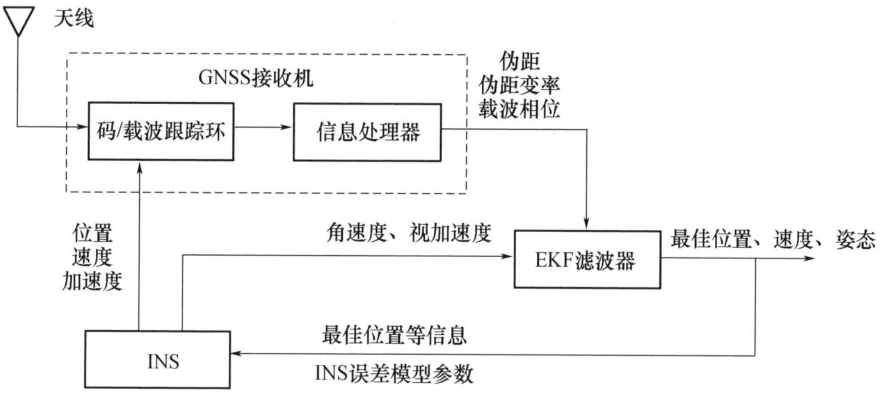

图 10.3　INS/GNSS 深度紧密组合导航系统的组成及信息流程

综合考虑精度、体积、质量、成本等指标，惯性/卫星组合导航方式具有其他方式无可比拟的优越性，因而得到了最为深入的研究和最为广泛的应用。本章将针对小型无人机应用背景介绍捷联惯性/卫星组合高精度导航技术。因为远程弹道导弹不但要求高精度，而且要求高可靠性，所以惯性/天文组合导航技术是合适的。第 11 章将介绍弹载平台惯性/星敏感器组合导航技术。

10.2　机载捷联惯性/卫星组合导航系统总体方案

为了满足小型无人机自动着陆导航的需要，采用基于载波相位差分的精密相对卫星导航技术，构成如图 10.4 所示的导航系统。为了提高导航系统的连续性、可靠性和可用性，在机载导航设备中集成捷联惯导系统 SINS，其中 SINS 由适用于小型无人机的微机电惯性测量单元 MIMU 和信息处理器组成，如图 10.5 所示。地面子系统的组成如图 10.6 所示。

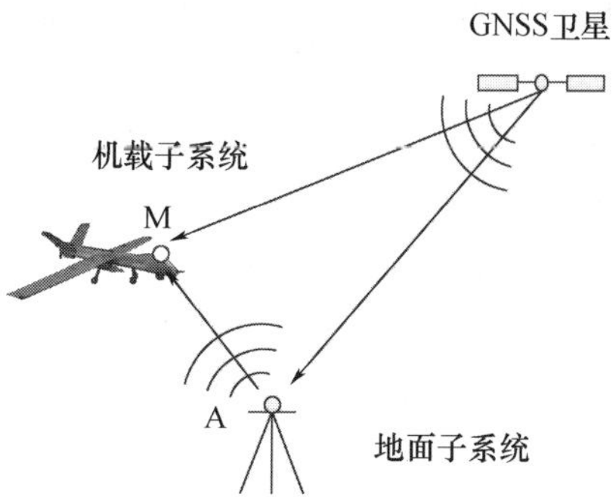

图 10.4　导航系统的组成

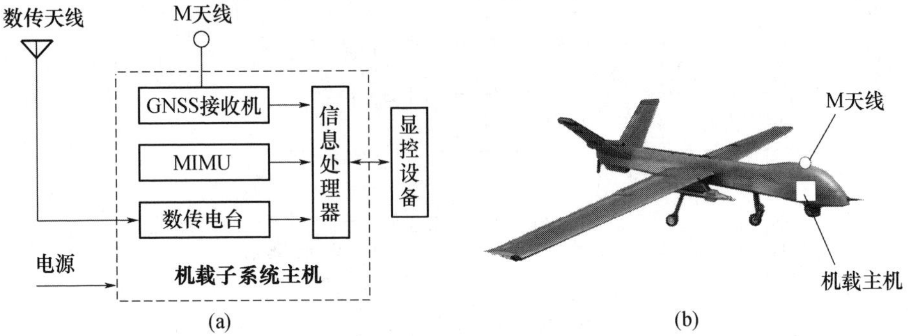

图 10.5　机载子系统的组成与安置

（a）机载子系统的组成；（b）机载设备安置示意图。

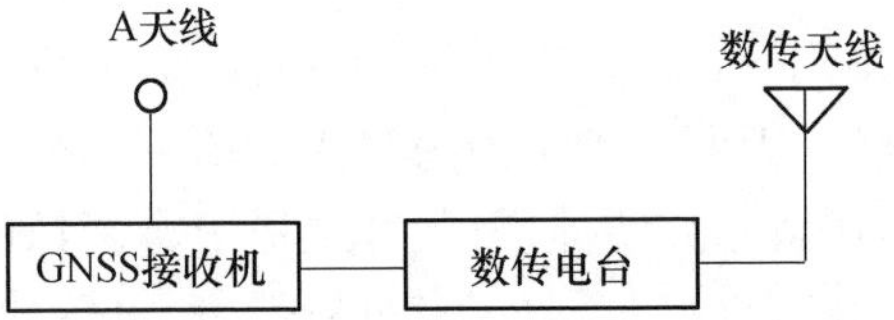

图 10.6　地面子系统的组成

全球导航卫星系统 GNSS 在整秒时刻获得 M 天线相对于 A 天线的精密相对定位、定速信息；微机电惯性测量单元 MIMU 获得飞机的视加速度、角速度信息，数据更新率 50Hz ；采用扩展卡尔曼滤波 EKF 方法，将 GNSS、MIMU 所获信息进行融合，输出当前时刻最佳导航信息。

导航计算坐标系采用飞机所在位置处的北东地坐标系 NED ，简称 n 系。飞机的位置、速度、姿态等导航信息最终转换至基准点 A 处的北东地坐标系 NED ，简称 n_0 系。

10.3　MIMU 测量误差模型

MIMU 角速度和视加速度测量信息不可避免地包含测量误差。较为完整的测量误差模型如 4.6 节所述。考虑到 MIMU 测量精度较低，在组合导航过程中可以实时在线估计的误差模型参数个数有限，所以在本章中建立较为简单的误差模型，即认为角速度和视加速度测量值仅包含零偏项和随机测量误差项，测量误差模型为

$$\begin{cases} \boldsymbol{\omega}^b = \widetilde{\boldsymbol{\omega}}^b + \boldsymbol{b}_{\mathrm{g}} + \boldsymbol{\varepsilon}_{\mathrm{g}} \\ \boldsymbol{f}^b = \widetilde{\boldsymbol{f}}^b + \boldsymbol{b}_{\mathrm{a}} + \boldsymbol{\varepsilon}_{\mathrm{a}} \end{cases} \tag{10.1}$$

式中：$\boldsymbol{\omega}^b$、$\widetilde{\boldsymbol{\omega}}^b$、$\boldsymbol{b}_{\mathrm{g}}$、$\boldsymbol{\varepsilon}_{\mathrm{g}}$ 分别为角速度的测量值、真值，陀螺零偏，随机测量误差；

$\boldsymbol{f}^b$、$\tilde{\boldsymbol{f}}^b$、$\boldsymbol{b}_a$、$\boldsymbol{\varepsilon}_a$ 分别为视加速度的测量值、真值、加表零偏和随机测量误差。

陀螺零偏 $\boldsymbol{b}_g$ 和加表零偏 $\boldsymbol{b}_a$ 需要作为状态参数的一部分参与卡尔曼滤波，即不断进行时间更新和测量更新。因为零偏对时间的导数为零，所以时间更新后的陀螺零偏和加表零偏保持不变。测量更新后将获得陀螺零偏和加表零偏新的估计值。

通常将随机测量误差视为白噪声连续随机过程。通过实验室静态实验，或者参照高精度惯性测量单元 IMU 的车载、机载动态试验，可以获得 MIMU 陀螺和加表的离散化随机测量误差序列，并进而统计得出相应的方差。此方差信息将在组合导航扩展卡尔曼滤波中得到应用。此外，通过对 MIMU 陀螺和加表的随机测量误差序列，进行 Allan 方差分析或 ARMA 模型分析，可以得到更为准确的误差模型，从而有利于提高组合导航精度。

10.4 动力学模型及状态参数计算方法

10.4.1 对地速度微分方程

记 $\boldsymbol{r}^i$、$\boldsymbol{r}^e$ 为机载 MIMU 中心位置矢量(地心至 MIMU 中心矢量)分别在地心惯性坐标系 i、地心地固坐标系 e 中的值；$\boldsymbol{R}_e^i$ 为 e 至 i 的旋转变换矩阵。

$$\boldsymbol{r}^i=\boldsymbol{R}_e^i\cdot\boldsymbol{r}^e \tag{10.2}$$

上式两边对时间求导，考虑到 $\dot{\boldsymbol{R}}_e^i\cdot\boldsymbol{r}^e$ 为牵连速度，

$$\dot{\boldsymbol{R}}_e^i\cdot\boldsymbol{r}^e=\boldsymbol{\omega}_{ie}^i\times\boldsymbol{r}^i=\boldsymbol{R}_e^i\cdot(\boldsymbol{\omega}_{ie}^e\times\boldsymbol{r}^e) \tag{10.3}$$

式中：$\boldsymbol{\omega}_{ie}^i$、$\boldsymbol{\omega}_{ie}^e$ 为 e 相对于 i 旋转角速度矢量分别在 i、e 中的值，所以有

$$\boldsymbol{v}_{ib}^i=\boldsymbol{R}_e^i\cdot(\boldsymbol{v}_{eb}^e+\boldsymbol{\omega}_{ie}^e\times\boldsymbol{r}^e) \tag{10.4}$$

式中：$\boldsymbol{v}_{ib}^i$ 为飞机相对于 i 的速度矢量在 i 中的值；$\boldsymbol{v}_{eb}^e$ 为飞机对地速度矢量在 e 中的值。式(10.4)两边对时间求导，可得

$$\dot{\boldsymbol{v}}_{ib}^i=\boldsymbol{R}_e^i\cdot[(\dot{\boldsymbol{v}}_{eb}^e+\boldsymbol{\omega}_{ie}^e\times\boldsymbol{v}_{eb}^e)+\boldsymbol{\omega}_{ie}^e\times(\boldsymbol{v}_{eb}^e+\boldsymbol{\omega}_{ie}^e\times\boldsymbol{r}^e)] \tag{10.5}$$

记 $\boldsymbol{f}^i$、$\boldsymbol{g}^i$ 分别为视加速度、地球引力加速度在 i 中的值。

$$\dot{\boldsymbol{v}}_{ib}^i=\boldsymbol{f}^i+\boldsymbol{g}^i \tag{10.6}$$

将式(10.6)带入式(10.5)中，并且等式两边左乘 i 至 e 的旋转变换矩阵 $\boldsymbol{R}_i^e$，有

$$\boldsymbol{f}^e+\boldsymbol{g}^e=\dot{\boldsymbol{v}}_{eb}^e+2\boldsymbol{\omega}_{ie}^e\times\boldsymbol{v}_{eb}^e+\boldsymbol{\omega}_{ie}^e\times(\boldsymbol{\omega}_{ie}^e\times\boldsymbol{r}^e) \tag{10.7}$$

记 $\boldsymbol{\mathsf{g}}^e$ 为重力加速度在 e 中的值，

$$\boldsymbol{\mathsf{g}}^e=\boldsymbol{g}^e-\boldsymbol{\omega}_{ie}^e\times(\boldsymbol{\omega}_{ie}^e\times\boldsymbol{r}^e) \tag{10.8}$$

式(10.7)可以化为

$$\dot{\boldsymbol{v}}_{eb}^{e}=\boldsymbol{f}^{e}-2\boldsymbol{\omega}_{ie}^{e}\times\boldsymbol{v}_{eb}^{e}+\boldsymbol{g}^{e} \tag{10.9}$$

记 $\boldsymbol{v}_{eb}^{n}$ 为飞机对地速度矢量在当地北东地坐标系 n 中的值；$\boldsymbol{R}_{n}^{e}$ 为 n 至 e 的旋转变换矩阵。

$$\boldsymbol{v}_{eb}^{e}=\boldsymbol{R}_{n}^{e}\cdot\boldsymbol{v}_{eb}^{n} \tag{10.10}$$

式(10.10)两边对时间求导，可得

$$\dot{\boldsymbol{v}}_{eb}^{e}=\boldsymbol{R}_{n}^{e}\cdot(\dot{\boldsymbol{v}}_{eb}^{n}+\boldsymbol{\omega}_{en}^{n}\times\boldsymbol{v}_{eb}^{n}) \tag{10.11}$$

式中：$\boldsymbol{\omega}_{en}^{n}$ 为 n 相对于 e 旋转角速度矢量在 n 中的值。将上式带入式(10.9)，并且等式两边左乘 e 至 n 的旋转变换矩阵 $\boldsymbol{R}_{e}^{n}$，可得

$$\dot{\boldsymbol{v}}_{eb}^{n}=\boldsymbol{f}^{n}-(2\boldsymbol{\omega}_{ie}^{n}+\boldsymbol{\omega}_{en}^{n})\times\boldsymbol{v}_{eb}^{n}+\boldsymbol{g}^{n} \tag{10.12}$$

当地地球重力加速度矢量在 n 系中的值 $\boldsymbol{g}^{n}$，近似地仅有 z 轴分量 g_z，

$$\begin{aligned} g_z \approx\ & 9.7803267714\times(1+0.00527094\sin^2 B+0.0000232718\sin^4 B) \\ & -0.3086\times10^{-5}H \end{aligned} \tag{10.13}$$

式中：B、H 为当地大地纬度、大地高。

在时间微元 $\mathrm{d}t$ 内，n 相对于 e 的运动如图 10.7 所示。图中 O 为地心，P 为地面北极点，M 为 t 时刻机载 MIMU 中心位置，M'为$(t+\mathrm{d}t)$时刻机载 MIMU 中心位置，MO'为参考椭球面法线，$M-xyz$ 为当地北东地坐标 n 系，P'为 x 轴与地球自转轴的交点，$\overset{\frown}{PQ}$为子午线，$\mathrm{d}\alpha$ 为 n 系在时间微元 $\mathrm{d}t$ 内绕 z 轴转过的角度。由图不难看出，$MO'=R_{\mathrm{E}}+H$，$MP'=(R_{\mathrm{E}}+H)\cdot\arctan B$，$MM'=v_{\mathrm{E}}\cdot\mathrm{d}t$，其中 R_{E} 为参考椭球卯酉圈曲率半径，v_{E} 为东向对地速度。由图可以看出，

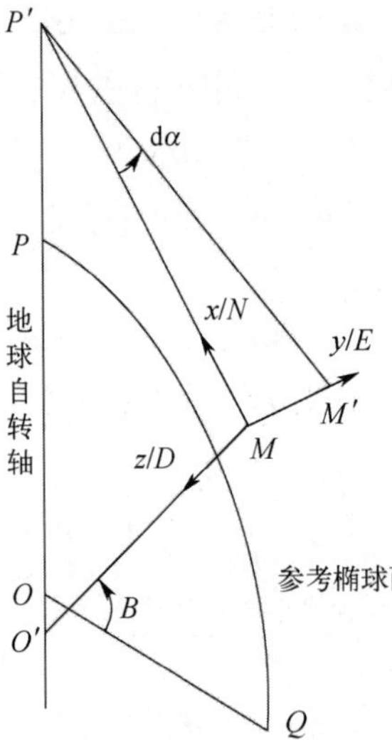

图 10.7　北东地坐标系地向转动角度微元示意图

$$\boldsymbol{\omega}_{ie}^{n}=\begin{bmatrix}\omega_{\mathrm{e}}\cos B\\0\\-\omega_{\mathrm{e}}\sin B\end{bmatrix} \tag{10.14}$$

式中：ω_{e} 为地球自转角速度常数；$\boldsymbol{\omega}_{en}^{n}$ 的地向分量为 $\omega_z=\dfrac{\mathrm{d}\alpha}{\mathrm{d}t}=\dfrac{MM'}{MP'\cdot\mathrm{d}t}$，有

$$\boldsymbol{\omega}_{en}^{n}=\begin{bmatrix}v_{\mathrm{E}}/(R_{\mathrm{E}}+H)\\-v_{\mathrm{N}}/(R_{\mathrm{N}}+H)\\-v_{\mathrm{E}}\tan B/(R_{\mathrm{E}}+H)\end{bmatrix} \tag{10.15}$$

式中：v_{E}、v_{N} 为东向、北向对地速度；R_{E}、R_{N} 为参考椭球卯酉圈、子午圈曲率半径，

$$\begin{cases}R_{\mathrm{N}}=\dfrac{a(1-e^2)}{(1-e^2\sin^2B)^{3/2}}\\[2ex]R_{\mathrm{E}}=\dfrac{a}{\sqrt{1-e^2\sin^2B}}\end{cases} \tag{10.16}$$

式中：a、e 为参考椭球长半轴、偏心率。

10.4.2 状态微分方程

对于飞机而言，位置、速度和姿态是其最重要的状态参数。因为飞机在地表附近运动，需要顾及 MIMU 测量误差模型参数，所以选择组合导航状态参数 $\boldsymbol{r}$、$\boldsymbol{v}$、$\boldsymbol{q}$、$\boldsymbol{b}_g$、$\boldsymbol{b}_a$。$\boldsymbol{r}$ 为飞机的大地坐标，即纬度 B(rad)、经度 L(rad) 和高程 H(m)；$\boldsymbol{v}$ 为飞机在 n 系中的对地速度，单位为 m/s；$\boldsymbol{q}$ 为 n 系至 b 系的旋转单位四元数，无量纲；$\boldsymbol{b}_g$ 为陀螺零偏矢量，单位为 rad/s；$\boldsymbol{b}_a$ 为加表零偏矢量，单位为 $\mathrm{m/s^2}$。

参见图 10.7、式(10.12)、式(A.11)和式(A.26)，飞机的状态参数满足如下微分方程

$$\begin{cases}\dot{\boldsymbol{r}}=\boldsymbol{K}\cdot\boldsymbol{v}\\\dot{\boldsymbol{v}}=\boldsymbol{q}\otimes\boldsymbol{f}^{b}\otimes\boldsymbol{q}*-(2\boldsymbol{\omega}_{ie}^{n}+\boldsymbol{\omega}_{en}^{n})\times\boldsymbol{v}+\boldsymbol{g}^{n}\\\dot{\boldsymbol{q}}=\dfrac{1}{2}\cdot\boldsymbol{q}\otimes\boldsymbol{\omega}_{nb}^{b}\\\dot{\boldsymbol{b}}_{g}=0\\\dot{\boldsymbol{b}}_{a}=0\end{cases} \tag{10.17}$$

其中

$$
\boldsymbol{K}=\begin{pmatrix} \dfrac{1}{R_N+H} & 0 & 0 \\ 0 & \dfrac{\sec B}{R_E+H} & 0 \\ 0 & 0 & -1 \end{pmatrix} \tag{10.18}
$$

$\otimes$表示四元数相乘；$\boldsymbol{q}^*$ 为 $\boldsymbol{q}$ 的共轭四元数；$\boldsymbol{f}^b$ 为视加速度在 b 系中的值，单位为 $\mathrm{m/s^2}$，由 MIMU 中的加表测得；$\boldsymbol{\omega}_{nb}^b$为 b 系相对 n 系旋转角速度矢量在 b 系中的值，单位为 rad/s ，

$$
\boldsymbol{\omega}_{nb}^b=\boldsymbol{\omega}_{ib}^b-\boldsymbol{\omega}_{in}^b \tag{10.19}
$$

b 系相对于 i 系旋转角速度矢量在 b 系中的值 $\boldsymbol{\omega}_{ib}^b$由 MIMU 中的陀螺测得；$\boldsymbol{\omega}_{in}^b$由 $\boldsymbol{\omega}_{in}^n$和前一时刻四元数 $\boldsymbol{q}_{i-1}$计算得到，

$$
\boldsymbol{\omega}_{in}^b=\boldsymbol{q}_{i-1}^*\otimes\boldsymbol{\omega}_{in}^n\otimes\boldsymbol{q}_{i-1} \tag{10.20}
$$

式中：$\boldsymbol{\omega}_{in}^b$、$\boldsymbol{\omega}_{in}^n$为 n 系相对于 i 系旋转角速度矢量在 b 系、n 系中的值，有

$$
\boldsymbol{\omega}_{in}^n=\boldsymbol{\omega}_{ie}^n+\boldsymbol{\omega}_{en}^n \tag{10.21}
$$

$\boldsymbol{\omega}_{ie}^n$、$\boldsymbol{\omega}_{en}^n$按照式(10.14)、式(10.15)计算可得。

10.4.3 状态微分方程的积分

参见式(10.17)后两式，陀螺零偏矢量和加表零偏矢量的导数为零，所以它们积分后保持不变。利用陀螺零偏矢量和加表零偏矢量对角速度矢量、视加速度矢量测量值进行补偿，即在式(10.17)和式(10.19)中，用$(\boldsymbol{\omega}_{ib}^b-\boldsymbol{b}_g)$和$(\boldsymbol{f}^b-\boldsymbol{b}_a)$代替 $\boldsymbol{\omega}_{ib}^b$和 $\boldsymbol{f}^b$，然后再进行姿态、速度和位置的积分，即时间更新。

1. 四元数时间更新

令

$$
\begin{cases} \boldsymbol{\sigma}=\boldsymbol{\omega}_{nb}^b\cdot\Delta t \\ \sigma=|\boldsymbol{\sigma}| \end{cases} \tag{10.22}
$$

$$
\boldsymbol{p}_i=\cos\frac{\sigma}{2}+\sin\frac{\sigma}{2}\cdot\frac{\boldsymbol{\sigma}}{\sigma} \tag{10.23}
$$

式中：Δt 为积分时间间隔，$\boldsymbol{\omega}_{nb}^b$按照式(10.19)计算。于是前一时刻的 b 系旋转四元数 $\boldsymbol{p}_i$ 后，变为当前时刻的 b 系，有

$$
\boldsymbol{q}_i=\boldsymbol{q}_{i-1}\otimes\boldsymbol{p}_i \tag{10.24}
$$

2. 由四元数计算旋转变换矩阵

设 $\boldsymbol{R}_n^b$ 和 $\boldsymbol{q}$ 分别是 n 系到 b 系的旋转变换矩阵和旋转四元数。令

$$\boldsymbol{R}_n^b = \begin{pmatrix} r_{11} & r_{12} & r_{13} \\ r_{21} & r_{22} & r_{23} \\ r_{31} & r_{32} & r_{33} \end{pmatrix} \tag{10.25}$$

参见式(A. 19),由四元数 $\boldsymbol{q}$ 计算旋转变换矩阵 $\boldsymbol{R}_n^b$ 的公式为

$$\boldsymbol{R}_n^b = \begin{bmatrix} q_0^2+q_1^2-q_2^2-q_3^2 & 2(q_1q_2+q_0q_3) & 2(q_1q_3-q_0q_2) \\ 2(q_1q_2-q_0q_3) & q_0^2-q_1^2+q_2^2-q_3^2 & 2(q_2q_3+q_0q_1) \\ 2(q_1q_3+q_0q_2) & 2(q_2q_3-q_0q_1) & q_0^2-q_1^2-q_2^2+q_3^2 \end{bmatrix} \tag{10.26}$$

参见式(A. 20),由旋转变换矩阵 $\boldsymbol{R}_n^b$ 计算四元数 $\boldsymbol{q}$ 的公式为

$$\boldsymbol{q} = \begin{bmatrix} q_0 \\ 0.25(r_{23}-r_{32})/q_0 \\ 0.25(r_{31}-r_{13})/q_0 \\ 0.25(r_{12}-r_{21})/q_0 \end{bmatrix} \tag{10.27}$$

其中

$$q_0 = 0.5(1+r_{11}+r_{22}+r_{33})^{1/2} \tag{10.28}$$

3. 由旋转变换矩阵计算姿态角

设 $\boldsymbol{R}_n^b$ 是 n 系到 b 系的变换矩阵,n 系分别绕 z、y、x 轴旋转偏航角 ψ、俯仰角 ϕ 和滚转角 γ,与 b 系重合,并假设俯仰角 ϕ 接近于 0,则参见式(A. 22),有

$$\begin{cases} \gamma = \arctan \dfrac{r_{23}}{r_{33}} \\ \phi = \arcsin(-r_{13}) \\ \psi = \arctan \dfrac{r_{12}}{r_{11}} \end{cases} \tag{10.29}$$

4. 速度和位置时间更新

参见式(10. 17)中的前两式,并考虑到前、后时刻 n 系的坐标轴方向有所改变,由前一时刻速度和位置计算当前时刻速度和位置的公式如下:

$$\begin{cases} \boldsymbol{v}_i = \boldsymbol{s}_i^* \otimes \boldsymbol{v}_{i-1} \otimes \boldsymbol{s}_i + [\boldsymbol{q}_{0.5} \otimes \boldsymbol{f}^b \otimes \boldsymbol{q}_{0.5}^* - (2\boldsymbol{\omega}_{ie}^n + \boldsymbol{\omega}_{en}^n) \times \boldsymbol{v}_{i-1} + \boldsymbol{g}^n] \cdot \Delta t \\ \boldsymbol{r}_i = \boldsymbol{r}_{i-1} + \boldsymbol{K} \cdot \boldsymbol{v}_i \cdot \Delta t \end{cases} \tag{10.30}$$

式中:下标$(i-1)$和 i 分别代表前一时刻和当前时刻;$\boldsymbol{s}_i$ 为$(i-1)$时刻 n 系至 i 时刻 n 系的单位旋转四元数;$\boldsymbol{q}_{0.5}$为中间时刻 n 系到 b 系旋转四元数,取$\dfrac{1}{2}\Delta t$,按照式(10. 22)~式(10. 24)计算;$(2\boldsymbol{\omega}_{ie}^n+\boldsymbol{\omega}_{en}^n)\times\boldsymbol{v}_{i-1}$为小量且随时间变化缓慢,依据前一时刻位置、速度计算可得;$\boldsymbol{g}^n$ 随时间变化缓慢,依据前一时刻位置计算可

得；$\boldsymbol{K}$ 用于将北东地位置增量转化为纬度、经度和高程增量。令

$$\begin{cases}\boldsymbol{\sigma}=\boldsymbol{\omega}_{en}^{n}\cdot\Delta t\\ \sigma=|\boldsymbol{\sigma}|\end{cases}\tag{10.31}$$

式中：$\boldsymbol{\omega}_{en}^{n}$按照式(10.15)计算可得，则

$$\boldsymbol{s}_i=\cos\frac{\sigma}{2}+\sin\frac{\sigma}{2}\cdot\frac{\boldsymbol{\sigma}}{\sigma}\tag{10.32}$$

10.5 机载 SINS 动态初始粗对准

机载惯导系统通常起飞前在地面进行初始粗对准，即获得初始时刻的位置、速度、姿态等信息。为了缩短起飞准备时间，同时也是为了使惯导系统在空中出现故障并排除后具有重新启动的能力，需要采用 GNSS 辅助的 SINS 动态初始粗对准技术。

GNSS 可以给出飞机在整秒时刻的位置、速度信息，因此 SINS 的位置、速度动态初始粗对准问题很容易解决。下面介绍 SINS 的姿态动态初始粗对准方法。

10.5.1 旋转四元数约束方程

利用前后两个历元的 GNSS 速度信息，参照式(10.12)可以计算得到载体在导航坐标系中的视加速度$\boldsymbol{f}^n$，

$$\boldsymbol{f}^n=\dot{\boldsymbol{v}}^n+(2\boldsymbol{\omega}_{ie}^{n}+\boldsymbol{\omega}_{en}^{n})\times\boldsymbol{v}^n-\boldsymbol{g}^n\tag{10.33}$$

式中：$\dot{\boldsymbol{v}}^n$ 由前后时刻速度差分得到。

MIMU 可以测得载体在体坐标 b 系中的视加速度$\boldsymbol{f}^b$，于是有

$$\boldsymbol{f}^{n0}=\boldsymbol{Q}_n^b\otimes\boldsymbol{f}^{b0}\otimes\boldsymbol{Q}_n^{b*}\tag{10.34}$$

式中：$\boldsymbol{f}^{n0}$、$\boldsymbol{f}^{b0}$分别为$\boldsymbol{f}^n$、$\boldsymbol{f}^b$ 的单位化矢量；$\boldsymbol{Q}_n^b$ 为 n 系至 b 系的单位旋转四元数。

正常情况下飞机的侧滑速度为零，即

$$[0\quad 1\quad 0]\cdot\boldsymbol{v}^{b0}=[0\quad 1\quad 0]\cdot\boldsymbol{Q}_n^{b*}\otimes\boldsymbol{v}^{n0}\otimes\boldsymbol{Q}_n^b=0\tag{10.35}$$

式中：$\boldsymbol{v}^{b0}$、$\boldsymbol{v}^{n0}$分别为 b 系、n 系中飞机单位化对地速度矢量。要求$|\boldsymbol{v}^n|$远大于 0，否则 $\boldsymbol{v}^{n0}$的方向不确定。联立求解式(10.34)、式(10.35)，即可得到 $\boldsymbol{Q}_n^b$。

10.5.2 旋转四元数约束方程的求解

下面讨论联立求解式(10.34)、式(10.35)的方法。在 b 系内定义新的矢量$\boldsymbol{f}_n^{b0}$ 和 $\boldsymbol{v}_n^{b0}$，其数值分别等于$\boldsymbol{f}^{n0}$和 $\boldsymbol{v}^{n0}$。经过一次(或两次)旋转使$\boldsymbol{f}_n^{b0}$ 和 $\boldsymbol{v}_n^{b0}$ 分别与$\boldsymbol{f}^{b0}$和 $\boldsymbol{v}^{b0}$重合，则转动后的 b 系也与 n 系重合，对应的单位旋转四元数即 b 系

至 n 系的单位旋转四元数 Q_b^n,如图 10.8～图 10.10 所示。两次旋转条件下的中间坐标系记为 b'。各矢量旋转结果及相应四元数如表 10.3 所列。

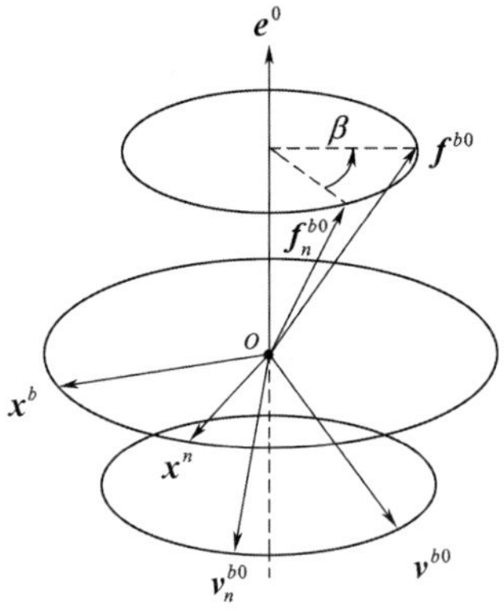

图 10.8　b 系至 n 系的一次旋转

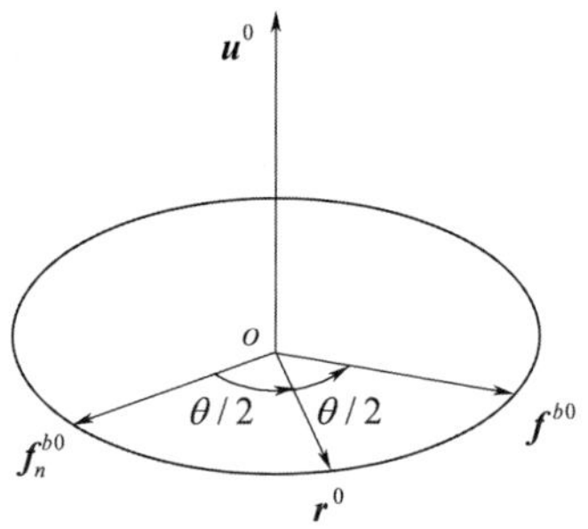

图 10.9　b 系至 n 系的第一次旋转

(使 f_n^{b0} 与 f^{b0} 重合,旋转轴 u^0 垂直于 f_n^{b0} 和 f^{b0})

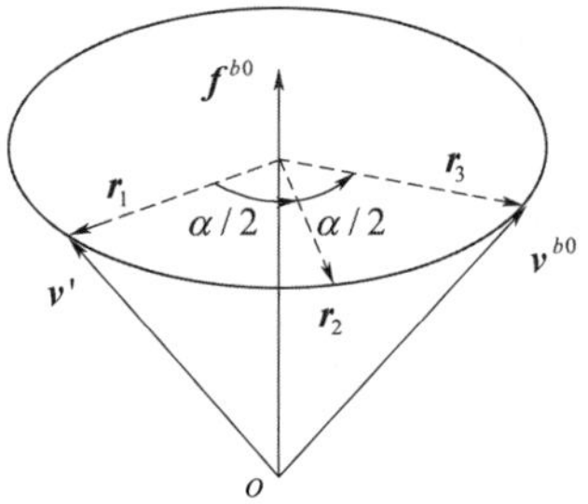

图 10.10　b 系至 n 系的第二次旋转

(使 v' 与 v^{b0} 重合)

表 10.3　矢量与旋转四元数

<table>
<tr><td>n 系中矢量</td><td rowspan="3">第一次旋转
四元数 $Q_{b'}^n$</td><td>b' 系中矢量</td><td rowspan="3">第二次旋转
四元数 $Q_b^{b'}$</td><td>b 系中矢量</td></tr>
<tr><td>f_n^{b0}</td><td>f^{b0}</td><td>f^{b0}</td></tr>
<tr><td rowspan="2">v_n^{b0}</td><td>v'</td><td rowspan="2">v^{b0}</td></tr>
<tr><td colspan="3">一次旋转四元数 Q_b^n</td></tr>
</table>

假设 f^{b0} 和 f_n^{b0} 的方向较为接近,$|f^{b0}+f_n^{b0}|\neq 0$。由图 10.9 可知,

$$r^0=\frac{f^{b0}+f_n^{b0}}{|f^{b0}+f_n^{b0}|} \tag{10.36}$$

第一次旋转的旋转轴方向单位矢量为

$$u^0=\frac{f_n^{b0}\times r^0}{|f_n^{b0}\times r^0|} \tag{10.37}$$

$$\begin{cases}\sin\dfrac{\theta}{2}=|f_n^{b0}\times r^0|\\ \cos\dfrac{\theta}{2}=\sqrt{1-\sin^2\dfrac{\theta}{2}}\end{cases} \tag{10.38}$$

第一次旋转单位四元数记为 $Q_{b'}^n$,有

$$\begin{aligned}Q_{b'}^n&=\cos\frac{\theta}{2}+u^0\cdot\sin\frac{\theta}{2}\\&=\cos\frac{\theta}{2}+f_n^{b0}\times r^0\end{aligned} \tag{10.39}$$

若 $f_n^{b0}\cdot r^0<0$,则判定 f_n^{b0} 与 r^0 的夹角大于 $\frac{\pi}{2}$,出现不应有的错误。若 $|f_n^{b0}\cdot r^0|<10^{-4}$,则判定 f_n^{b0} 与 r^0 的夹角过小,应该取 $Q_{b'}^n=\begin{bmatrix}1\\0\\0\\0\end{bmatrix}$。

记 v' 为 v_n^{b0} 旋转四元数 $Q_{b'}^n$ 后形成的矢量,则

$$v'=Q_{b'}^n\otimes v_n^{b0}\otimes Q_{b'}^{n\,*} \tag{10.40}$$

第二次旋转使 v' 与 v^{b0} 重合,相应单位四元数记为 $Q_b^{b'}$,

$$Q_b^{b'}=\cos\frac{\alpha}{2}+f^{b0}\cdot\sin\frac{\alpha}{2} \tag{10.41}$$

其中

$$\begin{cases}\sin\dfrac{\alpha}{2}=(r_1^0\times r_2^0)\cdot f^{b0}\\ \cos\dfrac{\alpha}{2}=\sqrt{1-\sin^2\dfrac{\alpha}{2}}\end{cases} \tag{10.42}$$

$$\begin{cases}r_2=r_1^0+r_3^0\\ r_2^0=r_2/|r_2|\end{cases} \tag{10.43}$$

若 $|r_2|<10^{-3}$,则近似取 $\alpha=\pi$, $\sin\frac{\alpha}{2}=1$, $\cos\frac{\alpha}{2}=0$。

$$\begin{cases}r_1=f^{b0}\times(v'\times f^{b0})\\ r_3=f^{b0}\times(v^{b0}\times f^{b0})\end{cases} \tag{10.44}$$

$$\begin{cases} \boldsymbol{r}_1^0 = \boldsymbol{r}_1 / |\boldsymbol{r}_1| \\ \boldsymbol{r}_3^0 = \boldsymbol{r}_3 / |\boldsymbol{r}_3| \end{cases} \tag{10.45}$$

式(10.44)中 $\boldsymbol{v}^{b0}$ 未知,但是 $\boldsymbol{v}'$、$\boldsymbol{v}^{b0}$ 分别与 $\boldsymbol{f}^{b0}$ 保持相同的夹角,且 $\boldsymbol{v}^{b0}$ 的模为 1,第二个分量为零。设 $\boldsymbol{v}^{b0} = \begin{bmatrix} x \\ 0 \\ z \end{bmatrix}$, $\boldsymbol{f}^{b0} = \begin{bmatrix} f_x \\ f_y \\ f_z \end{bmatrix}$, $c = \boldsymbol{f}^{b0} \cdot \boldsymbol{v}'$,则有

$$\begin{cases} f_x \cdot x + f_z \cdot z = c \\ x^2 + z^2 = 1 \end{cases} \tag{10.46}$$

假设飞机近似水平飞行,于是 $\boldsymbol{v}^{b0}$ 近似垂直于 $\boldsymbol{f}^{b0}$,平行于 b 系的 x 轴;$f_z \approx -1$,近似有 $x \approx 1, z \approx 0$。于是式(10.46)的解为

$$\begin{cases} x = \dfrac{c \cdot f_x + \sqrt{(c \cdot f_x)^2 - (f_x^2 + f_z^2) \cdot (c^2 - f_z^2)}}{f_x^2 + f_z^2} \\ z = \dfrac{c - f_x \cdot x}{f_z} \end{cases} \tag{10.47}$$

最终,b 系至 n 系的单位四元数为

$$\boldsymbol{Q}_b^n = \boldsymbol{Q}_b^{b'} \otimes \boldsymbol{Q}_{b'}^n \tag{10.48}$$

n 系至 b 系的单位四元数为 $\boldsymbol{Q}_n^b = \boldsymbol{Q}_b^{n*}$。

10.6 误差状态方程及误差状态时间更新

10.6.1 误差状态参数的选择

参照 10.4.2 节中的状态参数,选择误差状态参数 $\delta\boldsymbol{r}_{3\times1}$、$\delta\boldsymbol{v}_{3\times1}$、$\delta\boldsymbol{\theta}_{3\times1}$、$\delta\boldsymbol{b}_{g,3\times1}$、$\delta\boldsymbol{b}_{a,3\times1}$。$\delta\boldsymbol{r}_{3\times1}$ 为位置误差矢量(估计值比真值多的部分),其元素分别为纬度误差(rad)、经度误差(rad)和高度误差(m);$\delta\boldsymbol{v}_{3\times1}$ 为速度误差矢量(估计值比真值多的部分),n 系,单位为 m/s;$\delta\boldsymbol{\theta}_{3\times1}$ 为失准角误差矢量(真实的 n 系旋转 $\delta\boldsymbol{\theta}$ 角度后,变为失准的 n 系),其元素分别为 $\delta\theta_x$、$\delta\theta_y$、$\delta\theta_z$,单位为 rad;$\delta\boldsymbol{b}_{g,3\times1}$ 为陀螺零偏误差矢量(零偏估计值比真值多的部分),单位为 rad/s;$\delta\boldsymbol{b}_{a,3\times1}$ 为加表零偏误差矢量(零偏估计值比真值多的部分),单位为 m/s^2。总计 15 个误差状态,记作

$$\delta \boldsymbol{X}_{15\times1}=\begin{bmatrix}\delta \boldsymbol{r}_{3\times1}\\ \delta \boldsymbol{v}_{3\times1}\\ \delta \boldsymbol{\theta}_{3\times1}\\ \delta \boldsymbol{b}_{g,3\times1}\\ \delta \boldsymbol{b}_{a,3\times1}\end{bmatrix} \tag{10.49}$$

记 $\tilde{\boldsymbol{r}}$、$\tilde{\boldsymbol{v}}$、$\tilde{\boldsymbol{q}}$、$\tilde{\boldsymbol{b}}_g$ 和 $\tilde{\boldsymbol{b}}_a$ 分别为位置、速度、四元数、陀螺零偏和加表零偏的真值。于是有

$$\begin{cases}\tilde{\boldsymbol{r}}=\boldsymbol{r}-\delta \boldsymbol{r}\\ \tilde{\boldsymbol{v}}=\boldsymbol{v}-\delta \boldsymbol{v}\\ \tilde{\boldsymbol{q}}=\boldsymbol{Q}\otimes \boldsymbol{q}\\ \tilde{\boldsymbol{b}}_g=\boldsymbol{b}_g-\delta \boldsymbol{b}_g\\ \tilde{\boldsymbol{b}}_a=\boldsymbol{b}_a-\delta \boldsymbol{b}_a\end{cases} \tag{10.50}$$

式中:$\boldsymbol{Q}$ 为真实 n 系至失准 n 系的旋转四元数,

$$\boldsymbol{Q}=\cos\frac{\delta\theta}{2}+\sin\frac{\delta\theta}{2}\cdot\frac{\delta\boldsymbol{\theta}}{\delta\theta} \tag{10.51}$$

$\delta\theta$ 为 $\delta\boldsymbol{\theta}$ 的模,$\delta\theta=|\delta\boldsymbol{\theta}|$。

$$\begin{cases}\tilde{\boldsymbol{\omega}}_{ib}^b=\boldsymbol{\omega}_{ib}^b-\tilde{\boldsymbol{b}}_g-\boldsymbol{\varepsilon}_g=(\boldsymbol{\omega}_{ib}^b-\boldsymbol{b}_g)+\delta \boldsymbol{b}_g-\boldsymbol{\varepsilon}_g\\ \tilde{\boldsymbol{f}}^b=\boldsymbol{f}^b-\tilde{\boldsymbol{b}}_a-\boldsymbol{\varepsilon}_a=(\boldsymbol{f}^b-\boldsymbol{b}_a)+\delta \boldsymbol{b}_a-\boldsymbol{\varepsilon}_a\end{cases} \tag{10.52}$$

10.6.2 对地速度误差微分方程

记$\tilde{\boldsymbol{v}}$、$\tilde{\boldsymbol{R}}_b^n$、$\tilde{\boldsymbol{f}}^b$、$\tilde{\boldsymbol{\omega}}_{ie}^n$、$\tilde{\boldsymbol{\omega}}_{en}^n$分别为 $\boldsymbol{v}$、$\boldsymbol{R}_b^n$、$\boldsymbol{f}^b$、$\boldsymbol{\omega}_{ie}^n$、$\boldsymbol{\omega}_{en}^n$对应的真值。参见式(10.12),忽略位置误差导致的重力加速度计算误差,有

$$\dot{\boldsymbol{v}}=\boldsymbol{R}_b^n\cdot\boldsymbol{f}^b-(2\boldsymbol{\omega}_{ie}^n+\boldsymbol{\omega}_{en}^n)\times\boldsymbol{v}+\boldsymbol{g}^n \tag{10.53}$$

$$\dot{\tilde{\boldsymbol{v}}}=\tilde{\boldsymbol{R}}_b^n\cdot\tilde{\boldsymbol{f}}^b-(2\tilde{\boldsymbol{\omega}}_{ie}^n+\tilde{\boldsymbol{\omega}}_{en}^n)\times\tilde{\boldsymbol{v}}+\boldsymbol{g}^n \tag{10.54}$$

又记 $\boldsymbol{R}(\delta\boldsymbol{\theta})$ 为失准角矢量 $\delta\boldsymbol{\theta}$ 对应的真实 n 系至失准 n 系的旋转变换矩阵;$\delta\boldsymbol{f}^b$、$\delta\boldsymbol{\omega}_{ie}^n$、$\delta\boldsymbol{\omega}_{en}^n$为$\boldsymbol{f}^b$、$\boldsymbol{\omega}_{ie}^n$、$\boldsymbol{\omega}_{en}^n$对应的误差,有

$$\begin{cases}\boldsymbol{R}_b^n=\boldsymbol{R}(\delta\boldsymbol{\theta})\cdot\tilde{\boldsymbol{R}}_b^n\\ \boldsymbol{f}^b=\tilde{\boldsymbol{f}}^b+\delta\boldsymbol{f}^b\\ \boldsymbol{\omega}_{ie}^n=\tilde{\boldsymbol{\omega}}_{ie}^n+\delta\boldsymbol{\omega}_{ie}^n\\ \boldsymbol{\omega}_{en}^n=\tilde{\boldsymbol{\omega}}_{en}^n+\delta\boldsymbol{\omega}_{en}^n\\ \boldsymbol{v}=\tilde{\boldsymbol{v}}+\delta\boldsymbol{v}\end{cases} \tag{10.55}$$

式中:

$$\boldsymbol{R}(\delta\boldsymbol{\theta}) \approx \boldsymbol{R}_x(\delta\theta_x)\cdot\boldsymbol{R}_y(\delta\theta_y)\cdot\boldsymbol{R}_z(\delta\theta_z) \approx \begin{bmatrix} 1 & \delta\theta_z & -\delta\theta_y \\ -\delta\theta_z & 1 & \delta\theta_x \\ \delta\theta_y & -\delta\theta_x & 1 \end{bmatrix} \approx \mathbf{I}-[\delta\boldsymbol{\theta}\times] \tag{10.56}$$

式中：$[\delta\boldsymbol{\theta}\times]$为$\delta\boldsymbol{\theta}$的反对称阵，

$$[\delta\boldsymbol{\theta}\times] = \begin{bmatrix} 0 & -\delta\theta_z & \delta\theta_y \\ \delta\theta_z & 0 & -\delta\theta_x \\ -\delta\theta_y & \delta\theta_x & 0 \end{bmatrix} \tag{10.57}$$

式(10.53)、式(10.54)等号两边分别相减，并参见式(10.55)、式(10.56)，可得

$$\begin{aligned} \delta\dot{\boldsymbol{v}} &\approx (\mathbf{I}-[\delta\boldsymbol{\theta}\times])\cdot\widetilde{\boldsymbol{R}}_b^n\cdot(\widetilde{\boldsymbol{f}}^b+\delta\boldsymbol{f}^b)-(2\widetilde{\boldsymbol{\omega}}_{ie}^n+\widetilde{\boldsymbol{\omega}}_{en}^n+2\delta\boldsymbol{\omega}_{ie}^n+\delta\boldsymbol{\omega}_{en}^n)\times(\widetilde{\boldsymbol{v}}+\delta\boldsymbol{v}) \\ &\quad -\widetilde{\boldsymbol{R}}_b^n\cdot\widetilde{\boldsymbol{f}}^b+(2\widetilde{\boldsymbol{\omega}}_{ie}^n+\widetilde{\boldsymbol{\omega}}_{en}^n)\times\widetilde{\boldsymbol{v}} \\ &\approx \widetilde{\boldsymbol{R}}_b^n\cdot\delta\boldsymbol{f}^b-[\delta\boldsymbol{\theta}\times]\cdot\widetilde{\boldsymbol{R}}_b^n\cdot\widetilde{\boldsymbol{f}}^b-(2\widetilde{\boldsymbol{\omega}}_{ie}^n+\widetilde{\boldsymbol{\omega}}_{en}^n)\times\delta\boldsymbol{v}-(2\delta\boldsymbol{\omega}_{ie}^n+\delta\boldsymbol{\omega}_{en}^n)\times\widetilde{\boldsymbol{v}} \\ &= [\widetilde{\boldsymbol{f}}^n\times]\cdot\delta\boldsymbol{\theta}+\widetilde{\boldsymbol{R}}_b^n\cdot\delta\boldsymbol{f}^b-(2\widetilde{\boldsymbol{\omega}}_{ie}^n+\widetilde{\boldsymbol{\omega}}_{en}^n)\times\delta\boldsymbol{v}-(2\delta\boldsymbol{\omega}_{ie}^n+\delta\boldsymbol{\omega}_{en}^n)\times\widetilde{\boldsymbol{v}} \end{aligned} \tag{10.58}$$

式中：$[\widetilde{\boldsymbol{f}}^n\times]$为$\widetilde{\boldsymbol{f}}^n$的反对称矩阵。分别用系数$\boldsymbol{f}^n$、$\boldsymbol{R}_b^n$、$(2\boldsymbol{\omega}_{ie}^n+\boldsymbol{\omega}_{en}^n)$、$\boldsymbol{v}$，近似代替系数$\widetilde{\boldsymbol{f}}^n$、$\widetilde{\boldsymbol{R}}_b^n$、$(2\widetilde{\boldsymbol{\omega}}_{ie}^n+\widetilde{\boldsymbol{\omega}}_{en}^n)$、$\widetilde{\boldsymbol{v}}$，代入上式，可得

$$\delta\dot{\boldsymbol{v}} = [\boldsymbol{f}^n\times]\cdot\delta\boldsymbol{\theta}+\boldsymbol{R}_b^n\cdot\delta\boldsymbol{f}^b-(2\boldsymbol{\omega}_{ie}^n+\boldsymbol{\omega}_{en}^n)\times\delta\boldsymbol{v}+\boldsymbol{v}\times(2\delta\boldsymbol{\omega}_{ie}^n+\delta\boldsymbol{\omega}_{en}^n) \tag{10.59}$$

由式(10.14)、式(10.15)求微分，忽略$\frac{e^2}{R}$、$\frac{1}{R^2}$项，其中e为地球椭球偏心率，R为地球平均半径，有

$$\delta\boldsymbol{\omega}_{ie}^n = \begin{bmatrix} -\omega_e\sin B \\ 0 \\ -\omega_e\cos B \end{bmatrix}\cdot \mathrm{d}B \tag{10.60}$$

$$\delta\boldsymbol{\omega}_{en}^n = \begin{bmatrix} 0 \\ 0 \\ -v_E\cdot\sec^2 B/(R_E+H) \end{bmatrix}\cdot\mathrm{d}B+\begin{bmatrix} 0 & \frac{1}{R_E+H} & 0 \\ \frac{-1}{R_N+H} & 0 & 0 \\ 0 & \frac{-\tan B}{R_E+H} & 0 \end{bmatrix}\cdot\delta\boldsymbol{v} \tag{10.61}$$

10.6.3 失准角微分方程

1. b系至n系旋转变换矩阵$\boldsymbol{R}_b^n$的微分方程

记$\boldsymbol{R}_b^n(t)$、$\boldsymbol{R}_b^n(t+\mathrm{d}t)$分别为时刻$t$、$(t+\mathrm{d}t)$的$b$系至$n$系旋转变换矩阵，$\boldsymbol{\omega}_{nb}^b$的

三个轴向分量为 ω_x、ω_y、ω_z，$\boldsymbol{\omega}_{nb}^b=\begin{bmatrix}\omega_x\\ \omega_y\\ \omega_z\end{bmatrix}$。在时间微元 d$t$ 内，b 系相对于 n 系分别绕 b 系的 x、y、z 轴旋转了角度 $\omega_x\mathrm{d}t$、$\omega_y\mathrm{d}t$、$\omega_z\mathrm{d}t$。三次小角度旋转无需考虑旋转顺序，因此有

$$\boldsymbol{R}_b^n(t+\mathrm{d}t)=\boldsymbol{R}_b^n(t)\cdot\boldsymbol{R}_x(-\omega_x\mathrm{d}t)\cdot\boldsymbol{R}_y(-\omega_y\mathrm{d}t)\cdot\boldsymbol{R}_z(-\omega_z\mathrm{d}t) \tag{10.62}$$

式中：$\boldsymbol{R}_x$、$\boldsymbol{R}_y$、$\boldsymbol{R}_z$ 分别为绕 x、y、z 轴的旋转变换矩阵，有

$$\boldsymbol{R}_x(-\omega_x\mathrm{d}t)\cdot\boldsymbol{R}_y(-\omega_y\mathrm{d}t)\cdot\boldsymbol{R}_z(-\omega_z\mathrm{d}t)\approx\begin{bmatrix}1 & -\omega_z\mathrm{d}t & \omega_y\mathrm{d}t\\ \omega_z\mathrm{d}t & 1 & -\omega_x\mathrm{d}t\\ -\omega_y\mathrm{d}t & \omega_x\mathrm{d}t & 1\end{bmatrix}=\mathbf{I}+[\boldsymbol{\omega}_{nb}^b\times]\cdot\mathrm{d}t \tag{10.63}$$

$[\boldsymbol{\omega}_{nb}^b\times]$为 $\boldsymbol{\omega}_{nb}^b$的反对称阵。将式(10.63)代入式(10.62)，可得

$$\boldsymbol{R}_b^n(t+\mathrm{d}t)-\boldsymbol{R}_b^n(t)\approx\boldsymbol{R}_b^n(t)\cdot[\boldsymbol{\omega}_{nb}^b\times]\cdot\mathrm{d}t \tag{10.64}$$

于是

$$\dot{\boldsymbol{R}}_b^n=\boldsymbol{R}_b^n\cdot[\boldsymbol{\omega}_{nb}^b\times] \tag{10.65}$$

分别在 n 系、b 系中进行矢量 $\boldsymbol{\omega}$ 与矢量 $\boldsymbol{r}$ 的叉乘，结果应该相同，所以

$$\begin{cases}\boldsymbol{\omega}^n\times\boldsymbol{r}^n=\boldsymbol{R}_b^n\cdot(\boldsymbol{\omega}^b\times\boldsymbol{r}^b)\\ [\boldsymbol{\omega}^n\times]\cdot\boldsymbol{r}^n=\boldsymbol{R}_b^n\cdot[\boldsymbol{\omega}^b\times]\cdot\boldsymbol{R}_n^b\cdot\boldsymbol{r}^n\\ [\boldsymbol{\omega}^n\times]=\boldsymbol{R}_b^n\cdot[\boldsymbol{\omega}^b\times]\cdot\boldsymbol{R}_n^b\end{cases} \tag{10.66}$$

显然有

$$\boldsymbol{\omega}_{nb}^b=\boldsymbol{\omega}_{ib}^b-\boldsymbol{\omega}_{in}^b \tag{10.67}$$

参见式(10.66)和式(10.67)，式(10.65)可以化为

$$\begin{aligned}\dot{\boldsymbol{R}}_b^n&=\boldsymbol{R}_b^n\cdot[\boldsymbol{\omega}_{ib}^b\times]-\boldsymbol{R}_b^n\cdot[\boldsymbol{\omega}_{in}^b\times]\\ &=\boldsymbol{R}_b^n\cdot[\boldsymbol{\omega}_{ib}^b\times]-\boldsymbol{R}_b^n\cdot[\boldsymbol{\omega}_{in}^b\times]\cdot\boldsymbol{R}_n^b\cdot\boldsymbol{R}_b^n\\ &=\boldsymbol{R}_b^n\cdot[\boldsymbol{\omega}_{ib}^b\times]-[\boldsymbol{\omega}_{in}^n\times]\cdot\boldsymbol{R}_b^n\end{aligned} \tag{10.68}$$

记 $\widetilde{\boldsymbol{R}}_b^n$、$\widetilde{\boldsymbol{\omega}}_{ib}^b$、$\widetilde{\boldsymbol{\omega}}_{in}^n$为 $\boldsymbol{R}_b^n$、$\boldsymbol{\omega}_{ib}^b$、$\boldsymbol{\omega}_{in}^n$对应的真值，有

$$\dot{\widetilde{\boldsymbol{R}}}_b^n=\widetilde{\boldsymbol{R}}_b^n\cdot[\widetilde{\boldsymbol{\omega}}_{ib}^b\times]-[\widetilde{\boldsymbol{\omega}}_{in}^n\times]\cdot\widetilde{\boldsymbol{R}}_b^n \tag{10.69}$$

2. 失准角微分方程

由失准角定义，有

$$\boldsymbol{R}_b^n\approx\boldsymbol{R}_x(\delta\theta_x)\cdot\boldsymbol{R}_y(\delta\theta_y)\cdot\boldsymbol{R}_z(\delta\theta_z)\cdot\widetilde{\boldsymbol{R}}_b^n\approx(\mathbf{I}-[\delta\boldsymbol{\theta}\times])\cdot\widetilde{\boldsymbol{R}}_b^n \tag{10.70}$$

式(10.70)中第 1 略等号左侧、第 2 略等号右侧，分别对时间求导，可得

$$
\begin{aligned}
\dot{\boldsymbol{R}}_b^n &= (\mathbf{I}-[\delta\boldsymbol{\theta}\times])\cdot\dot{\widetilde{\boldsymbol{R}}}_b^n-[\delta\dot{\boldsymbol{\theta}}\times]\cdot\widetilde{\boldsymbol{R}}_b^n \\
&= (\mathbf{I}-[\delta\boldsymbol{\theta}\times])\cdot(\widetilde{\boldsymbol{R}}_b^n\cdot[\widetilde{\boldsymbol{\omega}}_{ib}^b\times]-[\widetilde{\boldsymbol{\omega}}_{in}^n\times]\cdot\widetilde{\boldsymbol{R}}_b^n)-[\delta\dot{\boldsymbol{\theta}}\times]\cdot\widetilde{\boldsymbol{R}}_b^n
\end{aligned}
\tag{10.71}
$$

记 $\widetilde{\boldsymbol{\omega}}_{ib}^b$、$\boldsymbol{\omega}_{ib}^b$、$\delta\boldsymbol{\omega}_{ib}^b$为 b 系中 b 系相对于 i 系旋转角速度的真值、测量值、测量误差;$\widetilde{\boldsymbol{\omega}}_{in}^n$、$\boldsymbol{\omega}_{in}^n$、$\delta\boldsymbol{\omega}_{in}^n$为 n 系中 n 系相对于 i 系旋转角速度的真值、计算值、计算误差,$\delta\boldsymbol{\omega}_{in}^n$ 由位置误差导致,$\delta\boldsymbol{\omega}_{in}^n=\delta\boldsymbol{\omega}_{ie}^n+\delta\boldsymbol{\omega}_{en}^n$,$\delta\boldsymbol{\omega}_{ie}^n$、$\delta\boldsymbol{\omega}_{en}^n$ 按照式(10.60)和式(10.61)计算。有

$$
\begin{cases}
\boldsymbol{\omega}_{ib}^b=\widetilde{\boldsymbol{\omega}}_{ib}^b+\delta\boldsymbol{\omega}_{ib}^b \\
\boldsymbol{\omega}_{in}^n=\widetilde{\boldsymbol{\omega}}_{in}^n+\delta\boldsymbol{\omega}_{in}^n
\end{cases}
\tag{10.72}
$$

参见式(10.68),角速度误差表示的旋转变换矩阵导数$\dot{\boldsymbol{R}}_b^n$ 为

$$
\dot{\boldsymbol{R}}_b^n=(\mathbf{I}-[\delta\boldsymbol{\theta}\times])\cdot\widetilde{\boldsymbol{R}}_b^n\cdot[(\widetilde{\boldsymbol{\omega}}_{ib}^b+\delta\boldsymbol{\omega}_{ib}^b)\times]-[(\widetilde{\boldsymbol{\omega}}_{in}^n+\delta\boldsymbol{\omega}_{in}^n)\times]\cdot(\mathbf{I}-[\delta\boldsymbol{\theta}\times])\cdot\widetilde{\boldsymbol{R}}_b^n
\tag{10.73}
$$

对比式(10.71)和式(10.73),有

$$
\begin{aligned}
&(\mathbf{I}-[\delta\boldsymbol{\theta}\times])\cdot(\widetilde{\boldsymbol{R}}_b^n\cdot[\widetilde{\boldsymbol{\omega}}_{ib}^b\times]-[\widetilde{\boldsymbol{\omega}}_{in}^n\times]\cdot\widetilde{\boldsymbol{R}}_b^n)-[\delta\dot{\boldsymbol{\theta}}\times]\cdot\widetilde{\boldsymbol{R}}_b^n \\
&=(\mathbf{I}-[\delta\boldsymbol{\theta}\times])\cdot\widetilde{\boldsymbol{R}}_b^n\cdot[(\widetilde{\boldsymbol{\omega}}_{ib}^b+\delta\boldsymbol{\omega}_{ib}^b)\times]-[(\widetilde{\boldsymbol{\omega}}_{in}^n+\delta\boldsymbol{\omega}_{in}^n)\times]\cdot(\mathbf{I}-[\delta\boldsymbol{\theta}\times])\cdot\widetilde{\boldsymbol{R}}_b^n
\end{aligned}
\tag{10.74}
$$

将式(10.74)等号两边各项展开为泰勒级数,忽略二阶及以上项,并化简,可得

$$
\begin{aligned}
&\widetilde{\boldsymbol{R}}_b^n\cdot[\delta\boldsymbol{\omega}_{ib}^b\times]+[\widetilde{\boldsymbol{\omega}}_{in}^n\times]\cdot[\delta\boldsymbol{\theta}\times]\cdot\widetilde{\boldsymbol{R}}_b^n-[\delta\boldsymbol{\omega}_{in}^n\times]\cdot\widetilde{\boldsymbol{R}}_b^n \\
&=[\delta\boldsymbol{\theta}\times]\cdot[\widetilde{\boldsymbol{\omega}}_{in}^n\times]\cdot\widetilde{\boldsymbol{R}}_b^n-[\delta\dot{\boldsymbol{\theta}}\times]\cdot\widetilde{\boldsymbol{R}}_b^n
\end{aligned}
\tag{10.75}
$$

等号两边同时乘$\widetilde{\boldsymbol{R}}_n^b$,可得

$$
\widetilde{\boldsymbol{R}}_b^n\cdot[\delta\boldsymbol{\omega}_{ib}^b\times]\cdot\widetilde{\boldsymbol{R}}_n^b+[\widetilde{\boldsymbol{\omega}}_{in}^n\times]\cdot[\delta\boldsymbol{\theta}\times]-[\delta\boldsymbol{\omega}_{in}^n\times]=[\delta\boldsymbol{\theta}\times]\cdot[\widetilde{\boldsymbol{\omega}}_{in}^n\times]-[\delta\dot{\boldsymbol{\theta}}\times]
\tag{10.76}
$$

参见式(10.66)中的第 3 式,有

$$
\widetilde{\boldsymbol{R}}_b^n\cdot[\delta\boldsymbol{\omega}_{ib}^b\times]\cdot\widetilde{\boldsymbol{R}}_n^b=[\delta\boldsymbol{\omega}_{ib}^n\times]
\tag{10.77}
$$

对应 3×1 维矢量 $\boldsymbol{a}$、$\boldsymbol{b}$,相应反对称矩阵满足如下等式

$$
[\boldsymbol{a}\times]\cdot[\boldsymbol{b}\times]-[\boldsymbol{b}\times][\boldsymbol{a}\times]=[(\boldsymbol{a}\times\boldsymbol{b})\times]
\tag{10.78}
$$

参见式(10.77)和式(10.78),式(10.76)转化为

$$
[\delta\dot{\boldsymbol{\theta}}\times]=[(\delta\boldsymbol{\theta}\times\widetilde{\boldsymbol{\omega}}_{in}^n)\times]+[\delta\boldsymbol{\omega}_{in}^n\times]-[\delta\boldsymbol{\omega}_{ib}^n\times]
\tag{10.79}
$$

于是

$$
\delta\dot{\boldsymbol{\theta}}=-\widetilde{\boldsymbol{\omega}}_{in}^n\times\delta\boldsymbol{\theta}+\delta\boldsymbol{\omega}_{in}^n-\delta\boldsymbol{\omega}_{ib}^n
\tag{10.80}
$$

用系数 $\boldsymbol{\omega}_{in}^n$ 近似代替系数$\widetilde{\boldsymbol{\omega}}_{in}^n$,有

$$\delta\dot{\boldsymbol{\theta}} = -\boldsymbol{\omega}_{in}^{n} \times \delta\boldsymbol{\theta} + \delta\boldsymbol{\omega}_{in}^{n} - \delta\boldsymbol{\omega}_{ib}^{n} \tag{10.81}$$

10.6.4 误差状态微分方程

记$\tilde{\boldsymbol{b}}_g$、$\boldsymbol{b}_g$、$\delta\boldsymbol{b}_g$ 为陀螺零偏的真实值、估计值、估计值误差；$\tilde{\boldsymbol{b}}_a$、$\boldsymbol{b}_a$、$\delta\boldsymbol{b}_a$ 为加表零偏的真实值、估计值、估计值误差。参见式(10.1)，于是有

$$\begin{cases} (\boldsymbol{\omega}_{ib}^{b} - \boldsymbol{b}_g) = \tilde{\boldsymbol{\omega}}_{ib}^{b} - \delta\boldsymbol{b}_g + \boldsymbol{\varepsilon}_g \\ (\boldsymbol{f}^{b} - \boldsymbol{b}_a) = \tilde{\boldsymbol{f}}^{b} - \delta\boldsymbol{b}_a + \boldsymbol{\varepsilon}_a \end{cases} \tag{10.82}$$

考虑到在 10.4.3 节中已经用($\boldsymbol{\omega}_{ib}^{b} - \boldsymbol{b}_g$)和($\boldsymbol{f}^{b} - \boldsymbol{b}_a$)代替 $\boldsymbol{\omega}_{ib}^{b}$ 和 $\boldsymbol{f}^{b}$，进行状态微分方程的积分，所以式(10.81)中隐含的 $\delta\boldsymbol{\omega}_{ib}^{b}$、式(10.59)中的 $\delta\boldsymbol{f}^{b}$ 为

$$\begin{cases} \delta\boldsymbol{\omega}_{ib}^{b} = -\delta\boldsymbol{b}_g + \boldsymbol{\varepsilon}_g \\ \delta\boldsymbol{f}^{b} = -\delta\boldsymbol{b}_a + \boldsymbol{\varepsilon}_a \end{cases} \tag{10.83}$$

参见式(10.17)中的第 1 式，有

$$\delta\dot{\boldsymbol{r}} = \boldsymbol{K} \cdot \delta\boldsymbol{v} + \frac{\partial}{\partial \boldsymbol{r}}(\boldsymbol{K} \cdot \boldsymbol{v}) \cdot \delta\boldsymbol{r} \tag{10.84}$$

综合式(10.84)、式(10.59)和式(10.81)，并考虑到 $\delta\boldsymbol{b}_g$、$\delta\boldsymbol{b}_a$ 不随时间变化，有如下误差状态微分方程

$$\begin{cases} \delta\dot{\boldsymbol{r}} = \boldsymbol{K} \cdot \delta\boldsymbol{v} + \frac{\partial}{\partial \boldsymbol{r}}(\boldsymbol{K} \cdot \boldsymbol{v}) \cdot \delta\boldsymbol{r} \\ \delta\dot{\boldsymbol{v}} = [\boldsymbol{f}^{n} \times] \cdot \delta\boldsymbol{\theta} + \boldsymbol{R}_b^n \cdot \delta\boldsymbol{f}^{b} - (2\boldsymbol{\omega}_{ie}^{n} + \boldsymbol{\omega}_{en}^{n}) \times \delta\boldsymbol{v} + \boldsymbol{v} \times (2\delta\boldsymbol{\omega}_{ie}^{n} + \delta\boldsymbol{\omega}_{en}^{n}) \\ \delta\dot{\boldsymbol{\theta}} = -\boldsymbol{\omega}_{in}^{n} \times \delta\boldsymbol{\theta} + \delta\boldsymbol{\omega}_{in}^{n} - \delta\boldsymbol{\omega}_{ib}^{n} \\ \delta\dot{\boldsymbol{b}}_g = 0 \\ \delta\dot{\boldsymbol{b}}_a = 0 \end{cases} \tag{10.85}$$

将上式化为矩阵形式，记作

$$\delta\dot{\boldsymbol{X}}_{15\times1} = \boldsymbol{F}_{15\times15} \cdot \delta\boldsymbol{X}_{15\times1} + \boldsymbol{G}_{15\times6} \cdot \boldsymbol{\varepsilon}_{6\times1} \tag{10.86}$$

式中：

$$\boldsymbol{F} = \begin{bmatrix} \boldsymbol{A}_{9\times9} & -\boldsymbol{C}_{9\times6} \\ \boldsymbol{0}_{6\times9} & \boldsymbol{0}_{6\times6} \end{bmatrix} \tag{10.87}$$

$$\boldsymbol{G} = \begin{bmatrix} \boldsymbol{C}_{9\times6} \\ \boldsymbol{0}_{6\times6} \end{bmatrix} \tag{10.88}$$

$$\boldsymbol{\varepsilon}=\begin{bmatrix}\boldsymbol{\varepsilon}_g\\ \boldsymbol{\varepsilon}_a\end{bmatrix} \tag{10.89}$$

$$\boldsymbol{C}=\begin{bmatrix}\boldsymbol{0}_{3\times3} & \boldsymbol{0}_{3\times3}\\ \boldsymbol{0}_{3\times3} & \boldsymbol{R}_b^n\\ -\boldsymbol{R}_b^n & \boldsymbol{0}_{3\times3}\end{bmatrix} \tag{10.90}$$

$$\boldsymbol{A}=\begin{bmatrix}\boldsymbol{A}_{11} & \boldsymbol{A}_{12} & \boldsymbol{A}_{13}\\ \boldsymbol{A}_{21} & \boldsymbol{A}_{22} & \boldsymbol{A}_{23}\\ \boldsymbol{A}_{31} & \boldsymbol{A}_{32} & \boldsymbol{A}_{33}\end{bmatrix} \tag{10.91}$$

在求偏导的过程中忽略$\frac{e^2}{R}$、$\frac{1}{R^2}$项,有

$$\boldsymbol{A}_{11}=\frac{\partial}{\partial \boldsymbol{r}}(\boldsymbol{K}\cdot \boldsymbol{v})=\begin{bmatrix}0 & 0 & 0\\ \dfrac{v_{\mathrm{E}}\tan B}{(R_{\mathrm{E}}+H)\cos B} & 0 & 0\\ 0 & 0 & 0\end{bmatrix} \tag{10.92}$$

$$\boldsymbol{A}_{12}=\boldsymbol{K}=\begin{pmatrix}\dfrac{1}{R_{\mathrm{N}}+H} & 0 & 0\\ 0 & \dfrac{\sec B}{R_{\mathrm{E}}+H} & 0\\ 0 & 0 & -1\end{pmatrix} \tag{10.93}$$

$$\boldsymbol{A}_{13}=\boldsymbol{0}_{3\times3} \tag{10.94}$$

$$\begin{aligned}\boldsymbol{A}_{21}&=[\boldsymbol{v}\times]\cdot\left(\frac{\partial \boldsymbol{\omega}_{ie}^n}{\partial \boldsymbol{r}}+\frac{\partial \boldsymbol{\omega}_{en}^n}{\partial \boldsymbol{r}}\right)\\ &=\begin{bmatrix}-2\omega_{\mathrm{e}}v_E\cos B-\dfrac{v_E^2}{(R_E+H)\cos^2 B} & 0 & 0\\ 2\omega_{\mathrm{e}}[v_N\cos B-v_D\sin B]+\dfrac{v_Nv_E}{(R_E+H)\cos^2 B} & 0 & 0\\ 2\omega_{\mathrm{e}}v_E\sin B & 0 & 0\end{bmatrix}\end{aligned} \tag{10.95}$$

$$\boldsymbol{A}_{22}=-[(2\boldsymbol{\omega}_{ie}^n+\boldsymbol{\omega}_{en}^n)\times]+[\boldsymbol{v}\times]\cdot\frac{\partial \boldsymbol{\omega}_{en}^n}{\partial \boldsymbol{v}}$$

$$
=\begin{bmatrix} \dfrac{v_D}{R_N+H} & -2\omega_e\sin B-\dfrac{v_E\tan B}{R_E+H} & \dfrac{v_N}{R_N+H} \\ 2\omega_e\sin B+\dfrac{v_E\tan B}{R_E+H} & \dfrac{v_N\tan B+v_D}{R_E+H} & 2\omega_e\cos B+\dfrac{v_E}{R_E+H} \\ -\dfrac{2v_N}{R_N+H} & -2\omega_e\cos B-\dfrac{2v_E}{R_E+H} & 0 \end{bmatrix} \tag{10.96}
$$

$$
\boldsymbol{A}_{23}=[\boldsymbol{f}^n\times]=\begin{bmatrix} 0 & -f_z & f_y \\ f_z & 0 & -f_x \\ -f_y & f_x & 0 \end{bmatrix} \tag{10.97}
$$

$$
\boldsymbol{A}_{31}=\frac{\partial\,\boldsymbol{\omega}_{ie}^n}{\partial\,\boldsymbol{r}}+\frac{\partial\,\boldsymbol{\omega}_{en}^n}{\partial\,\boldsymbol{r}}=\begin{bmatrix} -\omega_e\sin B & 0 & 0 \\ 0 & 0 & 0 \\ -\omega_e\cos B-\dfrac{v_E\cdot\sec^2 B}{R_E+H} & 0 & 0 \end{bmatrix} \tag{10.98}
$$

$$
\boldsymbol{A}_{32}=\frac{\partial\,\boldsymbol{\omega}_{en}^n}{\partial\,\boldsymbol{v}}=\begin{bmatrix} 0 & \dfrac{1}{R_E+H} & 0 \\ \dfrac{-1}{R_N+H} & 0 & 0 \\ 0 & \dfrac{-\tan B}{R_E+H} & 0 \end{bmatrix} \tag{10.99}
$$

$$
\boldsymbol{A}_{33}=-[\boldsymbol{\omega}_{in}^n\times]=\begin{bmatrix} 0 & -\omega_e\sin B-\dfrac{v_E\tan B}{R_E+H} & \dfrac{v_N}{R_N+H} \\ \omega_e\sin B+\dfrac{v_E\tan B}{R_E+H} & 0 & \omega_e\cos B+\dfrac{v_E}{R_E+H} \\ -\dfrac{v_N}{R_N+H} & -\omega_e\cos B-\dfrac{v_E}{R_E+H} & 0 \end{bmatrix} \tag{10.100}
$$

10.6.5 误差状态离散方程及误差状态预报

由误差状态微分方程可以推导得到误差状态离散方程，有

$$
\delta\boldsymbol{X}_{i,15\times1}=\boldsymbol{\Phi}_{i,i-1,15\times15}\cdot\delta\boldsymbol{X}_{i-1,15\times1}+\boldsymbol{G}_{15\times6}\cdot\Delta t\cdot\boldsymbol{\varepsilon}_{i,6\times1} \tag{10.101}
$$

式中：$\boldsymbol{\Phi}_{i,i-1,15\times15}$为状态转移矩阵，有

$$
\boldsymbol{\Phi}_{i,i-1,15\times15}=e^{\boldsymbol{F}\cdot\Delta t}\approx\mathbf{I}+\boldsymbol{F}\cdot\Delta t+\frac{1}{2}(\boldsymbol{F}\cdot\Delta t)^2 \tag{10.102}
$$

式中：下标$(i-1)$、i 分别为前一时刻、当前时刻；Δt 为积分时间间隔；$\boldsymbol{\varepsilon}_{i,6\times1}$为白

噪声连续随机过程在积分区间上的平均值,有

$$\boldsymbol{\varepsilon}_{i,6\times1}=\frac{1}{\Delta t}\int_{t_{i-1}}^{t_i}\boldsymbol{\varepsilon}_{6\times1}(u)\,\mathrm{d}u \tag{10.103}$$

由前一时刻误差状态 $\delta\boldsymbol{X}_{(i-1)/(i-1),15\times1}$ 计算当前时刻误差状态预报值 $\delta\boldsymbol{X}_{i/(i-1),15\times1}$ 的公式为

$$\delta\boldsymbol{X}_{i/(i-1),15\times1}=\boldsymbol{\Phi}_{i,i-1,15\times15}\cdot\delta\boldsymbol{X}_{(i-1)/(i-1),15\times1} \tag{10.104}$$

式(10.101)中忽略了在建立速度误差矢量、失准角误差矢量等的线性化微分方程时存在的二阶截断误差、正常重力计算误差,以及在微分方程离散化时存在的三阶截断误差。关于方程中的误差因素,式(10.101)中仅考虑了陀螺和加表的随机测量误差。通常假设陀螺和加表的随机测量误差为白噪声,即相应期望为零,不同时刻之间、不同分量之间的误差相互独立。记 $\boldsymbol{\varepsilon}_{i,6\times1}$ 的方差阵为 $\boldsymbol{Q}_{\varepsilon,6\times6}/\Delta t$,$\boldsymbol{Q}_{\varepsilon,6\times6}$ 为白噪声随机过程矢量的强度矩阵(相当于白噪声功率谱密度);$\delta\boldsymbol{X}_{(i-1)/(i-1),15\times1}$ 的方差阵为 $\boldsymbol{P}_{(i-1)/(i-1)}$,于是误差状态预报值 $\delta\boldsymbol{X}_{i/(i-1),15\times1}$ 的预报方差阵为 $\boldsymbol{P}_{i/(i-1)}$,有

$$\boldsymbol{P}_{i/(i-1)}=\boldsymbol{\Phi}_{i,i-1}\cdot\boldsymbol{P}_{(i-1)/(i-1)}\cdot\boldsymbol{\Phi}_{i,i-1}^{\mathrm{T}}+\boldsymbol{Q} \tag{10.105}$$

式中:

$$\boldsymbol{Q}=\Delta t\cdot\boldsymbol{G}\cdot\boldsymbol{Q}_{\varepsilon}\cdot\boldsymbol{G}^{\mathrm{T}} \tag{10.106}$$

10.7 GNSS 测量方程及误差状态测量更新

1. GNSS 测量方程

采用松散组合模式进行信息融合。根据 i 时刻 GNSS 测得的位置、速度,可以建立如下测量方程

$$\begin{cases}\boldsymbol{K}'\cdot(\boldsymbol{r}_{\mathrm{SINS}}-\boldsymbol{r}_{\mathrm{GNSS}})+\boldsymbol{R}_b^n\cdot\boldsymbol{l}^b=\boldsymbol{K}'\cdot\delta\boldsymbol{r}+\boldsymbol{\varepsilon}_r\\(\boldsymbol{v}_{\mathrm{SINS}}-\boldsymbol{v}_{\mathrm{GNSS}})+\boldsymbol{R}_b^n\cdot[\boldsymbol{\omega}_{nb}^b\times]\cdot\boldsymbol{l}^b=\delta\boldsymbol{v}+\boldsymbol{\varepsilon}_v\end{cases} \tag{10.107}$$

$$\boldsymbol{K}'=\begin{bmatrix}(R_{\mathrm{N}}+H) & 0 & 0\\0 & (R_{\mathrm{E}}+H)\cos B & 0\\0 & 0 & -1\end{bmatrix} \tag{10.108}$$

式中:$\boldsymbol{r}_{\mathrm{SINS}}$为 SINS 导航所得惯导中心的位置矢量,由纬度 B(rad)、经度 L(rad)和高程 H(m)组成;$\boldsymbol{r}_{\mathrm{GNSS}}$为 GNSS 载波相位差分相对定位所得天线中心的位置矢量,同样由纬度、经度和高程组成;$\boldsymbol{R}_b^n$ 为体坐标 b 系至 n 系的旋转变换矩阵,由 n 系至 b 系的旋转单位四元数 $\boldsymbol{q}$ 计算;$\boldsymbol{l}^b$ 为惯导中心至天线中心矢量在 b 系中的值;$\boldsymbol{v}_{\mathrm{SINS}}$为 SINS 导航所得惯导中心对地速度在 n 系中的值;$\boldsymbol{v}_{\mathrm{GNSS}}$为 GNSS 导航所得天线中心对地速度在 n 系中的值;$\boldsymbol{\omega}_{nb}^b$为 b 系相对于 n 系的旋转角速度矢

量在 b 系中的值,按照式(10.19)计算;$\boldsymbol{\varepsilon}_r$、$\boldsymbol{\varepsilon}_v$ 分别为 GNSS 的定位、定速误差。

将测量方程改为矩阵形式,得

$$\delta \boldsymbol{Z}_i = \boldsymbol{H}_i \cdot \delta \boldsymbol{X}_i + \boldsymbol{\varepsilon}_i \tag{10.109}$$

式中:

$$\delta \boldsymbol{Z}_{i,6\times1} = \begin{bmatrix} \boldsymbol{K}' \cdot (\boldsymbol{r}_{\text{SINS}} - \boldsymbol{r}_{\text{GNSS}}) + \boldsymbol{R}_b^n \cdot \boldsymbol{l}^b \\ (\boldsymbol{v}_{\text{SINS}} - \boldsymbol{v}_{\text{GNSS}}) + \boldsymbol{R}_b^n \cdot [\boldsymbol{\omega}_{nb}^b \times] \cdot \boldsymbol{l}^b \end{bmatrix} \tag{10.110}$$

$$\boldsymbol{H}_{i,6\times15} = \begin{bmatrix} \boldsymbol{K}' & \boldsymbol{0}_{3\times3} & \boldsymbol{0}_{3\times9} \\ \boldsymbol{0}_{3\times3} & \mathbf{I}_{3\times3} & \boldsymbol{0}_{3\times9} \end{bmatrix} \tag{10.111}$$

$$\boldsymbol{\varepsilon}_i = \begin{bmatrix} \boldsymbol{\varepsilon}_r \\ \boldsymbol{\varepsilon}_v \end{bmatrix} \tag{10.112}$$

通常,GNSS 载波相位差分相对定位标准差为 0.02m,伪距变率定速标准差为 0.05m/s,所以取 $\boldsymbol{\varepsilon}_i$ 的方差阵为

$$\begin{aligned} \boldsymbol{R}_{6\times6} = \operatorname{diag}(&(0.02\text{m})^2, (0.02\text{m})^2, (0.02\text{m})^2, \\ &(0.05\text{m/s})^2, (0.05\text{m/s})^2, (0.05\text{m/s})^2) \end{aligned} \tag{10.113}$$

2. 误差状态测量更新

参照 EKF 计算公式,测量更新后的误差状态为

$$\begin{cases} \delta \boldsymbol{X}_{i/i} = \delta \boldsymbol{X}_{i/(i-1)} + \boldsymbol{K}_i (\delta \boldsymbol{Z}_i - \boldsymbol{H}_i \cdot \delta \boldsymbol{X}_{i/(i-1)}) \\ \boldsymbol{P}_{i/i} = (\mathbf{I} - \boldsymbol{K}_i \boldsymbol{H}_i) \boldsymbol{P}_{i/(i-1)} (\mathbf{I} - \boldsymbol{K}_i \boldsymbol{H}_i)^{\mathrm{T}} + \boldsymbol{K}_i \boldsymbol{R} \boldsymbol{K}_i^{\mathrm{T}} \end{cases} \tag{10.114}$$

式中:$\boldsymbol{K}_i$ 为增益矩阵。有

$$\boldsymbol{K}_i = \boldsymbol{P}_{i/(i-1)} \boldsymbol{H}_i^{\mathrm{T}} (\boldsymbol{H}_i \boldsymbol{P}_{i/(i-1)} \boldsymbol{H}_i^{\mathrm{T}} + \boldsymbol{R})^{-1} \tag{10.115}$$

3. 状态补偿

为了减少误差状态方程的截断误差,需要及时根据当前时刻误差状态,对当前时刻状态进行补偿。补偿后的位置、速度、旋转单位四元数等状态为

$$\boldsymbol{X}_{C,i} = \begin{bmatrix} \boldsymbol{r}_{c,i,3\times1} \\ \boldsymbol{v}_{c,i,3\times1} \\ \boldsymbol{q}_{c,i} \\ \boldsymbol{b}_{c,g,i} \\ \boldsymbol{b}_{c,a,i} \end{bmatrix} = \begin{bmatrix} \boldsymbol{r}_{i,3\times1} - \delta \boldsymbol{r}_{i,3\times1} \\ \boldsymbol{v}_{i,3\times1} - \delta \boldsymbol{v}_{i,3\times1} \\ \delta \boldsymbol{q}_i \otimes \boldsymbol{q}_i \\ \boldsymbol{b}_{g,i} - \delta \boldsymbol{b}_{g,i} \\ \boldsymbol{b}_{a,i} - \delta \boldsymbol{b}_{a,i} \end{bmatrix} \tag{10.116}$$

式中:$\delta \boldsymbol{q}_i$ 为真实 n 系至失准 n 系的旋转四元数,得

$$\delta \boldsymbol{q}_i = \cos \frac{\delta\theta}{2} + \frac{\delta \boldsymbol{\theta}}{\delta\theta} \cdot \sin \frac{\delta\theta}{2} \tag{10.117}$$

$$\delta\theta = |\delta \boldsymbol{\theta}| \tag{10.118}$$

补偿后,状态 $\boldsymbol{X}_{C,i}$ 对应的误差状态为零,即 $\delta \boldsymbol{X}_{C,i,15\times1} = \boldsymbol{0}_{15\times1}$。在后续时刻利用

MIMU 陀螺、加表测量信息进行时间更新时,需要利用 $\boldsymbol{X}_{C,i}$ 中的陀螺、加表零偏值对陀螺、加表测量信息进行补偿。

10.8 实验结果

采用美国 AD 公司的 MIMU,相应加表零偏稳定性为 $2\times10^{-3}\text{m/s}^2$,陀螺零偏稳定性为 25(°)/h;采用加拿大 Novatel 公司的测量型 GPS OEM 板进行精密相对定位。在某两次车载、机载 SINS/GNSS 组合精密导航实验中,水平导航轨迹如图 10.11 和图 10.12 所示。从图中可以看出组合导航所得轨迹很光滑,表明所建 MIMU 测量误差模型、组合导航算法及软件等是正确可行的,SINS 在 1s 以内的短时导航精度较高。

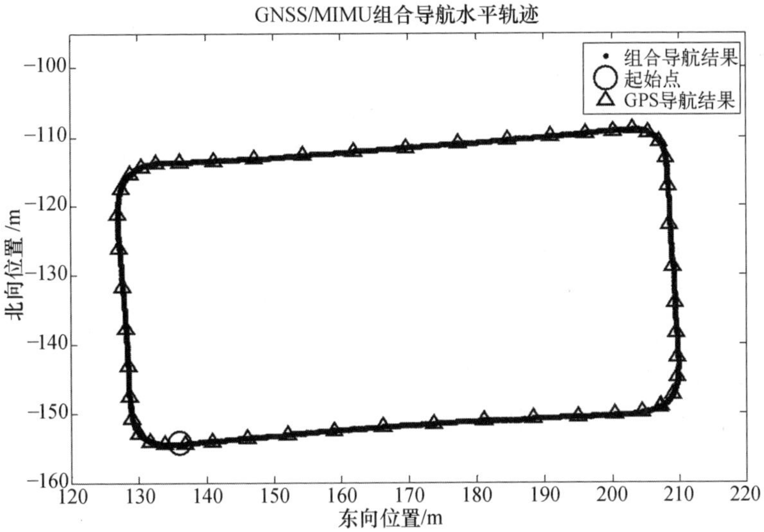

图 10.11 车载 SINS/GNSS 组合精密导航水平轨迹

SINS/GNSS 组合精密导航技术可以应用于飞机着陆、舰载机着舰、飞机空中加油、航天器空间交会对接等过程中的导航。然而该项技术还未成熟,还有以下问题有待研究:

(1) MIMU 测量误差模型。

建立更为准确的 MIMU 测量误差模型,将有利于提高组合导航精度,特别是在 GNSS 短时间内(15s 左右)不可用而单纯采用 SINS 导航时,提高导航精度。

(2) SINS 辅助 GNSS 载波相位周跳探测与修复方法。

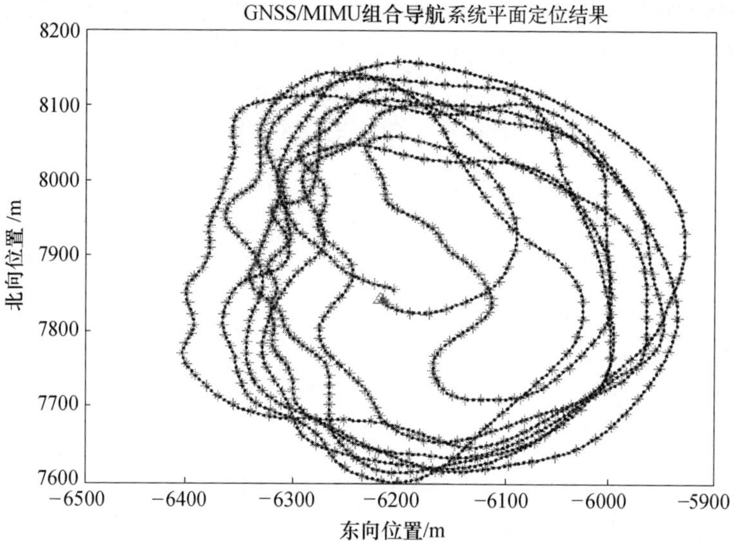

图 10.12 机载 SINS/GNSS 组合精密导航水平轨迹
(图中"*"表示 GPS 导航结果,"."表示组合导航结果,"Δ"表示起始点。)

SINS/GNSS 组合精密导航精度取决于 GNSS 载波相位差分精密相对定位精度,可达厘米量级。如果整周模糊度求解错误,或者未能正确探测和修复周跳,则 GNSS 载波相位差分精密相对定位方法可能会给出错误的结果。在整周模糊度求解正确的条件下,GNSS 载波相位差分精密相对定位结果正确与否,取决于能否正确进行载波相位周跳探测与修复。单纯借助 GNSS 前后时刻测量信息,难以在动态条件下正确探测和修复所有的周跳,特别是 1~2 周的小周跳,必须借助 SINS 测量信息。

思考题

1. 试述惯性、卫星、天文导航方法的优缺点。
2. 试述组合导航系统的分类。
3. 不同组合导航系统有不同的特点,适用于不同的应用领域,试举例说明。
4. 试推导载体在当地北东地坐标系中的对地速度微分方程。
5. 试推导载体在当地北东地坐标系中的对地速度误差微分方程。

第 11 章　弹载平台惯性/星敏感器组合导航

远程弹道导弹同时要求高精度和高可靠性，为此可以采用惯性/天文组合导航技术。本章将介绍弹载平台惯性/星敏感器组合导航系统总体方案、纯惯性导航精度分析、组合导航方法及精度分析、最佳导航星方向获取方法等内容。

11.1　应用背景及系统总体方案

远程弹道导弹落点偏差的约 80%是由惯导工具误差导致的。在惯导工具误差中，与陀螺有关的误差是主要因素。因此，如何减少惯导工具误差，特别是陀螺工具误差的影响，是提高远程弹道导弹命中精度的关键。

直接提高惯性元器件生产工艺水平，提高惯导系统精度，当然可以提高导弹命中精度，但是这种方法成本较高。借助其他导航方法，构成组合导航系统，适时修正惯导误差，将更有效地提高导弹命中精度，且成本较低，更易于实现。星敏感器导航方法即是这样一种方法。平台惯性/星敏感器组合导航方法将显著提高远程弹道导弹命中精度，保持导航系统良好的自主性和可靠性，并降低对发射阵地平台惯导初始对准的精度要求，从而提高导弹武器系统的机动作战能力。

在导弹主发动机关机后，末修发动机开机前，弹载星敏感器通过测量恒星，获得惯性平台的失准角，预测导弹落点偏差，然后通过末修发动机加以修正。两个星敏感器可以测量惯性平台的三维失准角，单个星敏感器只能测量两维失准角。研究表明，仅就提高导弹纵向、横向两维落点精度而言，单个星敏感器的效果等同于两个星敏感器的[15]。为了降低成本、简化操作，美、俄两国远程战略导弹的平台惯性/星敏感器组合导航系统均采用单星敏感器方案。

将星敏感器捷联安装于惯性平台上，以保证惯性平台失准角的测量精度。在导弹发射前斜调惯性平台，使星敏感器对准预定导航星方向(图 11.1)。导弹发射升空后，若惯性平台失准角为零，则星敏感器主光轴始终对准预定导航星方向。若存在失准角，则星敏感器主光轴将偏离预定导航星方向。通过测量偏离预定导航星方向的大小，可以求解失准角，进而预报导弹落点偏差，并加以修正。

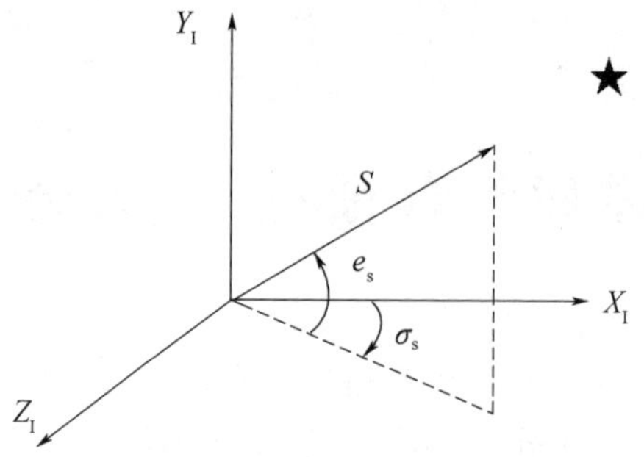

图 11.1 发射惯性坐标系与导航星方向

11.2 纯惯性导航及导弹命中精度简要分析

影响远程导弹落点偏差的误差因素主要包括初始定位误差、初始定速误差、初始对准误差、陀螺漂移误差、平台控制回路静态误差、加速度计误差和平台控制回路动态误差等。本章在分析导弹落点精度时考虑了其中的 50 项误差因素,具体误差模型为简洁起见在此不再展开介绍。在这些误差因素中,惯性平台初始对准误差和陀螺漂移误差等导致的平台失准角误差是影响远程导弹落点精度的主要因素。

在纯惯性导航条件下,导弹纵向落点方差 D_{LL}、纵横向落点协方差 D_{LH}、横向落点方差 D_{HH} 为

$$\begin{cases} D_{LL}=\boldsymbol{C}_{LK}\boldsymbol{R}\boldsymbol{C}_{LK}^{T} \\ D_{LH}=\boldsymbol{C}_{LK}\boldsymbol{R}\boldsymbol{C}_{HK}^{T} \\ D_{HH}=\boldsymbol{C}_{HK}\boldsymbol{R}\boldsymbol{C}_{HK}^{T} \end{cases} \tag{11.1}$$

式中:$\boldsymbol{R}$ 为误差矢量 $\boldsymbol{K}$ 的方差阵,$\boldsymbol{R}$ 的维数为 50×50,$\boldsymbol{K}$ 的维数为 50×1;$\boldsymbol{C}_{LK}$、$\boldsymbol{C}_{HK}$ 为纵向、横向落点偏差对误差矢量的导数。

$$\boldsymbol{R}=E\{\boldsymbol{K}\cdot\boldsymbol{K}^{T}\} \tag{11.2}$$

$$\begin{cases} \boldsymbol{C}_{LK}=\boldsymbol{P}_{L}\cdot\boldsymbol{C}_{K} \\ \boldsymbol{C}_{HK}=\boldsymbol{P}_{H}\cdot\boldsymbol{C}_{K} \end{cases} \tag{11.3}$$

$E\{\ \}$ 为求数学期望;$\boldsymbol{P}_{L}$、$\boldsymbol{P}_{H}$ 为纵向、横向落点偏差对导弹关机点位置速度参数的导数,1×6 维;$\boldsymbol{C}_{K}$ 为关机点位置速度参数对误差矢量的导数,6×50 维。

$\boldsymbol{C}_{K}$、$\boldsymbol{P}_{L}$、$\boldsymbol{P}_{H}$ 与标准弹道特性、平台斜调角度等有关。

11.3 平台惯性/星敏感器组合导航及导弹命中精度分析

星敏感器测量值记为ξ、η，如图 11.2 所示。图中，坐标系原点O_s为成像平面中心；X_s轴为星敏感器主光轴；Z_s轴垂直于星敏感器主对称面；$O_s-X_sY_sZ_s$构成右手直角坐标系。

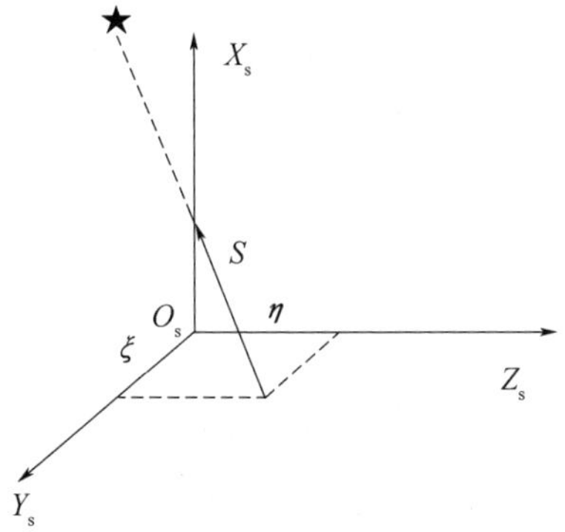

图 11.2　星敏感器坐标系与测量值

可以推导得出ξ、η与误差矢量$\boldsymbol{K}_{50\times1}$的关系，记为

$$\begin{bmatrix}\xi\\ \eta\end{bmatrix}=\boldsymbol{C}_{2\times50}\cdot\boldsymbol{K}_{50\times1}+\begin{bmatrix}\varepsilon_{\xi}\\ \varepsilon_{\eta}\end{bmatrix}\tag{11.4}$$

式中：$\boldsymbol{C}_{2\times50}$与标准弹道特性、平台斜调角度、星敏感器在平台上的安装角度等有关；ε_{ξ}、ε_{η}为星敏感器测量误差，相互独立，相应方差为σ_{ξ}^2和σ_{η}^2。

由星敏感器测量值预估并修正的落点偏差记为

$$\begin{bmatrix}\Delta L_s\\ \Delta H_s\end{bmatrix}=\begin{bmatrix}\boldsymbol{u}_L^{\mathrm{T}}\\ \boldsymbol{u}_H^{\mathrm{T}}\end{bmatrix}\cdot\begin{bmatrix}\xi\\ \eta\end{bmatrix}\tag{11.5}$$

式中：$\boldsymbol{u}_L$、$\boldsymbol{u}_H$为修正系数。

于是修正后的落点偏差为

$$\begin{bmatrix}\delta L\\ \delta H\end{bmatrix}=\begin{bmatrix}\Delta L-\Delta L_s\\ \Delta H-\Delta H_s\end{bmatrix}=\begin{bmatrix}\boldsymbol{C}_{LK}-\boldsymbol{u}_L^{\mathrm{T}}\boldsymbol{C}\\ \boldsymbol{C}_{HK}-\boldsymbol{u}_H^{\mathrm{T}}\boldsymbol{C}\end{bmatrix}\boldsymbol{K}-\begin{bmatrix}\boldsymbol{u}_L^{\mathrm{T}}\\ \boldsymbol{u}_H^{\mathrm{T}}\end{bmatrix}\cdot\begin{bmatrix}\varepsilon_{\xi}\\ \varepsilon_{\eta}\end{bmatrix}\tag{11.6}$$

修正后的导弹纵向落点方差D_{LL}、横向落点方差D_{HH}、纵横向落点协方差D_{LH}为

$$
\begin{cases}
D_{LL}=(\boldsymbol{C}_{LK}-\boldsymbol{u}_L^{\mathrm{T}}\boldsymbol{C})\boldsymbol{R}(\boldsymbol{C}_{LK}^{\mathrm{T}}-\boldsymbol{C}^{\mathrm{T}}\boldsymbol{u}_L)+\boldsymbol{u}_L^{\mathrm{T}}\boldsymbol{R}_{\varepsilon}\boldsymbol{u}_L \\
D_{LH}=(\boldsymbol{C}_{LK}-\boldsymbol{u}_L^{\mathrm{T}}\boldsymbol{C})\boldsymbol{R}(\boldsymbol{C}_{HK}^{\mathrm{T}}-\boldsymbol{C}^{\mathrm{T}}\boldsymbol{u}_H)+\boldsymbol{u}_L^{\mathrm{T}}\boldsymbol{R}_{\varepsilon}\boldsymbol{u}_H \\
D_{HH}=(\boldsymbol{C}_{HK}-\boldsymbol{u}_H^{\mathrm{T}}\boldsymbol{C})\boldsymbol{R}(\boldsymbol{C}_{HK}^{\mathrm{T}}-\boldsymbol{C}^{\mathrm{T}}\boldsymbol{u}_H)+\boldsymbol{u}_H^{\mathrm{T}}\boldsymbol{R}_{\varepsilon}\boldsymbol{u}_H
\end{cases}
\tag{11.7}
$$

其中 $\boldsymbol{R}_{\varepsilon}=\begin{bmatrix}\sigma_{\xi}^2 & 0\\ 0 & \sigma_{\eta}^2\end{bmatrix}$。

定义

$$
J(\boldsymbol{u}_L,\boldsymbol{u}_H)\triangleq D_{LL}+D_{HH}+2\sqrt{D_{LL}D_{HH}-D_{LH}^2}
\tag{11.8}
$$

$J(\boldsymbol{u}_L,\boldsymbol{u}_H)$综合反映了导弹纵向、横向落点精度,与圆概率偏差 CEP 类似。

寻找最佳修正系数 $\boldsymbol{u}_L^*$、$\boldsymbol{u}_H^*$,使得

$$
J(\boldsymbol{u}_L^*,\boldsymbol{u}_H^*)=\min J(\boldsymbol{u}_L,\boldsymbol{u}_H)
\tag{11.9}
$$

令 $\dfrac{\partial J}{\partial \boldsymbol{u}_L}=\boldsymbol{0},\dfrac{\partial J}{\partial \boldsymbol{u}_H}=\boldsymbol{0}$,有

$$
\begin{cases}
\dfrac{\mathrm{d}D_{LL}}{\mathrm{d}\boldsymbol{u}_L}+\dfrac{1}{\sqrt{D_{LL}D_{HH}-D_{LH}^2}}\left(D_{HH}\dfrac{\mathrm{d}D_{LL}}{\mathrm{d}\boldsymbol{u}_L}-2D_{LH}\dfrac{\partial D_{LH}}{\partial \boldsymbol{u}_L}\right)=\boldsymbol{0} \\
\dfrac{\mathrm{d}D_{HH}}{\mathrm{d}\boldsymbol{u}_H}+\dfrac{1}{\sqrt{D_{LL}D_{HH}-D_{LH}^2}}\left(D_{LL}\dfrac{\mathrm{d}D_{HH}}{\mathrm{d}\boldsymbol{u}_H}-2D_{LH}\dfrac{\partial D_{LH}}{\partial \boldsymbol{u}_H}\right)=\boldsymbol{0}
\end{cases}
\tag{11.10}
$$

定义

$$
\begin{cases}
\boldsymbol{B}_L\triangleq-(\boldsymbol{C}_{LK}-\boldsymbol{u}_L^{\mathrm{T}}\boldsymbol{C})\boldsymbol{R}\boldsymbol{C}^{\mathrm{T}}+\boldsymbol{u}_L^{\mathrm{T}}\boldsymbol{R}_{\varepsilon} \\
\boldsymbol{B}_H\triangleq-(\boldsymbol{C}_{HK}-\boldsymbol{u}_H^{\mathrm{T}}\boldsymbol{C})\boldsymbol{R}\boldsymbol{C}^{\mathrm{T}}+\boldsymbol{u}_H^{\mathrm{T}}\boldsymbol{R}_{\varepsilon}
\end{cases}
\tag{11.11}
$$

由式(11.7),有

$$
\begin{cases}
\dfrac{\mathrm{d}D_{LL}}{\mathrm{d}\boldsymbol{u}_L}=2\boldsymbol{B}_L \\
\dfrac{\partial D_{LH}}{\partial \boldsymbol{u}_L}=\boldsymbol{B}_H \\
\dfrac{\partial D_{LH}}{\partial \boldsymbol{u}_H}=\boldsymbol{B}_L \\
\dfrac{\mathrm{d}D_{HH}}{\mathrm{d}\boldsymbol{u}_H}=2\boldsymbol{B}_H
\end{cases}
\tag{11.12}
$$

将上式带入式(11.10)有

$$
\begin{cases}
(\sqrt{D_{LL}D_{HH}-D_{LH}^2}+D_{HH})2\boldsymbol{B}_L-2D_{LH}\boldsymbol{B}_H=\boldsymbol{0} \\
(\sqrt{D_{LL}D_{HH}-D_{LH}^2}+D_{LL})2\boldsymbol{B}_H-2D_{LH}\boldsymbol{B}_L=\boldsymbol{0}
\end{cases}
\tag{11.13}
$$

观察上述两个方程的结构，不难看出它等价于

$$\begin{cases}\boldsymbol{B}_L=-(\boldsymbol{C}_{LK}-\boldsymbol{u}_L^{\mathrm{T}}\boldsymbol{C})\boldsymbol{R}\boldsymbol{C}^{\mathrm{T}}+\boldsymbol{u}_L^{\mathrm{T}}\boldsymbol{R}_{\varepsilon}=\boldsymbol{0}\\ \boldsymbol{B}_H=-(\boldsymbol{C}_{HK}-\boldsymbol{u}_H^{\mathrm{T}}\boldsymbol{C})\boldsymbol{R}\boldsymbol{C}^{\mathrm{T}}+\boldsymbol{u}_H^{\mathrm{T}}\boldsymbol{R}_{\varepsilon}=\boldsymbol{0}\end{cases} \tag{11.14}$$

即最佳修正系数为

$$\begin{cases}\boldsymbol{u}_L^{*}=(\boldsymbol{CRC}^{\mathrm{T}}+\boldsymbol{R}_{\varepsilon})^{-1}\boldsymbol{CRC}_{LK}^{\mathrm{T}}\\ \boldsymbol{u}_H^{*}=(\boldsymbol{CRC}^{\mathrm{T}}+\boldsymbol{R}_{\varepsilon})^{-1}\boldsymbol{CRC}_{HK}^{\mathrm{T}}\end{cases} \tag{11.15}$$

通过详细的计算机仿真分析发现，星敏感器可以用来修正平台失准角导致的落点偏差，包括惯性平台初始对准误差、陀螺漂移误差等因素导致的落点偏差，但是难以修正初始定速误差、加速度计误差等因素导致的落点偏差。

11.4 最佳导航星方向及其获取方法

式(11.8)定义的目标函数 $J(\boldsymbol{u}_1,\boldsymbol{u}_2)$ 不仅与修正系数 $\boldsymbol{u}_1$、$\boldsymbol{u}_2$ 有关，而且与矩阵 $\boldsymbol{C}_{\mathrm{LK}}$、$\boldsymbol{C}_{\mathrm{HK}}$、$\boldsymbol{C}$ 有关，也即与惯性平台斜调角度有关，进而与预定导航星方向 $(e_{\mathrm{s}},\sigma_{\mathrm{s}})$ 有关。采用最佳修正系数的目标函数与导航星方向 $(e_{\mathrm{s}},\sigma_{\mathrm{s}})$ 有关，记为 $J(e_{\mathrm{s}},\sigma_{\mathrm{s}})$。

定义星敏感器的安装角如图 11.3 所示，其中 $O-X_{\mathrm{p}}Y_{\mathrm{p}}Z_{\mathrm{p}}$ 为惯性平台坐标系。针对某条标准弹道，在星敏感器安装角为 $[\varphi_0,\psi_0]=[30°,15°]$ 的条件下，相对圆概率偏差 RCEP 随导航星方向 $(e_{\mathrm{s}},\sigma_{\mathrm{s}})$ 的变化情况如图 11.4 和图 11.5 所示。其中，相对圆概率偏差 RCEP 为圆概率偏差 CEP 与某标准圆概率偏差 CEP_0 的比值。目标函数 $J(e_{\mathrm{s}},\sigma_{\mathrm{s}})$ 的变化情况与 RCEP 的类似。左侧图为纯惯性导航结果，右侧图为平台惯性/星敏感器组合导航结果。从图 11.4 和图 11.5 中可以看出，存在最佳导航星方向，使得组合导航对应的 RCEP 或 $J(e_{\mathrm{s}},\sigma_{\mathrm{s}})$ 达到最小。

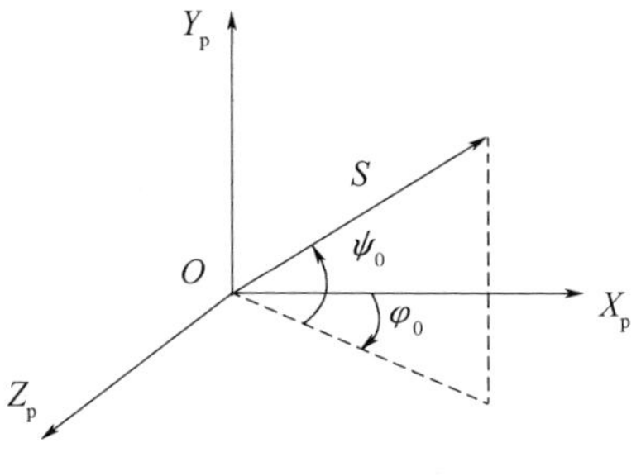

图 11.3 星敏感器的安装角

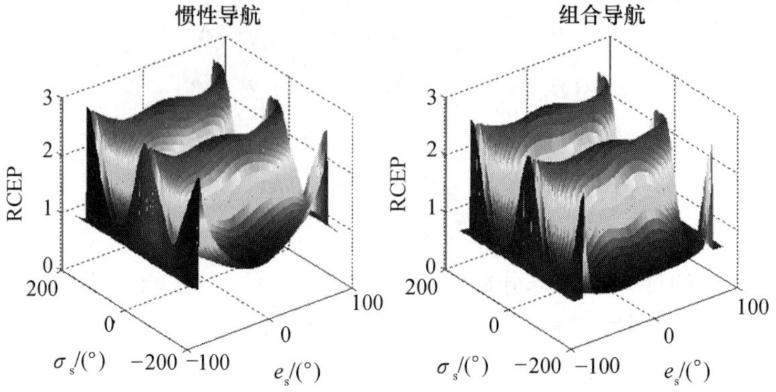

图 11.4　导航星方向对 RCEP 的影响

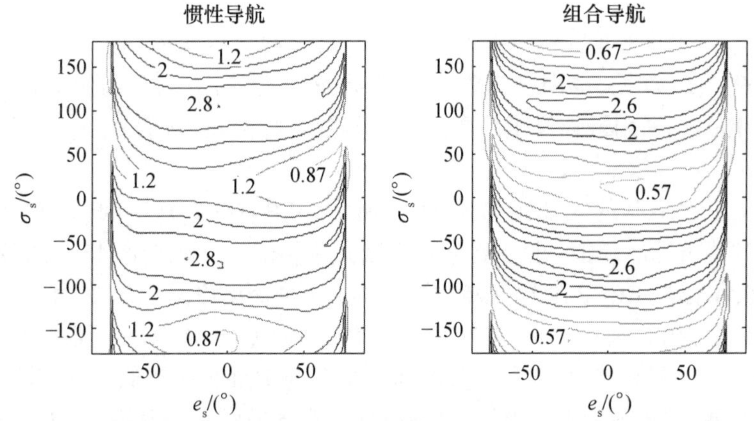

图 11.5　RCEP 等值线

寻找最佳导航星方向(e_s^*,σ_s^*)，使得

$$J(e_s^*,\sigma_s^*)=\min J(e_s,\sigma_s) \tag{11.16}$$

因为导航星方向(e_s,σ_s)对目标函数的影响机制极其复杂，所以难以给出最佳导航星方向(e_s^*,σ_s^*)的解析解。为此，可以采用单纯形寻优法快速寻找最佳星方向。

在地球为不旋转圆球的简化条件下，假设星敏感器安装角为$[\varphi_0,\psi_0]=[15°,15°]$，则在发射惯性坐标系中最佳星方向仅与射程有关，如表 11.1 所列。表中 $RCEP_{COM}$ 为平台惯性/星敏感器组合导航的相对圆概率偏差；$RCEP_{INS}$ 为纯惯性导航的相对圆概率偏差。

表 11.1 地球为静止圆球简化条件下的最佳导航星方向

射程/km	6000	7000	8000	9000	10000
$e_s^*/(°)$	12.53	8.89	6.12	4.12	3.38
$\sigma_s^*/(°)$	13.92	13.64	14.30	13.71	13.53
$RCEP_{COM}$	0.331	0.386	0.440	0.483	0.505
$RCEP_{INS}$	0.727	0.845	0.967	1.052	1.109

针对某条弹道,仅考虑导弹发射时的初始定向误差,以某一导航星方向($e_s=-45°$,$\sigma_s=0°$)为基点,采用单纯形寻优法求解最佳导航星方向,结果如图 11.6 所示。在图 11.6(a)中,每一个转折点代表单纯形寻优法某一步迭代搜索到的一个导航星方向;在图 11.6(b)中,横轴代表单纯形寻优法迭代步数,纵轴代表相对圆概率偏差 RCEP。考虑所有 50 项误差因素时,采用单纯形寻优法和遍历寻优法求解最佳导航星方向,结果如表 11.2 所列。

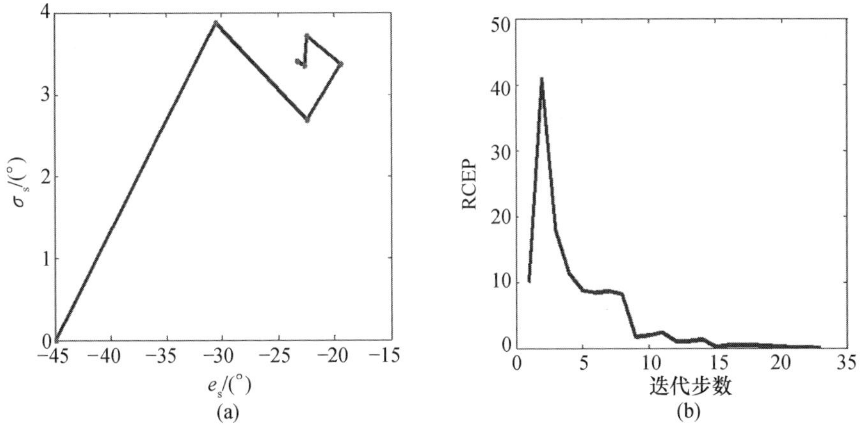

图 11.6 单纯形寻优法寻找最佳星方向
(a) 导航星方向变化图;(b) 误差收敛图。

从图 11.6 和表 11.2 中可以看出:

(1) 单纯形寻优法可以快速求解出最佳导航星方向,计算速度远快于遍历寻优法。

(2) 平台惯性/星敏感器组合导航明显优于纯惯性导航,前者的导弹命中精度明显高于后者的导弹命中精度。

(3) 当仅考虑初始定向误差时,平台惯性/星敏感器组合导航方法可以完全消除此项误差对落点的影响。

若采用简化条件下的最佳导航星方向(表 11.1)为基点,则单纯形寻优法的计算速度更快、保证全局最优的可靠性更高。

表 11.2 单纯形寻优法与遍历寻优法寻优结果对比

	$e_s^*/(°)$	$\sigma_s^*/(°)$	$RCEP_{INS}$	$RCEP_{COM}$	迭代次数	计算时间
遍历寻优法	16	13	1.131	0.531	—	几小时
单纯形寻优法	16.2331	12.7608	1.146	0.527	11	25.98s
注:采用 Matlab 语言编程						

思考题

1. 试述弹载平台惯性/星敏感器组合导航方案的要点。

2. 为什么平台惯性/星敏感器组合导航方法可以显著提高单纯依靠惯性导航系统的远程弹道导弹的落点精度?

3. 试述在弹载平台惯性/星敏感器组合导航方案中星敏感器测量信息的利用方法。

4. 利用单纯形寻优法寻找最佳导航星方向,可能会得到局部最优解。如何克服这一缺陷?

附录 A　四元数与旋转变换

A.1　四元数定义

若

$$\boldsymbol{Q}=q_0+\mathrm{i}\cdot q_1+\mathrm{j}\cdot q_2+\mathrm{k}\cdot q_3 \tag{A.1}$$

式中：q_0、q_1、q_2、q_3 为实数；i、j、k 为虚数单位，满足

$$\begin{cases}\mathrm{i}\cdot\mathrm{i}=-1, & \mathrm{i}\cdot\mathrm{j}=\mathrm{k}, & \mathrm{i}\cdot\mathrm{k}=-\mathrm{j}\\ \mathrm{j}\cdot\mathrm{i}=-\mathrm{k}, & \mathrm{j}\cdot\mathrm{j}=-1, & \mathrm{j}\cdot\mathrm{k}=\mathrm{i}\\ \mathrm{k}\cdot\mathrm{i}=\mathrm{j}, & \mathrm{k}\cdot\mathrm{j}=-\mathrm{i}, & \mathrm{k}\cdot\mathrm{k}=-1\end{cases} \tag{A.2}$$

则称 $\boldsymbol{Q}$ 为四元数。记

$$\boldsymbol{q}=\mathrm{i}\cdot q_1+\mathrm{j}\cdot q_2+\mathrm{k}\cdot q_3 \tag{A.3}$$

式中：q_0 为 $\boldsymbol{Q}$ 的标量（或称实部）；$\boldsymbol{q}$ 为 $\boldsymbol{Q}$ 的矢量（或称虚部）。

三维直角坐标系中任意矢量 $\boldsymbol{r}=[x,y,z]^{\mathrm{T}}$，对应有一个仅含虚部的四元数 $\boldsymbol{r}=\mathrm{i}\cdot x+\mathrm{j}\cdot y+\mathrm{k}\cdot z$。在有关四元数的运算中，矢量 $\boldsymbol{r}$ 即是四元数 $\boldsymbol{r}$，四元数 $\boldsymbol{r}$ 即是矢量 $\boldsymbol{r}$。四元数 $\boldsymbol{Q}$ 也可以用矩阵形式表示为

$$\boldsymbol{Q}=\begin{bmatrix}q_0\\ q_1\\ q_2\\ q_3\end{bmatrix} \tag{A.4}$$

A.2　四元数运算法则

设有 $\boldsymbol{A}$、$\boldsymbol{B}$ 两个四元数，$\boldsymbol{A}=a_0+\boldsymbol{a}$，$\boldsymbol{B}=b_0+\boldsymbol{b}$，则有

（1）加法法则：$\boldsymbol{A}+\boldsymbol{B}=(a_0+b_0)+(\boldsymbol{a}+\boldsymbol{b})$。

（2）数乘法则：$c\otimes\boldsymbol{A}=c\cdot a_0+c\cdot\boldsymbol{a}$（$c$ 为任一实数）。

（3）乘法法则：$\boldsymbol{A}\otimes\boldsymbol{B}=(a_0\cdot b_0-\boldsymbol{a}\cdot\boldsymbol{b})+(a_0\cdot\boldsymbol{b}+b_0\cdot\boldsymbol{a}+\boldsymbol{a}\times\boldsymbol{b})$。

其中$\otimes$表示四元数乘法运算，等号右边有关矢量的运算均遵循矢量数乘、点乘、叉乘运算法则。

A.3 四元数运算规律

设有 $\boldsymbol{A}$、$\boldsymbol{B}$、$\boldsymbol{C}$ 三个四元数,则有

(1) 加法交换律:$\boldsymbol{A}+\boldsymbol{B}=\boldsymbol{B}+\boldsymbol{A}$。

(2) 加法结合律:$(\boldsymbol{A}+\boldsymbol{B})+\boldsymbol{C}=\boldsymbol{A}+(\boldsymbol{B}+\boldsymbol{C})$。

(3) 乘法结合律:$(\boldsymbol{A}\otimes\boldsymbol{B})\otimes\boldsymbol{C}=\boldsymbol{A}\otimes(\boldsymbol{B}\otimes\boldsymbol{C})$。

四元数没有乘法交换律,即通常 $\boldsymbol{A}\otimes\boldsymbol{B}\neq\boldsymbol{B}\otimes\boldsymbol{A}$。

A.4 矩阵形式的四元数乘法

记四元数 $\boldsymbol{A}$、$\boldsymbol{B}$ 为

$$\boldsymbol{A}=\begin{bmatrix}a_0\\a_1\\a_2\\a_3\end{bmatrix},\boldsymbol{B}=\begin{bmatrix}b_0\\b_1\\b_2\\b_3\end{bmatrix}$$

则

$$\begin{aligned}\boldsymbol{A}\otimes\boldsymbol{B}&=\begin{bmatrix}a_0&-a_1&-a_2&-a_3\\a_1&a_0&-a_3&a_2\\a_2&a_3&a_0&-a_1\\a_3&-a_2&a_1&a_0\end{bmatrix}\begin{bmatrix}b_0\\b_1\\b_2\\b_3\end{bmatrix}\\&=\begin{bmatrix}b_0&-b_1&-b_2&-b_3\\b_1&b_0&b_3&-b_2\\b_2&-b_3&b_0&b_1\\b_3&b_2&-b_1&b_0\end{bmatrix}\begin{bmatrix}a_0\\a_1\\a_2\\a_3\end{bmatrix}\end{aligned}\tag{A.5}$$

A.5 共轭四元数、单位四元数与倒数四元数

定义四元数 $\boldsymbol{A}=a_0+\boldsymbol{a}$ 的共轭四元数为 $\boldsymbol{A}^*=a_0-\boldsymbol{a}$。于是

$$(\boldsymbol{A}^*)^*=\boldsymbol{A}\tag{A.6}$$

$$(\boldsymbol{A}+\boldsymbol{B})^*=\boldsymbol{A}^*+\boldsymbol{B}^*\tag{A.7}$$

$$(\boldsymbol{A}\otimes\boldsymbol{B})^*=\boldsymbol{B}^*\otimes\boldsymbol{A}^*\tag{A.8}$$

定义四元数 $\boldsymbol{Q}=q_0+\mathrm{i}\cdot q_1+\mathrm{j}\cdot q_2+\mathrm{k}\cdot q_3$ 的模为

$$\| \boldsymbol{Q} \| = q_0^2 + q_1^2 + q_2^2 + q_3^2 \tag{A.9}$$

模为 1 的四元数称为单位四元数。

若存在四元数 $\boldsymbol{A}^{-1}$，使得 $\boldsymbol{A} \otimes \boldsymbol{A}^{-1} = 1$，则称 $\boldsymbol{A}^{-1}$ 为四元数 $\boldsymbol{A}$ 的倒数四元数。不难推得

$$\boldsymbol{A}^{-1} = \frac{1}{\| \boldsymbol{A} \|} \boldsymbol{A}^* \tag{A.10}$$

A.6 旋转四元数定律

如图 A.1 所示，矢量 $\boldsymbol{r}_1$ 绕矢量 $\boldsymbol{i}_1$ 旋转角度 2θ，得矢量 $\boldsymbol{r}_2$，则

$$\boldsymbol{r}_2 = \boldsymbol{E} \otimes \boldsymbol{r}_1 \otimes \boldsymbol{E}^* \tag{A.11}$$

式中：$\boldsymbol{E}$ 为单位四元数，且

$$\boldsymbol{E} = \cos\theta + \boldsymbol{i}_1 \sin\theta \tag{A.12}$$

$\boldsymbol{i}_1$、$\boldsymbol{i}_2$、$\boldsymbol{i}_3$ 为相互垂直的单位矢量，矢量 $\boldsymbol{r}_1$、$\boldsymbol{r}_2$ 与矢量 $\boldsymbol{i}_1$ 的夹角为 α。

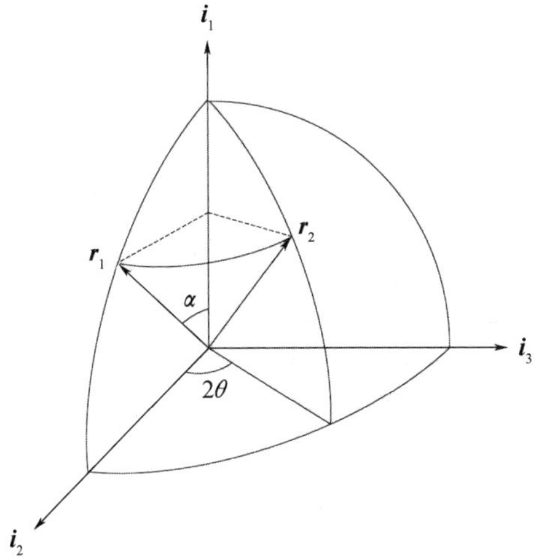

图 A.1　矢量旋转示意图

证明：

$$\boldsymbol{r}_1 = |\boldsymbol{r}_1| (\boldsymbol{i}_1 \cos\alpha + \boldsymbol{i}_2 \sin\alpha) \tag{A.13}$$

$$\boldsymbol{r}_2 = |\boldsymbol{r}_1| \{ \boldsymbol{i}_1 \cos\alpha + \sin\alpha [\boldsymbol{i}_2 \cos(2\theta) + \boldsymbol{i}_3 \sin(2\theta)] \} \tag{A.14}$$

$$\begin{aligned}
& \boldsymbol{E} \otimes \boldsymbol{r}_1 \otimes \boldsymbol{E}^* \\
&= (\cos\theta + \boldsymbol{i}_1 \sin\theta) \otimes |\boldsymbol{r}_1| (\boldsymbol{i}_1 \cos\alpha + \boldsymbol{i}_2 \sin\alpha) \otimes (\cos\theta - \boldsymbol{i}_1 \sin\theta) \\
&= |\boldsymbol{r}_1| (\boldsymbol{i}_1 \cos\theta\cos\alpha + \boldsymbol{i}_2 \cos\theta\sin\alpha - \sin\theta\cos\alpha + \boldsymbol{i}_3 \sin\theta\sin\alpha) \otimes (\cos\theta - \boldsymbol{i}_1 \sin\theta)
\end{aligned}$$

$$
\begin{aligned}
&= |\boldsymbol{r}_1| [-\cos\theta\sin\theta\cos\alpha+\sin\theta\cos\theta\cos\alpha \\
&\quad +\cos\theta(\boldsymbol{i}_1\cos\theta\cos\alpha+\boldsymbol{i}_2\cos\theta\sin\alpha+\boldsymbol{i}_3\sin\theta\sin\alpha) \\
&\quad +\sin\theta\cos\alpha(\boldsymbol{i}_1\sin\theta) \\
&\quad +\boldsymbol{i}_3\cos\theta\sin\theta\sin\alpha-\boldsymbol{i}_2\sin^2\theta\sin\alpha] \\
&= |\boldsymbol{r}_1| \{\boldsymbol{i}_1\cos\alpha+\sin\alpha[\boldsymbol{i}_2\cos(2\theta)+\boldsymbol{i}_3\sin(2\theta)]\} \\
&= \boldsymbol{r}_2
\end{aligned}
\tag{A.15}
$$

[证毕]

A.7 坐标系旋转变换

1. 坐标系单次选转

若坐标系 i 旋转单位四元数 $\boldsymbol{Q}_i^b$ 后成为坐标系 b，某矢量在坐标系 i、b 中的值分别为 $\boldsymbol{r}^i$、$\boldsymbol{r}^b$，则有

$$
\boldsymbol{r}^b=\boldsymbol{Q}_i^{b*}\otimes\boldsymbol{r}^i\otimes\boldsymbol{Q}_i^b \tag{A.16}
$$

2. 坐标系两次旋转

若坐标系 i_1 旋转单位四元数 $\boldsymbol{Q}_1^2$ 后成为坐标系 i_2，坐标系 i_2 旋转单位四元数 $\boldsymbol{Q}_2^3$ 后成为坐标系 i_3，某矢量在坐标系 i_1、i_3 中的值分别为 $\boldsymbol{r}^1$、$\boldsymbol{r}^3$，则有

$$
\boldsymbol{r}^3=\boldsymbol{Q}_2^{3*}\otimes\boldsymbol{Q}_1^{2*}\otimes\boldsymbol{r}^1\otimes\boldsymbol{Q}_1^2\otimes\boldsymbol{Q}_2^3 \tag{A.17}
$$

对应地，坐标系 i_1 至坐标系 i_3 的旋转单位四元数为

$$
\boldsymbol{Q}_1^3=\boldsymbol{Q}_1^2\otimes\boldsymbol{Q}_2^3 \tag{A.18}
$$

3. 坐标系旋转矩阵与旋转单位四元数

若坐标系 i 旋转单位四元数 $\boldsymbol{Q}_i^b$ 后成为坐标系 b，坐标系 i 至坐标系 b 的旋转矩阵为 $\boldsymbol{R}_i^b$，其中 $\boldsymbol{Q}_i^b=q_0+\mathrm{i}\cdot q_1+\mathrm{j}\cdot q_2+\mathrm{k}\cdot q_3$，$q_0\neq0$，则有

$$
\boldsymbol{R}_i^b=\begin{bmatrix} q_0^2+q_1^2-q_2^2-q_3^2 & 2(q_1q_2+q_0q_3) & 2(q_1q_3-q_0q_2) \\ 2(q_1q_2-q_0q_3) & q_0^2-q_1^2+q_2^2-q_3^2 & 2(q_2q_3+q_0q_1) \\ 2(q_1q_3+q_0q_2) & 2(q_2q_3-q_0q_1) & q_0^2-q_1^2-q_2^2+q_3^2 \end{bmatrix} \tag{A.19}
$$

$$
\boldsymbol{Q}_i^b=\begin{bmatrix} q_0 \\ q_1 \\ q_2 \\ q_3 \end{bmatrix}=\begin{bmatrix} 0.5\,(1+r_{11}+r_{22}+r_{33})^{1/2} \\ 0.25(r_{23}-r_{32})/q_0 \\ 0.25(r_{31}-r_{13})/q_0 \\ 0.25(r_{12}-r_{21})/q_0 \end{bmatrix} \tag{A.20}
$$

4. 坐标系旋转矩阵与姿态角

设北东地坐标系 n 系先后绕 z、y、x 旋转偏航角 α_z、俯仰角 α_y、滚动角 α_x，变

为 b 系,则 n 系至 b 系的旋转矩阵为

$$\boldsymbol{R}_n^b=\begin{bmatrix}\cos\alpha_y\cos\alpha_z, & \cos\alpha_y\sin\alpha_z, & -\sin\alpha_y\\ \sin\alpha_x\sin\alpha_y\cos\alpha_z-\cos\alpha_x\sin\alpha_z, & \sin\alpha_x\sin\alpha_y\sin\alpha_z+\cos\alpha_x\cos\alpha_z, & \sin\alpha_x\cos\alpha_y\\ \cos\alpha_x\sin\alpha_y\cos\alpha_z+\sin\alpha_x\sin\alpha_z, & \cos\alpha_x\sin\alpha_y\sin\alpha_z-\sin\alpha_x\cos\alpha_z, & \cos\alpha_x\cos\alpha_y\end{bmatrix}\tag{A.21}$$

当 $\alpha_y\neq\pm 90°$时,有

$$\begin{cases}\alpha_x=\arctan\dfrac{\boldsymbol{R}_n^b(2,3)}{\boldsymbol{R}_n^b(3,3)}\\ \alpha_y=\arcsin(-\boldsymbol{R}_n^b(1,3))\\ \alpha_z=\arctan\dfrac{\boldsymbol{R}_n^b(1,2)}{\boldsymbol{R}_n^b(1,1)}\end{cases}\tag{A.22}$$

A.8 旋转单位四元数微分方程

在时刻 t,坐标系 i 旋转单位四元数 $\boldsymbol{Q}_i^b$ 后成为坐标系 b,坐标系 b 相对坐标系 i 有旋转角速度 $\boldsymbol{\omega}_{ib}^b=[\omega_x\quad\omega_y\quad\omega_z]^{\mathrm{T}}$(在坐标系 b 中的值)。经过时间 Δt,坐标系 b 旋转至坐标系 b',相应旋转单位四元数为 $\boldsymbol{\Lambda}$,则

$$\boldsymbol{\Lambda}=\cos\frac{\theta}{2}+\boldsymbol{\omega}^0\sin\frac{\theta}{2}\tag{A.23}$$

$$\begin{cases}\theta=\Delta t\cdot\omega\\ \omega=|\boldsymbol{\omega}_{ib}^b|\\ \boldsymbol{\omega}^0=\boldsymbol{\omega}_{ib}^b/\omega\end{cases}\tag{A.24}$$

式中:θ 为时间 Δt 内旋转的角度;ω 为 $\boldsymbol{\omega}_{ib}^b$ 的模;$\boldsymbol{\omega}^0$ 为 $\boldsymbol{\omega}_{ib}^b$ 方向的单位矢量。

于是坐标系 i 至坐标系 b' 的旋转单位四元数为

$$\boldsymbol{Q}_i^{b'}=\boldsymbol{Q}_i^b\otimes\boldsymbol{\Lambda}\tag{A.25}$$

单位四元数 $\boldsymbol{Q}_i^b$ 的导数为

$$\begin{aligned}\dot{\boldsymbol{Q}}_i^b&=\lim_{\Delta t\to 0}\frac{1}{\Delta t}(\boldsymbol{Q}_i^{b'}-\boldsymbol{Q}_i^b)\\&=\lim_{\Delta t\to 0}\frac{1}{\Delta t}\left[\boldsymbol{Q}_i^b\otimes\left(\cos\frac{\Delta t\cdot\omega}{2}+\boldsymbol{\omega}^0\sin\frac{\Delta t\cdot\omega}{2}\right)-\boldsymbol{Q}_i^b\right]\\&=\boldsymbol{Q}_i^b\otimes\frac{1}{2}\boldsymbol{\omega}_{ib}^b\end{aligned}\tag{A.26}$$

导数的矩阵形式为

$$\dot{\boldsymbol{Q}}_i^b = \frac{1}{2}\boldsymbol{\Omega}\boldsymbol{Q}_i^b \tag{A.27}$$

$$\boldsymbol{\Omega} = \begin{bmatrix} 0 & -\omega_x & -\omega_y & -\omega_z \\ \omega_x & 0 & \omega_z & -\omega_y \\ \omega_y & -\omega_z & 0 & \omega_x \\ \omega_z & \omega_y & -\omega_x & 0 \end{bmatrix} \tag{A.28}$$

式中：$\boldsymbol{Q}_i^b = \begin{bmatrix} q_0 \\ q_1 \\ q_2 \\ q_3 \end{bmatrix}$，$q_0$、$q_1$、$q_2$、$q_3$ 为 $\boldsymbol{Q}_i^b$ 的 4 个元数；ω_x、ω_y、ω_z 为 $\boldsymbol{\omega}_{ib}^b$ 的各个轴向分量。

附录 B　浮点残差二次型最小解与最小二乘解的等价性

多历元伪距和载波相位双差测量方程组记为

$$\boldsymbol{y}=\boldsymbol{A}\boldsymbol{a}+\boldsymbol{B}\boldsymbol{b}+\boldsymbol{\varepsilon} \tag{B.1}$$

式中：$\boldsymbol{y}$ 为方程自由项矢量；$\boldsymbol{a}$ 为整周模糊度；$\boldsymbol{A}$ 为相应系数矩阵；$\boldsymbol{b}$ 为多历元基线矢量增量；$\boldsymbol{B}$ 为相应系数矩阵；$\boldsymbol{\varepsilon}$ 为测量误差矢量，相应期望为零，方差阵为 $\boldsymbol{Q}_y$。

$\boldsymbol{a}$、$\boldsymbol{b}$ 为未知待求参数。采用最小二乘法求解式（B.1）时需要满足 $\boldsymbol{a}$ 为整数的约束，相应解为整数约束最小二乘解，记为 $\boldsymbol{a}$、$\boldsymbol{b}$。

将 $\boldsymbol{a}$、$\boldsymbol{b}$ 视为连续变量，采用最小二乘法求解式（B.1），可得未知参数最小二乘浮点解及其方差阵

$$\begin{pmatrix}\hat{\boldsymbol{a}}\\ \hat{\boldsymbol{b}}\end{pmatrix}=\begin{pmatrix}\boldsymbol{A}^{\mathrm{T}}\boldsymbol{Q}_y^{-1}\boldsymbol{A} & \boldsymbol{A}^{\mathrm{T}}\boldsymbol{Q}_y^{-1}\boldsymbol{B}\\ \boldsymbol{B}^{\mathrm{T}}\boldsymbol{Q}_y^{-1}\boldsymbol{A} & \boldsymbol{B}^{\mathrm{T}}\boldsymbol{Q}_y^{-1}\boldsymbol{B}\end{pmatrix}^{-1}\begin{pmatrix}\boldsymbol{A}^{\mathrm{T}}\boldsymbol{Q}_y^{-1}\boldsymbol{y}\\ \boldsymbol{B}^{\mathrm{T}}\boldsymbol{Q}_y^{-1}\boldsymbol{y}\end{pmatrix} \tag{B.2}$$

$$\begin{pmatrix}\boldsymbol{Q}_{\hat{a}} & \boldsymbol{Q}_{\hat{a}\hat{b}}\\ \boldsymbol{Q}_{\hat{b}\hat{a}} & \boldsymbol{Q}_{\hat{b}}\end{pmatrix}=\begin{pmatrix}\boldsymbol{A}^{\mathrm{T}}\boldsymbol{Q}_y^{-1}\boldsymbol{A} & \boldsymbol{A}^{\mathrm{T}}\boldsymbol{Q}_y^{-1}\boldsymbol{B}\\ \boldsymbol{B}^{\mathrm{T}}\boldsymbol{Q}_y^{-1}\boldsymbol{A} & \boldsymbol{B}^{\mathrm{T}}\boldsymbol{Q}_y^{-1}\boldsymbol{B}\end{pmatrix}^{-1} \tag{B.3}$$

在给定整周模糊度 $\boldsymbol{a}$ 的条件下，采用最小二乘法求解式（B.1），可得未知参数最小二乘解及其方差阵

$$\begin{cases}\hat{\boldsymbol{b}}/\boldsymbol{a}=(\boldsymbol{B}^{\mathrm{T}}\boldsymbol{Q}_y^{-1}\boldsymbol{B}^{-1})\boldsymbol{B}^{\mathrm{T}}\boldsymbol{Q}_y^{-1}(\boldsymbol{y}-\boldsymbol{A}\boldsymbol{a})\\ \boldsymbol{Q}_{\hat{b}/a}=(\boldsymbol{B}^{\mathrm{T}}\boldsymbol{Q}_y^{-1}\boldsymbol{B})^{-1}\end{cases} \tag{B.4}$$

式中：$\hat{\boldsymbol{b}}/\boldsymbol{a}$ 为在给定整周模糊度 $\boldsymbol{a}$ 的条件下，$\boldsymbol{b}$ 的最小二乘解。

令

$$\begin{cases}\boldsymbol{A}_{11}=\boldsymbol{A}^{\mathrm{T}}\boldsymbol{Q}_y^{-1}\boldsymbol{A}, & \boldsymbol{A}_{12}=\boldsymbol{A}^{\mathrm{T}}\boldsymbol{Q}_y^{-1}\boldsymbol{B}\\ \boldsymbol{A}_{21}=\boldsymbol{B}^{\mathrm{T}}\boldsymbol{Q}_y^{-1}\boldsymbol{A}, & \boldsymbol{A}_{22}=\boldsymbol{B}^{\mathrm{T}}\boldsymbol{Q}_y^{-1}\boldsymbol{B}\end{cases} \tag{B.5}$$

$$\begin{cases}\boldsymbol{\Delta}=\boldsymbol{A}_{22}-\boldsymbol{A}_{21}\boldsymbol{A}_{11}^{-1}\boldsymbol{A}_{12}\\ \boldsymbol{E}=\boldsymbol{A}_{11}^{-1}\boldsymbol{A}_{12}\\ \boldsymbol{F}=\boldsymbol{A}_{21}\boldsymbol{A}_{11}^{-1}\end{cases} \tag{B.6}$$

因为最小二乘解的方差阵为对称正定阵，所以 $\boldsymbol{A}_{11}^{\mathrm{T}}=\boldsymbol{A}_{11}$，$\boldsymbol{A}_{12}^{\mathrm{T}}=\boldsymbol{A}_{21}$，$\boldsymbol{A}_{21}^{\mathrm{T}}=\boldsymbol{A}_{12}$，$\boldsymbol{A}_{22}^{\mathrm{T}}=$

$\boldsymbol{A}_{22}$。由式(B.3)及分块矩阵求逆公式,有

$$\begin{cases}\boldsymbol{Q}_{\hat{a}}=\boldsymbol{A}_{11}^{-1}+\boldsymbol{E}\boldsymbol{\Delta}^{-1}\boldsymbol{F}, & \boldsymbol{Q}_{\hat{a}\hat{b}}=-\boldsymbol{E}\boldsymbol{\Delta}^{-1}\\ \boldsymbol{Q}_{\hat{b}\hat{a}}=-\boldsymbol{\Delta}^{-1}\boldsymbol{F}, & \boldsymbol{Q}_{\hat{b}}=\boldsymbol{\Delta}^{-1}\end{cases} \tag{B.7}$$

于是式(B.4)可写成

$$\begin{cases}\hat{\boldsymbol{b}}/\boldsymbol{a}=\boldsymbol{A}_{22}^{-1}(\boldsymbol{B}^{\mathrm{T}}\boldsymbol{Q}_y^{-1}\boldsymbol{y}-\boldsymbol{A}_{21}\boldsymbol{a})=\hat{\boldsymbol{b}}+\boldsymbol{A}_{22}^{-1}\boldsymbol{A}_{21}(\hat{\boldsymbol{a}}-\boldsymbol{a})\\ \boldsymbol{Q}_{\hat{b}/a}=\boldsymbol{A}_{22}^{-1}\end{cases} \tag{B.8}$$

式中:$\hat{\boldsymbol{b}}$为式(B.2)中的基线矢量增量浮点解(对应模糊度浮点解),且

$$\hat{\boldsymbol{b}}=\boldsymbol{A}_{22}^{-1}(\boldsymbol{B}^{\mathrm{T}}\boldsymbol{Q}_y^{-1}\boldsymbol{y}-\boldsymbol{A}_{21}\hat{\boldsymbol{a}}) \tag{B.9}$$

式(B.8)表明了基线矢量增量浮点解(对应模糊度浮点解)与整数解(对应模糊度整数解)之间的关系。

定理:记

$$\|\boldsymbol{y}-\boldsymbol{A}\boldsymbol{a}-\boldsymbol{B}\boldsymbol{b}\|_{Q_y}^2=(\boldsymbol{y}-\boldsymbol{A}\boldsymbol{a}-\boldsymbol{B}\boldsymbol{b})^{\mathrm{T}}\boldsymbol{Q}_y^{-1}(\boldsymbol{y}-\boldsymbol{A}\boldsymbol{a}-\boldsymbol{B}\boldsymbol{b}) \tag{B.10}$$

$$\|\boldsymbol{y}-\boldsymbol{A}\hat{\boldsymbol{a}}-\boldsymbol{B}\hat{\boldsymbol{b}}\|_{Q_y}^2=(\boldsymbol{y}-\boldsymbol{A}\hat{\boldsymbol{a}}-\boldsymbol{B}\hat{\boldsymbol{b}})^{\mathrm{T}}\boldsymbol{Q}_y^{-1}(\boldsymbol{y}-\boldsymbol{A}\hat{\boldsymbol{a}}-\boldsymbol{B}\hat{\boldsymbol{b}}) \tag{B.11}$$

$$\|\hat{\boldsymbol{a}}-\boldsymbol{a}\|_{Q_{\hat{a}}}^2=(\hat{\boldsymbol{a}}-\boldsymbol{a})^{\mathrm{T}}\boldsymbol{Q}_{\hat{a}}^{-1}(\hat{\boldsymbol{a}}-\boldsymbol{a}) \tag{B.12}$$

有

$$\|\boldsymbol{y}-\boldsymbol{A}\boldsymbol{a}-\boldsymbol{B}\boldsymbol{b}\|_{Q_y}^2=\|\boldsymbol{y}-\boldsymbol{A}\hat{\boldsymbol{a}}-\boldsymbol{B}\hat{\boldsymbol{b}}\|_{Q_y}^2+\|\hat{\boldsymbol{a}}-\boldsymbol{a}\|_{Q_{\hat{a}}}^2 \tag{B.13}$$

证明:

将$\|\boldsymbol{y}-\boldsymbol{A}\boldsymbol{a}-\boldsymbol{B}\boldsymbol{b}\|_{Q_y}^2$在浮点解$\hat{\boldsymbol{a}}$、$\hat{\boldsymbol{b}}$处展开,得

$$\begin{aligned}\|\boldsymbol{y}-\boldsymbol{A}\boldsymbol{a}-\boldsymbol{B}\boldsymbol{b}\|_{Q_y}^2=&\|\boldsymbol{y}-\boldsymbol{A}\hat{\boldsymbol{a}}-\boldsymbol{B}\hat{\boldsymbol{b}}\|_{Q_y}^2+\|\boldsymbol{A}(\hat{\boldsymbol{a}}-\boldsymbol{a})+\boldsymbol{B}(\hat{\boldsymbol{b}}-\boldsymbol{b})\|_{Q_y}^2\\ &+2(\boldsymbol{y}-\boldsymbol{A}\hat{\boldsymbol{a}}-\boldsymbol{B}\hat{\boldsymbol{b}})^{\mathrm{T}}\boldsymbol{Q}_y^{-1}[\boldsymbol{A}(\hat{\boldsymbol{a}}-\boldsymbol{a})+\boldsymbol{B}(\hat{\boldsymbol{b}}-\boldsymbol{b})]\end{aligned} \tag{B.14}$$

由式(B.2),得

$$\begin{pmatrix}\boldsymbol{A}^{\mathrm{T}}\boldsymbol{Q}_y^{-1}\boldsymbol{A} & \boldsymbol{A}^{\mathrm{T}}\boldsymbol{Q}_y^{-1}\boldsymbol{B}\\ \boldsymbol{B}^{\mathrm{T}}\boldsymbol{Q}_y^{-1}\boldsymbol{A} & \boldsymbol{B}^{\mathrm{T}}\boldsymbol{Q}_y^{-1}\boldsymbol{B}\end{pmatrix}\begin{pmatrix}\hat{\boldsymbol{a}}\\ \hat{\boldsymbol{b}}\end{pmatrix}=\begin{pmatrix}\boldsymbol{A}^{\mathrm{T}}\boldsymbol{Q}_y^{-1}\boldsymbol{y}\\ \boldsymbol{B}^{\mathrm{T}}\boldsymbol{Q}_y^{-1}\boldsymbol{y}\end{pmatrix} \tag{B.15}$$

$$\begin{bmatrix}\boldsymbol{A}^{\mathrm{T}}\\ \boldsymbol{B}^{\mathrm{T}}\end{bmatrix}\boldsymbol{Q}_y^{-1}(\boldsymbol{y}-\boldsymbol{A}\hat{\boldsymbol{a}}-\boldsymbol{B}\hat{\boldsymbol{b}})=0 \tag{B.16}$$

所以式(B.14)等号右端第三项为

$$\begin{aligned}&2(\boldsymbol{y}-\boldsymbol{A}\hat{\boldsymbol{a}}-\boldsymbol{B}\hat{\boldsymbol{b}})^{\mathrm{T}}\boldsymbol{Q}_y^{-1}[\boldsymbol{A}(\hat{\boldsymbol{a}}-\boldsymbol{a})+\boldsymbol{B}(\hat{\boldsymbol{b}}-\boldsymbol{b})]\\ &=2(\boldsymbol{y}-\boldsymbol{A}\hat{\boldsymbol{a}}-\boldsymbol{B}\hat{\boldsymbol{b}})^{\mathrm{T}}\boldsymbol{Q}_y^{-1}[\boldsymbol{A},\boldsymbol{B}]\begin{bmatrix}(\hat{\boldsymbol{a}}-\boldsymbol{a})\\ (\hat{\boldsymbol{b}}-\boldsymbol{b})\end{bmatrix}\\ &=0\end{aligned} \tag{B.17}$$

于是

$$\| \boldsymbol{y}-\boldsymbol{A}\boldsymbol{a}-\boldsymbol{B}\boldsymbol{b} \|_{Q_y}^2 = \| \boldsymbol{y}-\boldsymbol{A}\hat{\boldsymbol{a}}-\boldsymbol{B}\hat{\boldsymbol{b}} \|_{Q_y}^2 + \| \boldsymbol{A}(\hat{\boldsymbol{a}}-\boldsymbol{a})+\boldsymbol{B}(\hat{\boldsymbol{b}}-\boldsymbol{b}) \|_{Q_y}^2 \tag{B.18}$$

式(B. 14)等号右端第二项为

$$\begin{aligned} & \| \boldsymbol{A}(\hat{\boldsymbol{a}}-\boldsymbol{a})+\boldsymbol{B}(\hat{\boldsymbol{b}}-\boldsymbol{b}) \|_{Q_y}^2 \\ &= \| \boldsymbol{A}(\hat{\boldsymbol{a}}-\boldsymbol{a}) \|_{Q_y}^2 + \| \boldsymbol{B}(\hat{\boldsymbol{b}}-\boldsymbol{b}) \|_{Q_y}^2 + 2(\hat{\boldsymbol{a}}-\boldsymbol{a})^{\mathrm{T}}\boldsymbol{A}_{12}(\hat{\boldsymbol{b}}-\boldsymbol{b}) \end{aligned} \tag{B.19}$$

将上式第二项在$\hat{\boldsymbol{b}}/\boldsymbol{a}$ 处展开,得

$$\begin{aligned} \| \boldsymbol{B}(\hat{\boldsymbol{b}}-\boldsymbol{b}) \|_{Q_y}^2 = & \| \boldsymbol{B}(\hat{\boldsymbol{b}}-\hat{\boldsymbol{b}}/\boldsymbol{a}) \|_{Q_y}^2 + \| \boldsymbol{B}(\hat{\boldsymbol{b}}/\boldsymbol{a}-\boldsymbol{b}) \|_{Q_y}^2 \\ & +2(\hat{\boldsymbol{b}}-\hat{\boldsymbol{b}}/\boldsymbol{a})^{\mathrm{T}}\boldsymbol{A}_{22}(\hat{\boldsymbol{b}}/\boldsymbol{a}-\boldsymbol{b}) \end{aligned} \tag{B.20}$$

将式(B. 17)~式(B. 20)代入式(B. 14),有

$$\begin{aligned} \| \boldsymbol{y}-\boldsymbol{A}\boldsymbol{a}-\boldsymbol{B}\boldsymbol{b} \|_{Q_y}^2 = & \| \boldsymbol{y}-\boldsymbol{A}\hat{\boldsymbol{a}}-\boldsymbol{B}\hat{\boldsymbol{b}} \|_{Q_y}^2 + \| \boldsymbol{B}(\hat{\boldsymbol{b}}/\boldsymbol{a}-\boldsymbol{b}) \|_{Q_y}^2 \\ & + \| \boldsymbol{A}(\hat{\boldsymbol{a}}-\boldsymbol{a}) \|_{Q_y}^2 + \| \boldsymbol{B}(\hat{\boldsymbol{b}}-\hat{\boldsymbol{b}}/\boldsymbol{a}) \|_{Q_y}^2 \\ & +2(\hat{\boldsymbol{a}}-\boldsymbol{a})^{\mathrm{T}}\boldsymbol{A}_{12}(\hat{\boldsymbol{b}}-\boldsymbol{b}) \\ & +2(\hat{\boldsymbol{b}}-\hat{\boldsymbol{b}}/\boldsymbol{a})^{\mathrm{T}}\boldsymbol{A}_{22}(\hat{\boldsymbol{b}}/\boldsymbol{a}-\boldsymbol{b}) \end{aligned} \tag{B.21}$$

令上式等号右边最后 4 项之和为

$$C = C_1 + C_2 + 2C_3 + 2C_4 \tag{B.22}$$

其中

$$\begin{cases} C_1 = \| \boldsymbol{A}(\hat{\boldsymbol{a}}-\boldsymbol{a}) \|_{Q_y}^2 \\ C_2 = \| \boldsymbol{B}(\hat{\boldsymbol{b}}-\hat{\boldsymbol{b}}/\boldsymbol{a}) \|_{Q_y}^2 \\ C_3 = (\hat{\boldsymbol{a}}-\boldsymbol{a})^{\mathrm{T}}\boldsymbol{A}_{12}(\hat{\boldsymbol{b}}-\boldsymbol{b}) \\ C_4 = (\hat{\boldsymbol{b}}-\hat{\boldsymbol{b}}/\boldsymbol{a})^{\mathrm{T}}\boldsymbol{A}_{22}(\hat{\boldsymbol{b}}/\boldsymbol{a}-\boldsymbol{b}) \end{cases} \tag{B.23}$$

由式(B. 8)有

$$C_2 = (\hat{\boldsymbol{a}}-\boldsymbol{a})^{\mathrm{T}}\boldsymbol{A}_{12}\boldsymbol{A}_{22}^{-1}\boldsymbol{A}_{21}(\hat{\boldsymbol{a}}-\boldsymbol{a}) \tag{B.24}$$

$$\begin{aligned} C_4 &= -(\hat{\boldsymbol{a}}-\boldsymbol{a})^{\mathrm{T}}\boldsymbol{A}_{12}\boldsymbol{A}_{22}^{-1}\boldsymbol{A}_{22}[\hat{\boldsymbol{b}}+\boldsymbol{A}_{22}^{-1}\boldsymbol{A}_{21}(\hat{\boldsymbol{a}}-\boldsymbol{a})-\boldsymbol{b}] \\ &= -(\hat{\boldsymbol{a}}-\boldsymbol{a})^{\mathrm{T}}\boldsymbol{A}_{12}(\hat{\boldsymbol{b}}-\boldsymbol{b}) - (\hat{\boldsymbol{a}}-\boldsymbol{a})^{\mathrm{T}}\boldsymbol{A}_{12}\boldsymbol{A}_{22}^{-1}\boldsymbol{A}_{21}(\hat{\boldsymbol{a}}-\boldsymbol{a}) \\ &= -C_3 - C_2 \end{aligned} \tag{B.25}$$

所以

$$
\begin{aligned}
C &= C_1 - C_2 \\
&= \| \boldsymbol{A}(\hat{\boldsymbol{a}} - \boldsymbol{a}) \|_{Q_y}^2 - (\hat{\boldsymbol{a}} - \boldsymbol{a})^{\mathrm{T}} \boldsymbol{A}_{12} \boldsymbol{A}_{22}^{-1} \boldsymbol{A}_{21} (\hat{\boldsymbol{a}} - \boldsymbol{a}) \\
&= (\hat{\boldsymbol{a}} - \boldsymbol{a})^{\mathrm{T}} (\boldsymbol{A}_{11} - \boldsymbol{A}_{12} \boldsymbol{A}_{22}^{-1} \boldsymbol{A}_{21}) (\hat{\boldsymbol{a}} - \boldsymbol{a})
\end{aligned} \tag{B.26}
$$

由式(B.7)不难推出

$$
\boldsymbol{Q}_{\hat{a}}^{-1} = \boldsymbol{A}_{11} - \boldsymbol{A}_{12} \boldsymbol{A}_{22}^{-1} \boldsymbol{A}_{21} \tag{B.27}
$$

所以

$$
C = (\hat{\boldsymbol{a}} - \boldsymbol{a})^{\mathrm{T}} \boldsymbol{Q}_{\hat{a}}^{-1} (\hat{\boldsymbol{a}} - \boldsymbol{a}) = \| \hat{\boldsymbol{a}} - \boldsymbol{a} \|_{Q_{\hat{a}}}^2 \tag{B.28}
$$

当整周模糊度 $\boldsymbol{a}$ 求解正确时,有

$$
\| \boldsymbol{B}(\hat{\boldsymbol{b}}/\boldsymbol{a} - \boldsymbol{b}) \|_{Q_y}^2 = 0 \tag{B.29}
$$

所以

$$
\| \boldsymbol{y} - \boldsymbol{A}\boldsymbol{a} - \boldsymbol{B}\boldsymbol{b} \|_{Q_y}^2 = \| \boldsymbol{y} - \boldsymbol{A}\hat{\boldsymbol{a}} - \boldsymbol{B}\hat{\boldsymbol{b}} \|_{Q_y}^2 + \| \hat{\boldsymbol{a}} - \boldsymbol{a} \|_{Q_{\hat{a}}}^2 \tag{B.30}
$$

[证毕]

因为 $\| \boldsymbol{y} - \boldsymbol{A}\hat{\boldsymbol{a}} - \boldsymbol{B}\hat{\boldsymbol{b}} \|_{Q_y}^2$ 与整数解 $\boldsymbol{a}$ 无关而仅与浮点解 $\hat{\boldsymbol{a}}$ 和 $\hat{\boldsymbol{b}}$ 有关,所以整数约束下的最小二乘问题可以转化为使 $\| \hat{\boldsymbol{a}} - \boldsymbol{a} \|_{Q_{\hat{a}}}^2$ 最小的问题,即首先求解模糊度浮点解,然后依据浮点解残差二次型最小原则搜索求解模糊度整数解。利用多历元伪距和载波相位双差测量信息求解模糊度浮点解时,不必统一列方程组,只需逐一历元按照序贯最小二乘法求解模糊度的浮点解及其方差阵。这样可以极大地减少对计算机存储空间的需求,显著提高计算速度。

附录 C　陀螺仪白噪声随机过程的方差

C.1　白噪声连续随机过程的方差

记陀螺仪测量误差中的白噪声为$\{W(t), t \in (-\infty, +\infty)\}$，它是一个连续随机过程。取白噪声 $W(t)$ 的单位为 deg/hr，时刻 t 的单位为 s。定义 $W(t)$ 与 $W(\tau)$ 的协方差为

$$E[W(t) \cdot W(\tau)] \triangleq Q \cdot \delta(t-\tau) \tag{C.1}$$

式中：Q 为强度，单位为$(\text{deg/hr})^2 \cdot \text{s}$ 或$(\text{deg/hr})^2/\text{Hz}$，相当于功率谱密度；$\delta(t)$ 为 Dirac-δ 函数，单位为 s^{-1}。

δ 函数性质如下

$$\delta(t) = \begin{cases} +\infty, & t=0 \\ 0, & t \neq 0 \end{cases} \tag{C.2}$$

$$\int_{-\infty}^{+\infty} \delta(t) \cdot \mathrm{d}t = 1 \tag{C.3}$$

上述同样方法可以用来描述加速度计测量误差中的白噪声，只是相应强度 Q 的单位为$(\text{m/s}^2)^2 \cdot \text{s}$ 或 $\text{g}^2 \cdot \text{s}$，其中 $g = 9.8\text{m/s}^2$。

C.2　离散化随机过程的方差

记时间间隔 Δt 内的连续随机过程平均值为

$$W_i \triangleq \frac{1}{\Delta t} \int_{t_i}^{t_i+\Delta t} W(t)\,\mathrm{d}t \tag{C.4}$$

于是得到一个离散化的随机过程$\{W_i, i=1,2,\cdots\}$。W_i 与 W_j 的协方差为

$$\begin{aligned} E[W_i \cdot W_j] &= E\left[\frac{1}{\Delta t}\int_{t_i}^{t_i+\Delta t} W(u) \cdot \mathrm{d}u \, \frac{1}{\Delta t}\int_{t_j}^{t_j+\Delta t} W(\tau) \cdot \mathrm{d}\tau\right] \\ &= \frac{1}{\Delta t^2}\int_{t_i}^{t_i+\Delta t}\int_{t_j}^{t_j+\Delta t} E[W(u) \cdot W(\tau)] \cdot \mathrm{d}\tau \cdot \mathrm{d}u \\ &= \frac{1}{\Delta t^2}\int_{t_i}^{t_i+\Delta t}\int_{t_j}^{t_j+\Delta t} Q \cdot \delta(u-\tau) \cdot \mathrm{d}\tau \cdot \mathrm{d}u \end{aligned}$$

$$= \frac{1}{\Delta t} Q \cdot \delta_{ij} \tag{C.5}$$

其中

$$\delta_{ij} = \begin{cases} 1, & i=j \\ 0, & i \neq j \end{cases} \tag{C.6}$$

W_i 的方差(也即 Allan 方差)为

$$E[W_i \cdot W_i] = \frac{1}{\Delta t} Q \tag{C.7}$$

通常难以直接测量连续随机过程在某一瞬间的数值,而是测得其在某一时间间隔 Δt 内的平均值 W_i,并得到离散化的随机过程$\{W_i, i=1,2,\cdots\}$。例如陀螺测量值通常是在采样时间间隔 Δt 内的角度增量,相应白噪声是离散化随机过程。针对离散化随机过程,可以统计得到相应方差,记为 σ^2。于是由式(C.7)可得连续随机过程的强度为

$$Q = \sigma^2 \cdot \Delta t \tag{C.8}$$

附录 D　英文缩略词表

AODC	时钟数据龄期(Age of Data, Clock)
AODE	星历数据龄期(Age of Data, Ephemeris)
AT	原子时(Atomic Time)
BDS	北斗卫星导航系统(BeiDou navigation satellite System)
BDGM	北斗全球电离层延迟修正模型(BeiDouGlobal Ionspheic delay correction Model)
BDT	北斗时(BeiDou Navigation Satellite System Time)
CEP	圆概率偏差(Circular Error Probable)
CGCS2000	2000 中国大地坐标系(China Geodetic Coordinate System 2000)
CIS	协议惯性坐标系(Conventional Inertial System)
CTP	协议地极(Conventional Terrestrial Pole)
CTS	协议地球坐标系(Conventional Terrestrial System)
EGNOS	欧洲静地导航覆盖服务(European Geostationary Navigation Overlay Service)
EKF	扩展卡尔曼滤波器(Extended Kalman Filter)
GAST	格林尼治真恒星时(Greenwich Apparent Sidereal Time)
GDOP	几何精度衰减因子(Geometric Dilution of Precision)
GEO	地球静止轨道(Geostationary Earth Orbit)
GF	无几何约束(Geometry Free)
GLONASS	全球导航卫星系统(GLObal Navigation Satellite System)
GNSS	全球导航卫星系统(Global Navigation Satellite System)
GPS	全球定位系统(Global Positioning System)
GPST	全球定位系统时(Global Positioning System Time)
HAL	水平告警限(Horizontal Alarm Level)
HDOP	水平精度衰减因子(Horizontal Dilution of Precision)
HPL	水平保护限(Horizontal Protection Level)
IAT	国际原子时(International Atomic Time)
IERS	国际地球自转服务(International Earth Rotation and Reference Systems Service)
IGSO	倾斜地球同步轨道(Inclined Geosynchronous Satellite Orbit)

（续）

IMU	惯性测量单元(Inertial Measurement Unit)
INS	惯性导航系统(Inertial Navigation System)
IRNSS	印度区域导航卫星系统(Indian Regional Navigational Satellite System)
LAMBDA	最小二乘模糊度降相关平差(Least-squares AMBiguity Decorrelation Adjustment)
LAST	地方真恒星时(Local Apparent Sidereal Time)
LORAN	远程导航(LOng RAnge Navigation)
MEMS	微机电系统(Micro Electro Mechanical System)
MEO	中地球轨道(Medium Earth Orbit)
MIMU	微机电惯性测量单元(Micro-electro-mechanical-system Inertial Measurement Unit)
MT	平太阳时(Mean Solar Time)
OEM	原始设备制造商(Original Equipment Manufacturer)
PDOP	位置精度衰减因子(Position Dilution of Precision)
QZSS	准天顶卫星系统(Quasi Zenith Satellite System)
RAIM	接收机自主完好性监测(Receiver Automatic Integrity Monitoring)
RCEP	相对圆概率偏差(Relative Circular Error Probable)
RTK	实时动态(Real Time Kinematic)
SINS	捷联惯性导航系统(Strapdown Inertial Navigation System)
ST	恒星时(Sidereal Time)
TACAN	战术空中导航系统(Tactical Air Navigation System),塔康
TDOP	时间精度衰减因子(Time Dilution of Precision)
TOA	到达时刻(Time of Arrival)
UT	世界时(Universal Time)
UTC	协调世界时(Universal Time Coordinated)
VAL	垂直告警限(Vertical Alarm Level)
VDOP	垂直精度衰减因子(Vertical Dilution of Precision)
VPL	垂直保护限(Vertical Protection Level)
WASS	广域增强系统(Wide Area Augmentation System)
WGS84	84 世界大地坐标系(World Geodetic System 84)
WN	整周计数(Week Number)

参 考 文 献

[1] 边少锋,李文魁. 卫星导航系统概论[M]. 北京:电子工业出版社,2005.

[2] 房建成,宁晓琳,刘劲. 航天器自主天文导航原理与方法[M]. 2版. 北京:国防工业出版社,2017.

[3] 杨立溪,等. 惯性技术手册[M]. 北京:中国宇航出版社,2013.

[4] 韩松来. GPS和捷联惯导组合导航新方法及系统误差补偿方案研究[D]. 长沙:国防科学技术大学,2010.

[5] 孙仲康,陈辉煌. 定位导航与制导[M]. 北京:国防工业出版社,1987.

[6] 张守信. GPS卫星测量定位理论与应用[M]. 长沙:国防科技大学出版社,1996.

[7] 张勤,等. GPS测量原理及应用[M]. 北京:科学出版社,2005.

[8] 刘基余. GPS卫星导航定位原理与方法[M]. 2版. 北京:科学出版社,2008.

[9] 宿晨庚,等. 北斗卫星导航系统空间信号接口规范 第3部分:公开服务信号B1I,GB/T 39414.3-2020[S]. 中国卫星导航系统管理办公室,2020.11.19.

[10] 宿晨庚,等. 北斗卫星导航系统空间信号接口规范 第2部分:公开服务信号B2a,GB/T 39414.2-2020[S]. 中国卫星导航系统管理办公室,2020.11.19.

[11] Grimes J G. GLOBAL POSITIONING SYSTEM STANDARD POSITIONING SERVICE PERFORMANCE STANDARD[S]. USA DoD Positioning,Navigation,and Timing Executive Committee, 2008.9.

[12] Grimes J G. GLOBAL POSITIONING SYSTEM PRECISE POSITIONING SERVICE PERFORMANCE STANDARD[S]. USA DoD Positioning,Navigation,and Timing Executive Committee, 2007.2.

[13] Kaplan E D, Christopher J. Hegarty. Understanding GPS, Principles and Applications[M], Second Edition. USA: Artech House Inc.,2006.

[14] 黄智刚,等. 无线电导航原理与系统[M]. 北京:北京航空航天大学出版社,2007.

[15] Zhang H B, et al. Investigation on single-star stellar-inertial guidance principle using equivalent information compression theory[J]. Science in China: Series E, 2009,50(3):325-331.

[16] 董绪荣,等. GPS/INS组合导航定位及其应用[M]. 长沙:国防科技大学出版社,1998.

[17] 袁信,俞济祥,陈哲. 导航系统[M]. 北京:航空工业出版社,1993.

[18] 胡小平,等. 自主导航技术[M]. 北京:国防工业出版社,2016.

[19] 邓正隆. 惯性技术[M]. 哈尔滨:哈尔滨工业大学出版社,2006.

[20] 刘俊,等. 微惯性技术[M]. 北京:电子工业出版社,2005.

[21] 张维叙. 光纤陀螺及其应用[M]. 北京:国防工业出版社,2008.

[22] 章燕申. 高精度导航系统[M]. 北京:中国宇航出版社,2005.

[23] 史震. 无陀螺捷联式惯性导航系统[M]. 哈尔滨:哈尔滨工程大学出版社,2007.

[24] 王惠南. GPS导航原理与应用[M]. 北京:科学出版社,2003.

[25] Parkinson B W, et al. Global Positioning System: Theory and Applications (Vol. Ⅰ & Ⅱ)[M]. Washington, DC, USA: American Institute of Aeronautics and Astronautics, 1996.

[26] 王广运,等. 差分GPS定位技术与应用[M]. 北京:电子工业出版社,1996.

[27] Pratap Misra, Per Enge. Global Positioning System, Signals, Measurements, and Performance[M], Second Edition. USA: Ganga-Jamuna Press, 2006.

[28] 吴俐民,等. GPS参考站系统原理与应用[M]. 成都:西南交通大学出版社,2008.

[29] 万德均,等. GPS 动态滤波的理论、方法及其应用[M]. 南京:江苏科学技术出版社,2000.
[30] 高社生,李华星. INS/SAR 组合导航定位技术与应用[M]. 西安:西北工业大学出版社,2004.
[31] 陈世年,等. 控制系统设计[M]. 北京:宇航出版社,1996.
[32] 叶兵,张洪波,吴杰. 单星星光/惯性复合制导最佳星快速确定方法研究[J]. 宇航学报,2009,30(4):1371-1375.
[33] 艾贵斌,等. 数字天顶摄影定位原理与方法[M]. 北京:解放军出版社,2014.
[34] 李天文,等. GPS 原理及应用[M]. 2 版. 北京:科学出版社,2010.
[35] Titterton D H,Weston J L. 捷联惯性导航技术[M]. 2 版. 北京:国防工业出版社,2010.
[36] Gleason Scott,Demoz Gebre-Egziabher. GNSS 应用与方法[M]. 北京:电子工业出版社,2011.
[37] 霍夫曼-韦伦霍夫,利希特内格尔,瓦斯勒. 全球卫星导航系统[M]. 北京:测绘出版社,2009.
[38] A. И. 佩洛夫,B. H. 哈里索夫. 格洛纳斯卫星导航系统原理[M]. 4 版. 北京:国防工业出版社,2016.
[39] 蔡毅,等. 北斗地基增强系统[M]. 北京:国防工业出版社,2020.
[40] 周建华,徐波. 异构星座精密轨道确定与自主定轨的理论和方法[M]. 北京:科学出版社,2015.
[41] Ningbo Wang,el at. BeiDou Global Ionospheric delay correction Model (BDGIM): performance analysis during different levels of solar conditions[J]. GPS Solutions (2021) 25:97,https://doi.org/10.1007/s10291-021-01125-y.
[42] Oliver Montenbruck,el at. Comparing the 'Big 4'-A User's View on GNSS Performance[C]. 2020 IEEE/ION Position,Location and Navigation Symposium(PLANS),2020,p. 407-418.
[43] 文援兰,等. 卫星导航系统分析与仿真技术[M]. 北京:中国宇航出版社,2009.
[44] 李征航,张小红. 卫星导航定位新技术及高精度数据处理方法[M]. 武汉:武汉大学出版社,2009.
[45] 杨元喜. 自适应动态导航定位[M]. 北京:测绘出版社,2006.
[46] 严恭敏,翁浚. 捷联惯导算法与组合导航原理[M]. 西安:西北工业大学出版社,2019.
[47] Groves P D. GNSS 与惯性及多传感器组合导航系统原理[M]. 2 版. 北京:国防工业出版社,2015.
[48] 薛海中,等. 飞机着舰引导及监视系统技术[M]. 郑州:河南科学技术出版社,2009.